전기전자 기초이론

전기전자제어

이경훈 저

직류회로

교류회로

디지털회로

문운당

CONTENTS

Chapter 01 전기전자 기초이론

Chapter 02 기기 및 부품 사용법

Chapter 03 직렬회로

Chapter 04 교류회로

CONTENTS

CONTENTS

실험차례

CONTENTS

1장
전기전자 기초이론

• 전기전자의 기초 이론을 습득하여, 전기전자 제어 회로 구성을 이해하고 설명할 수 있다.
• 기기 및 부품 사용을 익혀, 전기전자 제어회로의 실험에 능숙하게 활용할 수 있다.

1.1 물질과 전기

부피와 질량을 가지며 다양한 자연 현상을 일으키는 실체인 물질은 분자 또는 원자로 구성된다. 원자는 원자핵과 그 주위를 돌고 있는 전자들로 구성되어 있다. 원자핵은 양성자와 중성자로 강하게 결합되어 있다. 정상상태에서 양성자의 수는 전자의 수와 동일하며, 양성자 하나가 가지는 전기량은 하나의 전자가 가지는 전기량이 같다. 양성자와 전자의 극성은 반대인데, 양성자는 양(+)전기를 가지고, 전자는 음(−)전기를 가진다. 이처럼 전기[1]는 양전기와 음전기 두 가지가 있는데, 같은 종류의 전기는 밀어 내는 힘(척력)과 다른 종류의 전기는 끌어당기는 힘(인력)이 있다.

전자는 원자에서 차지하는 비중이 1/2000이 안 될 정도로 가벼워 이동이 비교적 자유롭다. 그래서 전자는 원자들이 모여 분자를 구성할 때 결합에 중요한 역할을 한다. 원자핵 주위 궤도를 돌고 있는 전자 중에서 제일 바깥을 도는 전자를 '최외각전자' 또는 '가전자'라고 한다. 가전자는 원자핵과의 결합력이 약해서 외부로부터 에너지가 들어오면 궤도를 이탈하여 자유롭게 움직이는 '자유전자'가 된다. 떠돌던 자유전자를 받아들인 원자는 음(−)전기를 띠게 되고, 가전자가 이탈된 원자는 양(+)전기로 작동한다. 이처럼 전자를 잃거나 받아들임으로써 전기를 띠는 것을 대전(Electrification)되었다고 한다. 대전으로 인해 물체가 가지는 전기를 전하라 한다. 전하들이 가지는 전기적인 양을 전기량 또는 전하량이라고 하고 단위는 C(쿨롱)이다. 전자 하나의 전하량은 $-1.6 \times 10^{-19}\,[C]$으로 너무 작아서 6.25×10^{18}개의 전자들의 전하량을 합쳐서 1쿨롱이라 한다. 그러므로 1쿨롱은 전자 6.25×10^{18}개의 전하량이다.

---

1) 물질 안에 있는 전자 또는 공간에 있는 자유 전자나 이온들의 움직임 때문에 생기는 에너지의 한 형태

1.2 전류

가전제품의 전원을 누르면 작동하는 것은 가전제품에 연결된 전선을 따라 전류가 흐르기 때문이다. 전류는 전하의 흐름이다. 음(−)전기를 띠는 전자들의 이동으로 전하가 운반되어져서 전하가 흐른다. 그러므로 (−)에서 (+)로 전자들이 움직이지만 전류흐름의 방향은 관습적으로 전자의 반대방향인 (+)에서 (−)로 흐르는 것으로 간주한다. 다음 식 1.1과 같이 전류(I)의 세기는 도체[2)]의 단면을 단위시간(t)에 통과한 전하량(Q)으로 정의한다.

$$I = \frac{Q}{t}, \quad \text{전류의 세기} = \frac{\text{전하량(전자의 수)}}{\text{시간(초)}} \tag{1.1}$$

전류의 단위는 A(암페어)를 사용한다. 결국 1암페어[A]의 전류세기란 도체의 단면을 1초 동안 6.25×10^{18}개의 전자가 통과(1쿨롱의 전하량)한 경우이다. 우리 가정의 가전제품은 0.5A ~ 6A의 전류 크기를 가진다. 도체를 통과하는 전류의 세기를 측정하려면 전류계(암미터)를 사용한다. 전류계를 사용한 측정 방법에 대한 설명은 다음 3장의 실험에서 다룬다.

1.3 전압(전위차)

물이 높은 곳에서 낮은 곳으로 흐르는 것처럼 전류는 전위가 높은 쪽에서 낮은 쪽으로 흐른다. 물의 높낮이가 다를 때 물이 흐르는 것처럼 전류는 전위[3)]의 높낮이가 다를 때 흐른다. 이처럼 전위의 높낮이가 달라야 전류가 생긴다. 전위차가 전류를 흐르게 하는 요인이다. 전류를 흐르게 하는 전위차를 전압(V)이라고 한다. 전압의 일반적인 영어 명칭은 voltage이고, 단위는 볼트[V]를 사용한다. 1V의 전압은 1쿨롱의 전하가 회로의 두 지점 사이를 이동할 때의 에너지가 1줄[4)][J]일 때의 전위차를 말한다. 즉, Q[C]의 전하가 두 지점 사이를 이동하는데 필요한 에너지가

---

2) 물체 중에 전기가 잘 통하는 것을 도체, 거의 통하지 않은 것을 부도체, 그리고 도체와 부도체 양쪽의 성질을 지닌 것을 반도체라고 한다. 금속과 같이 전기가 잘 통하는 도체는 자유전자가 많이 있기 때문이다.

3) 전기장에서 시간에 따라 변하지 않는 단위 전하가 가지게 되는 전기적 위치 에너지. 전위는 두 지점의 전위차만이 물리적 의미를 갖고, 상대적인 값이다.

4) 1줄은 1뉴턴의 힘으로 물체를 1미터 이동하였을 때 한 일이나 이에 필요한 에너지다. 이 양은 기호 N·m을 사용하여 뉴턴미터로도 측정한다. 전기 에너지에서의 1줄은 1볼트 전압, 1암페어의 전류가 1초 동안 흘렀을 때의 에너지이다. 1줄을 열량으로 환산하면 0.24칼로리(cal)이다.

W[J]이라면 이들 사이의 관계는 다음 식 1.2와 같다.

$$V[V] = \frac{W[J]}{Q[C]} \tag{1.2}$$

전압의 단위 볼트는 줄을 쿨롱으로 나눈 값이다.

1.4 전기 저항

도체 내에서 전류의 흐름을 방해하는 정도를 전기 저항(resistance)이라고 한다. 저항의 기호는 R, 단위는 옴(ohm)이며, 그리스 문자 Ω(오메가)를 사용한다. 1옴은 1볼트[V]의 전압을 걸어 주었을 때 1암페어[A]의 전류가 흐르는 도체의 저항이다. 전압이 일정할 때 회로에 흐르는 전류의 세기는 전기 저항에 반비례한다. 즉, 전기 저항이 2배, 3배, 4배가 되면 전류의 세기는 1/2, 1/3, 1/4이 된다. 이와 같이 도체에 흐르는 전류의 세기는 전기 저항이 클수록 작아진다. 그러므로 전선은 도전율이 좋은 도체 즉, 저항이 낮은 도체를 사용한다.

1.5 옴의 법칙

저항이 있는 전기회로에 전압을 가하면 흐르는 전류의 세기가 전압에 비례하고, 저항에 반비례한다. 이처럼 도체의 두 지점사이의 전압에 의해 흐르는 전류가 다음 식 1.3과 같은 법칙을 따르는 것을 옴의 법칙이라고 한다.

$$I = \frac{V}{R}, \quad R = \frac{V}{I}, \quad V = IR \tag{1.3}$$

1.6 직류와 교류

(1) 직류

전류는 전하를 띤 입자인 전자가 이동하는 현상이다. 전자가 이동할 때의 세기와 방향이 일정한 전류를 '직류'라고 부른다. 건전지를 사용한 경우가 대표적인 직류회로이다. 건전지의 음극(−)에서 나온 전자가 양극(+)으로 움직인다. 이처럼 건전지에서의 전자들은 한 방향으로만 흐르는 직류로 전구에 불을 켠다. 직류는 전류의 세기와 방향이 일정하므로 안정적이다. 하지만 직류는 교류에 비해 상대적으로 송전과정에서 전력손실이 크고, 전압을 높이거나 낮추는 것이 어렵다. 그래서 보통 송배전 선로에서는 교류를 사용한다. 앞으로 이 책의 3장에서 직류회로를 이해하고 응용할 수 있는 능력을 키우기 위한 실험을 수행한다.

(2) 교류

교류는 시간에 따라 전류의 세기와 방향이 주기적으로 바뀐다. 어느 한쪽 방향으로 흐르던 전류가 일정시간이 지나면 반대쪽으로 흐르고, 다시 원래 방향으로 흐르기를 반복한다. 교류는 터빈을 돌리는 발전소나 풍력처럼 회전운동을 이용하는 발전기에서 만들어진다. 자기장 내부에서 코일을 돌리면 전기가 흐르는데, 회전 방향에 따라 전류의 방향이 계속 바뀌기 때문이다. 교류는 송전 과정에서 전력손실이 직류에 비해 적고, 승압과 강압이 상대적으로 수월하다. 그 결과 우리 가정에 공급되는 전기가 교류가 되었다. 직류로 쓰고자 할 경우는 교류를 직류로 변환하는 장치(어댑터)를 사용한다. 앞으로 이 책의 4장에서 교류회로를 이해하고 응용할 수 있는 능력을 키우기 위한 실험을 수행한다.

1.7 전력

전기에너지를 전동기에 사용하면 회전시킬 수 있고, 조명기구에 사용하면 빛을 낼 수 있다. 이처럼 전기에너지로 다른 형태의 에너지로 일을 할 수 있는데, 이와 같이 단위시간에 사용한 전기에너지를 전력이라 하고 단위는 와트[W]로 나타낸다. 즉, t초[sec]동안 W[J]의 전기에너지가 사용 되었다면 전력 P는 다음 식 1.4와 같다.

$$P = \frac{W}{t} \tag{1.4}$$

위 식을 전압, 전류의 관계식으로 유도하기 위해 $I = \frac{Q}{t}$와 $V = \frac{W}{Q}$를 대입하면 다음 식 1.5와 같다.

$$P = \frac{W}{t} = \frac{W}{Q} \times \frac{Q}{t} = VI = I^2R = \frac{V^2}{R} \tag{1.5}$$

1.8 전력량

전력량은 식 1.6과 같이 일정시간 동안의 전기에너지가 한 일의 양이다. 즉 전력에 시간을 곱한 양인데, 단위는 와트시[Wh]이다. 전력은 1초 동안 1줄의 일을 하는 일률의 단위이고, 전력에 3,600초(1시간)를 곱한 것이 전력량이다.

$$W = Pt = VIt = I^2Rt = \frac{V^2}{R}t \tag{1.6}$$

1.9 전동기

전류가 흐르는 도체가 자기장 속에서 받는 힘을 이용하여 전기에너지를 역학적 에너지로 바꾸는 장치이다. 전동기(모터)는 계자와 전기자의 위치, 브러시의 유무, 영구자석의 유무(동기전동기 / 유도전동기), 전류의 형태(직류 / 교류) 그리고 전류의 위상(단상 / 3상)에 따라 여러 범주로 분류된다.

(1) 직류전동기

직류전동기는 어댑터나 배터리로 구동되는 전동기이다. 직류전동기는 내부의 전기자가 180도 회전할 때마다 방향을 바꾸는 방법에 따라 브러시 부착한 전동기와 전자 스위칭 기술을 이용한 브러시를 없앤 BLDC모터로 구분된다. 직류전동기는 토크 및 회전방향의 제어가 쉽고 상대적으로 저렴하며, 소형으로 제작이 가능하다. 교류전동기보다 수명이 짧고 힘이 약해 단시간 사용에 적합하다. 장난감부터 자동차의 부품 등에 이르기까지 우리 주변에서 다양하게 활용되고 있다.

(2) 직류전동기의 주요 구성부품[5)]

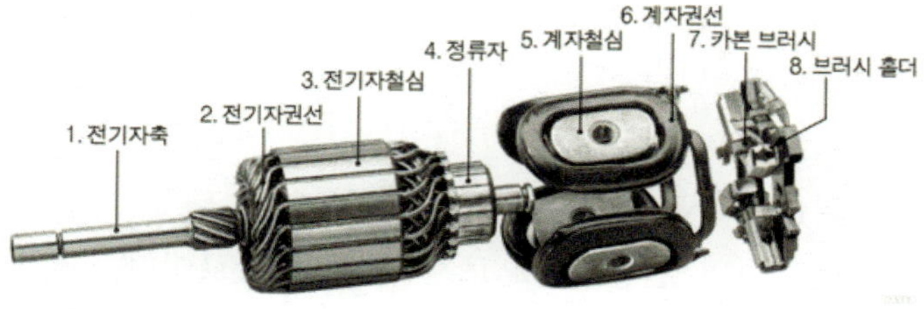

그림 1-1 직류전동기의 주요 구성부품
(출처: 최신자동차공학시리즈 3-첨단자동차전기전자)

전동기의 주요 구성부품은 전기자, 정류자, 계자 철심과 계자 권선, 그리고 전기자 코일에 전류를 공급하는 브러시와 브러시 홀더 등이다.

① 전기자

[그림 1-1의 전동기의 주요 구성부품 참조] 전기자는 축(1)에 전기자 권선(2), 전기자 철심(3) 및 정류자(4) 등이 일체로 설치되어 있으며, 정류자 반대편에는 피니언과 오버러닝기구가 설치된 피니언 섭동부가 가공되어 있다. 전기자축의 양단은 전동기 하우징에 압입된 부싱(베어링)에 지지되어, 회전할 수 있는 구조이다. 전기자 철심은 와전류를 감소시키고, 동시에 자력선을 잘 통과시키기 위해서 얇은 강판(두께 약 0.3 ~ 1.0mm)을 각각 절연, 성층하여 제작한다. 그리고 철심의 원둘레 부분에는 전기자 코일이 설치되는 홈이 가공되어 있다. 전기자 권선은 절연 처리된 4각형 단면의 코일로서 루프를 형성한다. 루프의 한쪽 끝은 N극, 다른 한쪽 끝은 S극이 되도록 철심의 홈에 끼워져, 양단은 각각 정류자에 납땜되어 있다. 기동전동기에는 큰 전류가 흐르기 때문에 전기자 권선의 권수를 적게 하는 반면에 단면적은 크게 한다.

② 정류자

[그림 1-1의 전동기의 주요 구성부품의 4] 정류자는 전기자권선과 연결된 정류자편 사이사이마다 절연체를 넣고, 환봉형으로 가공하였다. 정류자에는 브러시가 접촉되어 전기자 권선에 전류를 공급한다. 정류자와 브러시는 전기자 권선에 흐르

5) 최신자동차공학시리즈 3-첨단자동차전기전자

는 전류의 방향을 교대로 그리고 연속적으로 변환시켜, 전기자가 항상 똑같은 방향으로 회전하도록 한다. 정류자편의 재질은 대부분 경동(硬銅)이며, 정류자편 사이사이마다의 절연체는 운모 등이 사용된다. 절연체는 정류자편보다 약 0.5 ~ 1.0mm 정도 낮게 언더컷(under cut)한다.

③ 계철, 계자 철심, 계자 권선

계철은 전동기 하우징의 원통부분으로 자력선의 통로이다. 계철의 안쪽에는 계자 철심[그림 1-1의 5]이 볼트로 고정되어 있다. 계자 철심에는 계자 권선[그림 1-1의 6]이 감겨 있으며, 계자 권선에 전류가 흐르면 계자 철심은 전자석이 된다. 계자 철심의 개수에 따라 전동기의 자극수가 결정된다. 계자 권선은 계자자속을 발생시킨다. 전동기 특성은 계자 권선과 전기자 권선의 접속방법에 따라 결정된다.

④ 브러시와 브러시 홀더

[그림 1-1의 전동기의 주요 구성부품의 7] 브러시는 구리 또는 흑연으로 된 직육면체로서 브러시 홀더에 끼워져, 홀더 용수철의 장력에 의해 정류자편에 접촉, 밀착된다. 브러시는 정류자를 거쳐, 전기자 코일에 전류를 공급한다. 일반적으로 4개의 브러시 중 2개는 (+), 2개는 (−)이다. (+)브러시는 절연된 홀더에, (−)브러시는 접지된 홀더에 끼워진다. 기동전동기 수명은 대부분 브러시와 베어링(=부싱)의 마모 정도에 따라 결정된다. 최근에는 자동차의 수명과 기동전동기의 수명이 거의 같다. 즉, 수리가 거의 필요 없다.

⑤ 베어링(=부싱)

기동전동기에는 짧은 시간 동안, 큰 부하가 작용한다. 그러므로 베어링으로는 대부분 황동제 또는 함유합금제의 부싱을 사용한다. 베어링은 브러시와 함께 기동전동기의 수명을 결정한다.

(3) 교류전동기

교류전동기는 직류전동기에서 극성을 바꾸기 위해 필요했던 부품들(브러시/정류자)이 필요 없다. 전자회로로 전류를 제어하는 점에서 BLDC와 동일하다. 교류전동기는 단상교류용과 3상교류용으로 구분되며 각각에 유도전동기와 동기전동기가 있다. 유도전동기는 전원에 바로 연결이 가능하고 구조가 간단하며 튼튼한데다가 염

가이고 취급이 쉬워 세계적으로 가장 많이 사용되고 있다. 동기전동기는 정확히 일정한 속도로 회전하며 역률조정이 쉬워 컨베이어벨트용 전동기, 소형시계나 타이밍 전동기에 사용된다. 3상교류용은 1kW정도 이상부터 수천 kW까지, 그리고 드물게는 1만 kW를 넘는 대형기가 있으며, 단상교류용은 수백 W 이하의 소형기에 사용된다. 전동기의 대부분은 발전기로도 사용할 수 있다.[6)]

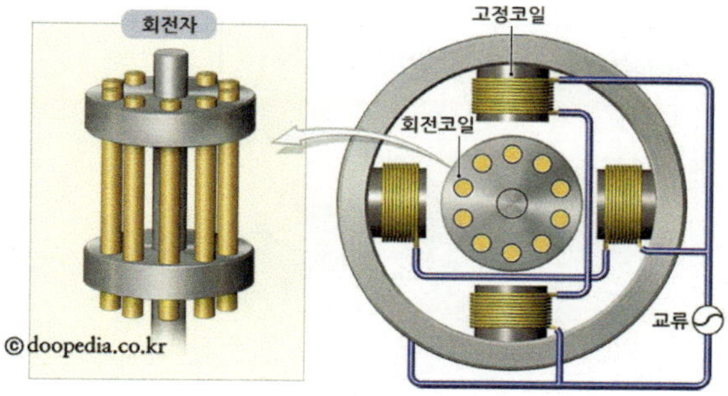

그림 1-2 교류전동기의 구조(출처:두산백과 두피디아)

전기차는 주로 교류전동기를 채택중이다. 직류전동기보다 교류전동기를 선호하는 이유는 일단 브러시가 없어 소음과 내구성에서 유리하고, 제어기술이 발달해 정교한 컨트롤이 용이하며, 고속화에 유리하기 때문이다. 교류전동기는 장점이 많지만 전기차는 직류 전원인 배터리를 사용하므로 인버터가 필요하다.

(4) 직류전동기와 교류전동기의 비교

다음 표 1-1은 직류전동기와 교류전동기를 비교한 내용이다.

표 1-1 직류전동기와 교류전동기의 비교

구분	직류전동기	교류전동기
전류방향 전환	브러시와 정류자를 이용한 기계식	시간에 따라 전류방향과 크기가 변함
수명	짧다	길다
유지보수	브러시와 정류자 유지보수 필요	불필요

6) 두산백과 두피디아

소음	비교적 크다	비교적 작다
출력효율	비교적 높음	비교적 낮음
인버터	사용안함	사용
속도제어	전압/전류 변환을 통한 제어	주파수 변환을 통한 제어
구조	비교적 간단	비교적 복잡
고속화	어려움(정류, 기계적 강도 문제 등)	쉬움

2장
기기 및 부품 사용법

- 멀티미터의 구동원리 및 측정방법을 이해하고 설명할 수 있다.
- 멀티미터의 선택스위치와 프로브연결단자의 구성을 이해하고, 직류전압의 측정, 교류전압의 측정, 직류전류의 측정, 저항 측정 및 도통 시험 등을 할 수 있다.
- 브레드보드의 내부구조를 이해하여 실험에 활용할 수 있다.

2.1 멀티미터

2.1.1 멀티미터의 구성

멀티미터는 회로나 부품에 대해 전압, 전류, 저항 등을 측정하는 계측장비이다. 일명 테스터기라고도 하며 전압계(볼트미터), 전류계(암미터), 저항계(옴미터)가 복합되어있다.

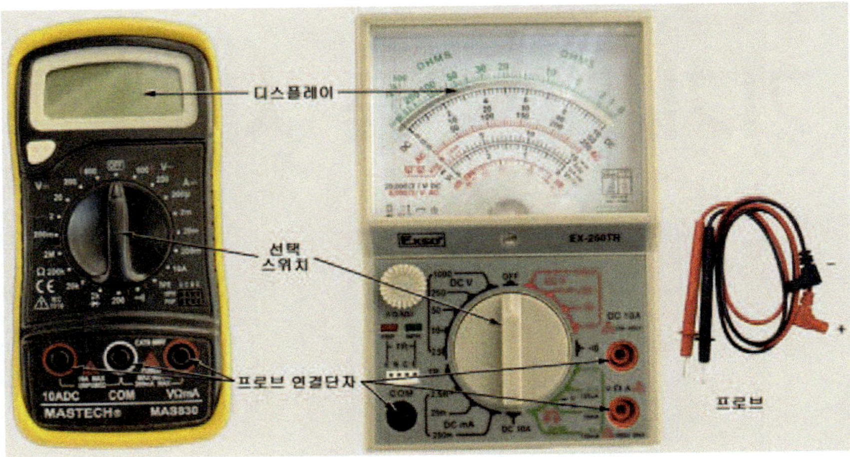

그림 2-1 멀티미터(왼쪽:디지털 오른쪽:아날로그)

그림 2-1과 같이 아날로그 방식의 기기와 디지털 방식의 기기로 분류된다.[7] 아날로그멀티미터는 가동 코일형 지침을 이용하여 측정된 값을 연속적으로 표시하는 반면 디지털멀티미터는 액정 디스플레이에 측정된 결과를 숫자로 표시하게 된다.

멀티미터는 크게 디스플레이, 선택스위치, 프로브[8] 연결단자 세 부분으로 나뉜다. 디스플레이는 측정값(전압, 전류, 저항 등)을 화면에 나타낸다. 선택스위치는 측정하고자 하는 물리량(전압, 전류, 저항 등)을 선택한다. 연결단자에는 빨간색 프로브(+)와 검은색 프로브(-)를 연결한다. 검은색과 빨간색의 프로브는 측정하고자 하는 곳에 접촉하는 역할을 한다.

7) 아날로그형은 '연속적 양의 형'으로 계산하는 기기이고, 디지털형은 '이산(분리)적인 수의 형'으로 계산하는 기기이다.
8) 멀티미터나 오실로스코프 등 입력 단자에 접속해서 피측정점에 접촉시키기 위해 사용하는 것. 탐침(探針)이라고도 한다.

1. 멀티미터 선택스위치의 구성

다음 그림 2-2는 멀티미터 선택스위치의 구성이다. 이 책에서는 전원, AC전압, DC전압, 전류, 저항, 도통테스트에 대해 실험한다. 표 2-2에 아날로그와 디지털 멀티미터에 표시된 기호와 의미를 나타낸다.

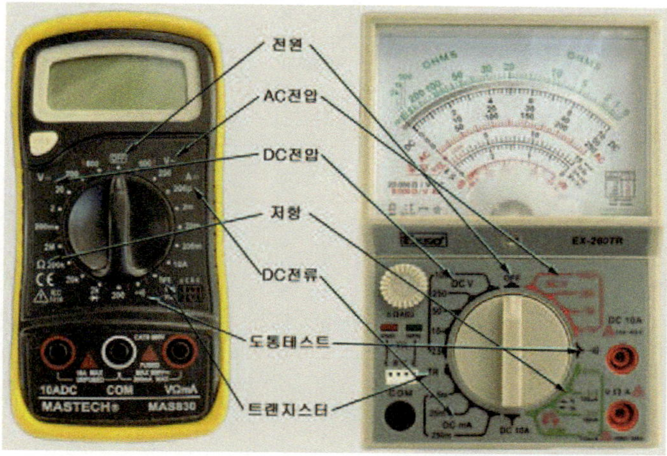

그림 2-2 선택스위치의 구성

① 전원 : 멀티미터의 전원을 off한다.

② AC전압(V~, AC V) : 교류(AC) 전압을 측정한다.

③ DC전압(V⎓, DC V) : 직류(DC) 전압을 측정한다.

④ 저항(Ω, R) : 저항값을 측정한다.

⑤ DC전류(A⎓, DC mA) : 직류(DC) 전류를 측정한다.

그림 2-3 벨테스터기

⑥ 도통테스트(•)))) : 회로가 연결(쇼트)되어 있는지 끊어졌는지를 판별한다. 끊어지지 않았다면 '삐' 소리가 난다. 도통 테스트만을 위한 기기로는 그림 2-3과 같은 벨테스터기가 있다.

⑦ 트랜지스터(hFE, TR) : TR의 특성(NPN 또는 PNP)을 알아낸다.

표 2-2 멀티미터에 표시된 기호와 의미

디지털형	측정	아날로그형
V⎓	직류전압	DC V
V~	교류전압	AC V
A⎓	직류전류	DC mA 또는 DC 10A
Ω	저항	OHM
hfE	트랜지스터	TR
•)))	도통	•)))

2. 프로브 연결단자의 구성

그림 2-4는 프로브 연결단자의 구성이다. 프로브 연결단자는 'COM', 'V · Ω · A', 'DC 10A'가 있다.

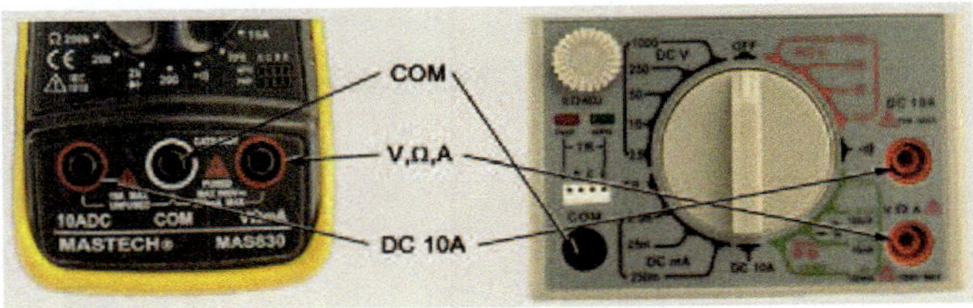

그림 2-4 프로브 연결단자의 구성

① COM : 공통접지(GND) 단자이다. 항상 검은색 프로브(−)를 연결한다. 직류 전압을 측정하면서 검은색과 빨간색을 바꾸어 측정하면 디지털멀티미터일 경우 (−)값이 표시되고, 아날로그의 경우는 지침이 눈금판의 0이하로 내려간다. 교류전압은 검은색, 빨간색 구분 없이 사용해도 무방하나 될 수 있으면 COM 단자에는 검은색 프로브를 연결하도록 한다.

② V · Ω · A : 전압, 전류, 저항을 측정하고자할 때 빨간색 프로브(+)를 연결한다.

③ DC 10A : 직류(DC) 0 ~ 10A 범위의 큰 전류를 측정할 때 빨간색 프로브(+)를 연결한다.

2.1.2 멀티미터의 기능

다음과 같이 크게 5가지의 멀티미터의 기능을 살펴보고자 한다.

① 직류전압의 측정
② 교류전압의 측정
③ 직류전류의 측정
④ 저항 측정
⑤ 도통 시험

1. 직류전압의 측정

① 검은색 프로브를 COM 단자에 연결하고 빨간색 프로브를 V · Ω · A 단자에 연결한다.
② 선택스위치를 돌려 "V⎓, DC V"의 범위 중에 예상 가능한 적절한 위치를 선택한다. 만일 측정값을 예측할 수 없는 경우에는 가장 높은 수치에서부터 낮은 수치로 돌려가면서 선택한다.
③ 전압을 측정할 때는 측정하고자 하는 부품(LED 등)과 프로브를 **병렬로 연결**한다.
④ 만일 아날로그 멀티미터의 지침이 눈금판의 0점 이하로 내려가거나, 그림 2-7과 같이 디지털 멀티미터의 수치가 음수(-)로 나타나면 측정회로의 전원을 끄고, 프로브의 검은색과 빨간색을 서로 바꾸어 다시 측정한다.
⑤ 아날로그 멀티미터의 경우, 눈금판의 DC 눈금선(흑색)에서 지시값을 읽는다. 10, 50, 250의 범위 에서는 해당 눈금을 직접 읽고, 2.5는 250 눈금선의 지시
⑥ 값을 100으로 나눈다. 1000 레인지에서는 10 눈금선에 100을 곱하여 읽는다.
⑦ 측정이 끝나면 측정회로의 전원을 끄고, 멀티미터의 선택스위치를 OFF로 돌려 멀티미터의 전원을 끈다.

(실험 2.1) 건전지 전압 측정하기

다음 그림 2-5와 6은 아날로그와 디지털 멀티미터를 사용하여 건전지의 전압을 측정해본 결과이다.

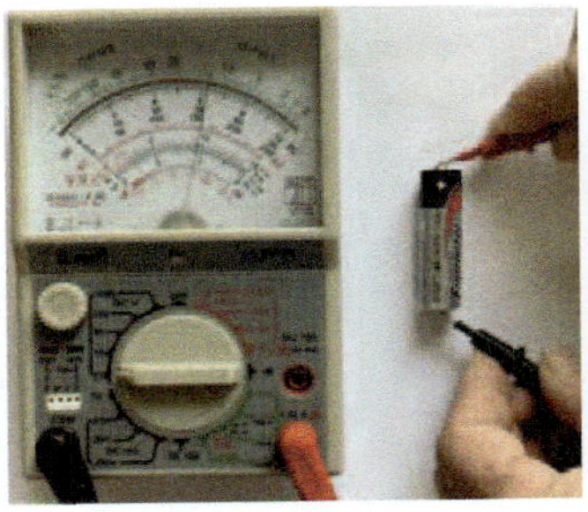

그림 2-5 직류전압 측정(아날로그)

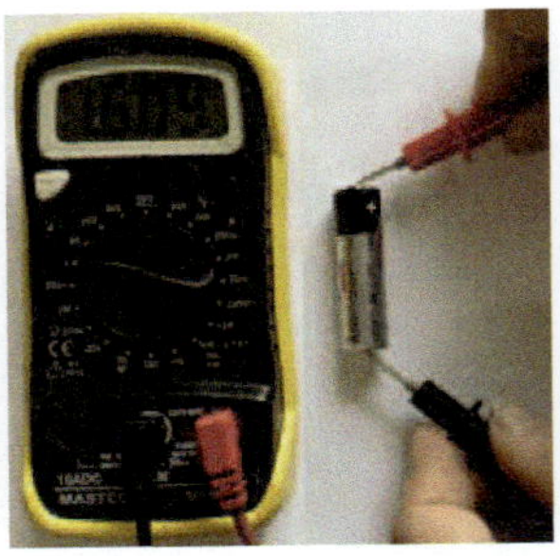

그림 2-6 직류전압 측정(디지털)

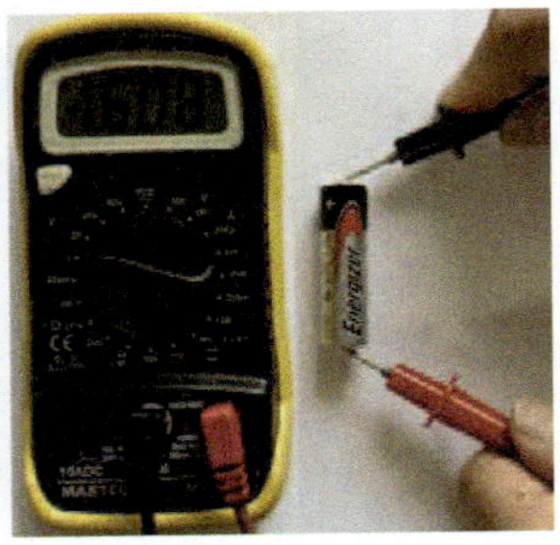

그림 2-7 프로브 거꾸로 측정

(실험 목표)

- 멀티미터의 구동원리 및 측정방법을 이해하고 설명할 수 있다.
- 멀티미터를 사용하여 직류전압을 측정할 수 있다.

(실험 준비물)

1. 1.5V, 9V 배터리 각 1개
2. 전압측정을 위한 아날로그와 디지털멀티미터 각 1대

(실험 방법)

1. 준비된 배터리의 전압을 측정한다.

배터리(예상 전압)	멀티미터 측정값	
	아날로그	디지털
배터리1( )		
배터리2( )		

2. 배터리의 극성 +, −에 빨간색 프로브와 검은색 프로브를 바꿔가면서 측정해 본다.

	배터리 극성	프로브 색	멀티미터의 상태	
			아날로그	디지털
올바른 측정	+	빨간색		
	−	검은색		
잘못된 측정	+	검은색		
	−	빨간색		

2. 교류전압의 측정

① 검은색 프로브를 COM 단자에 연결하고 빨간색 프로브를 V · Ω · A 단자에 연결한다. 교류 전압은 극성(+, −)을 구별할 필요가 없지만, 될 수 있으면 프로브를 색에 맞는 단자에 꼽아서 사용하도록 하자.

② 선택스위치를 돌려 "V~, AC V"의 범위 중에 예상 가능한 적절한 위치를 선택한다. 만일 측정값을 예측할 수 없는 경우에는 가장 높은 수치에서부터 낮은 수치로 돌려가면서 선택한다.

유의사항

직류전압(DCV)과 교류전압(ACV)은 측정원리가 서로 다르기 때문에, 선택스위치를 잘 돌려 제대로 선택해야한다.

③ 측정하고자 하는 부품(저항 등)과 프로브를 **병렬로 연결**한다.

④ 측정된 값은 V_{rms}(실효치)이다.

⑤ V_{max}(첨두치)가 필요한 경우는 실효치에 $\sqrt{2}$를 곱해주면 된다.

(실험 2.2) 교류 전압 측정하기

다음 그림 2-8과 9는 아날로그와 디지털 멀티미터를 사용하여 멀티탭의 전압을 측정해본 결과이다.

그림 2-8 교류전압 측정(아날로그)

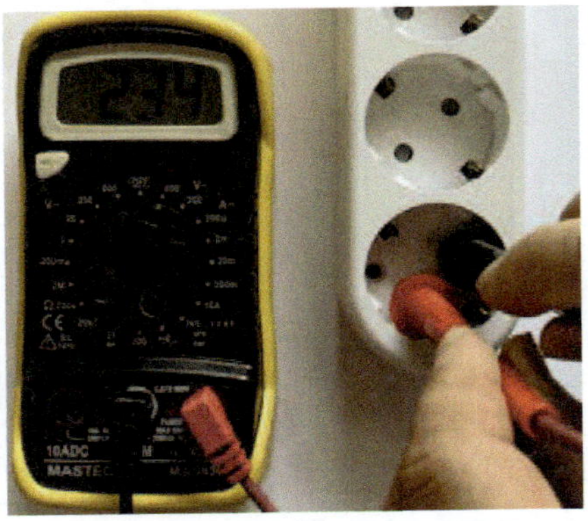

그림 2-9 교류전압 측정(디지털)

(실험 목표)

- 멀티미터의 구동원리 및 측정방법을 이해하고 설명할 수 있다.
- 멀티미터를 사용하여 교류전압을 측정할 수 있다.

(실험 준비물)

1. 멀티탭 1개
2. 전압측정을 위한 아날로그멀티미터와 디지털멀티미터 각 1대

유의사항

1. 220V 교류전원 실험을 할 경우는 각별히 감전에 유의하고, 담당교수의 지시에 잘 따른다.
2. 교류 전압을 측정하기 전에 멀티미터의 선택스위치와 프로브의 연결 상태에 대하여, 먼저 담당교수의 검사를 받고 실험을 계속한다.

(실험 방법)

1. 교류 전압이 공급되는 콘센트의 전압을 측정한다.

교류 전압	예상값	멀티미터 측정값	
		아날로그	디지털
콘센트			

2. 콘센트의 구멍에 빨간색 프로브와 검은색 프로브를 바꿔 끼우면서 측정해본다.

콘센트	프로브 색	멀티미터의 상태	
		아날로그	디지털
왼쪽 구멍	빨간색		
오른쪽 구멍	검은색		
왼쪽 구멍	검은색		
오른쪽 구멍	빨간색		

3. 직류전류의 측정

전류는 전압과 다른 물리량으로서, 시간당 도선에 흐르는 전하량을 말한다. 따라서 전류를 측정 하려면 측정하고자 하는 도선을 전기적으로 끊어야 한다. 끊어진 부분에 멀티미터를 연결하여 시간당 흘러가는 전하량을 암페어(A) 단위로 측정한다(도선을 끊지 않고도 측정하는 클램프미터(후크미터)가 있지만 이 책에서는 생략한다.)

① 작은 전류를 측정할 경우는 검은색 프로브를 'COM' 단자에 연결하고 빨간색 프로브를 'V · Ω · A' 단자에 연결한다. 큰 전류(~10A)를 측정하려면 빨간색 프로브를 '10A DC' 연결단자에 꽂는다.

② 선택스위치를 돌려 "A⎓, DC mA"의 범위 중에 예상 가능한 적절한 위치를 선택한다. 만일 측정값을 예측할 수 없는 경우에는 가장 높은 수치에서부터 낮은 수치로 돌려가면서 선택한다.

③ 측정하고자 하는 부품(저항 등)과 프로브를 직렬로 연결한다. 전류를 측정할 때에는 반드시 회로를 개방(오픈)된 상태에서 측정해야 한다. 그리므로 회로를 끊고 나서 멀티미터로 그 끊어진 회로를 잇는다는 생각으로 하면 된다. 그러면 멀티미터가 회로에 **직렬로 연결**되는 것이다.

④ 아날로그의 경우 눈금판의 DC 전용 눈금선(흑색)에서 지시값을 읽는다. 250을 선택한 경우는 해당 눈금을 직접 읽고 2.5는 250 눈금선의 지시값을 100으로 나눈다. 25를 선택한 경우는 250 눈금선에 10을 나누어 읽는다.

유의사항

전류 측정 중에 멀티미터 내부의 저항은 거의 '0'이 된다. 이것은 멀티미터가 전류의 흐름을 방해하지 않아야하기 때문이다. 그러므로 전류를 측정한 후 빨간색 프로브를 'DC 10A' 연결단자에서 'V · Ω · A' 연결단자로 옮기지 않은 상태에서 배터리 등의 전압을 측정하면 과전류가 흘러서 멀티미터 내부의 퓨즈가 끊어질 수 있다. 일부 고급형 멀티미터는 보호 회로를 갖추고 있다.

* 직류 전류 측정하기 실험은 3장의 실험 3.2에서 해본다.

4. 저항 측정

저항의 크기는 멀티미터 내부의 별도의 전원에 의해 저항에 흐르는 전류를 측정하여 계산된 저항값을 표시해준다.

① 검은색 프로브를 COM 단자에 연결하고 빨간색 프로브를 V · Ω · A 단자에 연결한다.
② 선택스위치를 돌려 "Ω, OHM"의 범위 중에 예상 가능한 적절한 위치를 선택한다. 예를 들어, 작은 값의 저항을 큰 범위에서 측정하면, 측정 결과는 '0'이 되어 버린다. 반대로 멀티미터의 측정 범위를 넘어서는 경우에는 무한대(왼쪽 구석에 '1')가 표시된다. 따라서 높은 수치에서부터 낮은 수치로 낮추어 가면서 선택한다.
③ 측정하고자 하는 부품(저항 등)과 프로브를 병렬로 연결한다.
④ 아날로그의 경우 눈금판의 OHMS 전용 눈금선(초록색)의 오른쪽에서 왼쪽방향으로 지시값을 읽는다. 저항값은 선택스위치의 측정배수(×1, ×10, ×1K, ×10K) 위치에 따라 곱한 값이 된다. 예를 들어 지침의 위치가 10이고 측정배수가 '×10K'라면 저항값은 100kΩ이다.

유의사항

저항은 전류가 흐르는 활선상태에서 측정하지 않도록 한다.
전압을 측정할 때 선택스위치를 전압이 아닌 저항 쪽에 잘못 맞추어 놓고 전압을 인가하는 경우에도 멀티미터가 고장 날 수 있다. 다시 말해서 선택스위치가 저항 위치에 있을 때 활선상태이면 안 된다.

아날로그 멀티미터의 조정기

0점 조정기 : 지침의 눈금을 '0'의 눈금으로 조정할 때 사용한다. 사용 전 지침이 '0'이 아닌 곳에 있을 때는 '0'으로 맞춘 후 사용해야 한다.

0Ω 조정기 : 정밀한 저항값을 측정하기 위해서 두 개의 프로브를 맞대고 지침이 0Ω 을 가리키도록 조정 후 저항을 측정한다. 만약 0Ω 으로 조절이 되지 않을 때는 건전지를 교체해야 한다.

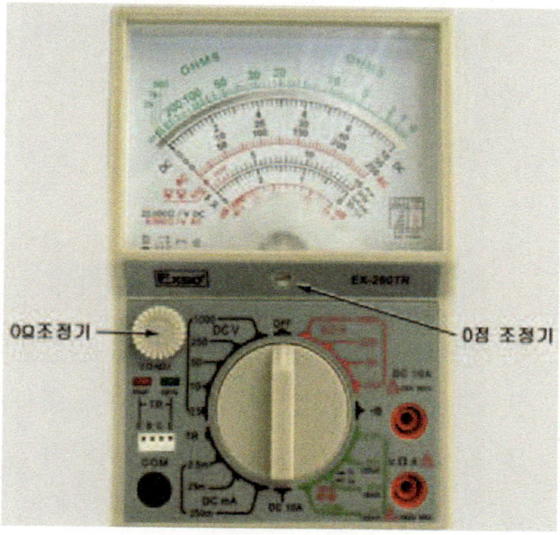

(실험 2.3) 저항 측정하기

(실험 목표)

- 멀티미터의 구동원리 및 측정방법을 이해하고 설명할 수 있다.
- 멀티미터를 사용하여 저항을 측정할 수 있다.

(실험 준비물)

1. 각기 다른 저항값의 저항 3개
2. 저항측정을 위한 아날로그와 디지털멀티미터 각 1대

(실험 방법)

이 실험에서는 준비된 3개 저항의 저항값을 측정한다.

저항	저항1	저항3	저항4
저항값			

5. 도통 시험

프로브를 COM과 V · Ω · A 단자에 연결 후 측정한다. 단순히 도선이 이어져 있는지, 혹은 끊어지지 않았는지 점검하는 회로의 단선유무 및 전자 부품의 불량 검사를 할 때 유용하게 사용되어 진다. 도선이 끊어지지 않고 연결되어있다면 '삐~' 소리를 낸다.

멀티미터 사용할 때 주의사항

1. 전원을 켜기 전에 프로브를 연결한다.
2. 회로를 연결한 상태에서 선택스위치를 돌리지 않는다.
3. 프로브 연결단자와 선택스위치가 잘 맞는지 확인한다.
4. 측정범위가 적절한지를 확인한다. 값을 모르는 경우는 최고 측정범위부터 점차 측정범위를 낮춰가면서 측정한다.
5. 프로브가 연결된 상태에서 측정범위를 바꾸지 않도록 한다.
6. 저항을 측정할 때 전류가 흐르지 않도록 전원을 끄고 측정한다.
7. 전류를 측정할 때 전원에 바로 연결하지 않는다.
8. 직류전압과 전류를 측정할 때는 극성(+, −)에 맞게 프로브를 접속한다.

자기평가

1. 멀티미터의 구동원리 및 측정방법을 이해하고 설명할 수 있다.
2. 멀티미터를 사용하여 직류전압을 측정할 수 있다.
3. 멀티미터를 사용하여 교류전압을 측정할 수 있다.
4. 멀티미터를 사용하여 직류전류를 측정할 수 있다.
5. 멀티미터를 사용하여 저항을 측정할 수 있다.
6. 멀티미터를 사용하여 선로가 이어져있는지 끊어져있는지를 확인할 수 있다.

2.2 브레드보드[9)]

브레드보드(Bread Board)는 빵판으로도 불리는데, 회로 실험에서 기판에 납땜을 하지 않고도 부품들을 연결하여 회로를 구성하는 도구이다. 크기와 형태가 다양하지만 쓰임새는 동일하다. 부품 연결 및 회로 구성이 간단하여 실험을 할 때나 시제품을 제작할 때 많이 쓴다. 실험에서 많이 쓰는 브레드보드는 그림 2-10과 같은 830홀, 400홀, 170홀이다. '홀' 은 브레드보드의 구멍을 의미한다.

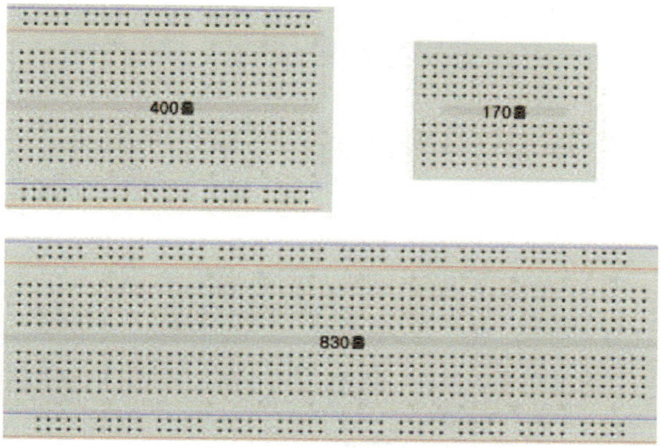

그림 2-10 다양한 크기의 브레드보드

브레드보드를 처음 사용하면 내부 구조를 몰라 어떻게 결선해야할지 몰라 난감할 수 있다. 브레드보드의 내부 구조를 400홀로 살펴보면 다음 그림 2-11처럼 가로 또는 세로방향으로 얇은 금속판을 붙여놓았다. 가로방향의 위아래 부분의 파란선, 빨간선 표시는 전원(-, +)으로 사용하는데, 길게 하나의 금속판으로 연결되어 있다. 빨간색은 양극(+), 파란색은 음극(-) 전원 선을 연결한다. 그러면 가로의 구멍들은 어떤 위치라도 같은 구멍이므로 서로 전기가 통한다. 가운데 두 영역의 5개의 구멍(abcde, fghij)도 하나의 금속판으로 연결되어 있다. 위아래 영역의 5개씩의 구멍들은 서로 연결되어있지 않다. 5개의 구멍이 하나로 붙어있는 이 가운데 영역이 부품을 배치하는 영역이다. 이 영역에 배치한 부품들을 점퍼선[10)]으로 연결하여 회로를 구성한다.

---

9) 이경훈, 『센서 응용 실무』, 문운당, 2022., p11,12

10) 두 지점을 전기적으로 접속하는 전선이다. 핀에 꽂을 수 있는 암(Femail)점퍼와 구멍에 꽂을 수 있는 수(Mail)점퍼가 있다. 다양한 색상과 길이로 판매되고 있는데 양쪽의 헤드에 따라 수-수 점퍼선, 암-암 점퍼선, 암-수 점퍼선이 있다.

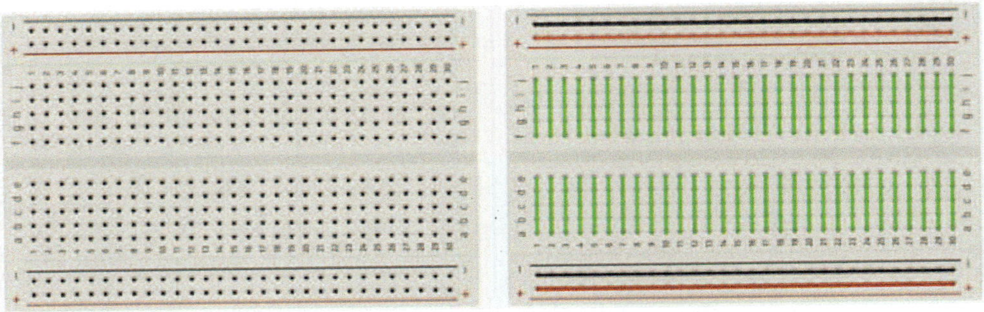

그림 2-11 브레드보드의 구멍 연결 구조

다음 그림 2-12는 브레드보드에 부품을 배치한 틀린 예와 바른 예를 나타낸다. 제대로 된 실험을 하려면 반드시 주의 깊게 살펴보고 브레드보드의 바른 사용법을 익혀야만 한다.

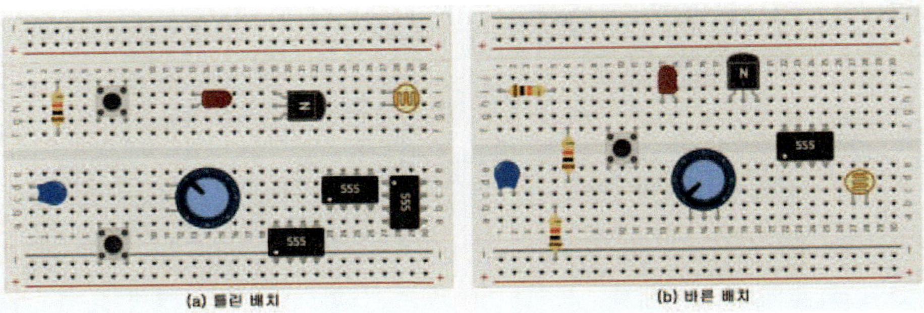

그림 2-12 브레드보드에 부품을 배치한 틀린 예와 올바른 예

830홀 브레드보드는 400홀의 두 배 크기이고 동일한 연결도로 구성되어있다. 170홀 브레드보드는 400홀, 830홀 브레드보드와는 달리 위아래의 파란, 빨간 선의 전원부가 없으며, 가운데 5개씩 구멍의 부품 배치영역만 있는 미니 브레드보드이다. 3.6절 이후에 하게 될 모의실험인 팅커캐드에서의 브레드보드 명칭은 830홀 크기를 브레드보드, 400홀 크기를 작은 브레드보드, 170홀 크기를 미니 브레드보드라고 한다.

3장 직류회로

이 장에서는 직류의 기본 개념에서부터 각종 부품의 연결방법과 전압/전류 법칙 및 다양한 부품들을 사용하여 전기전자의 기초 제어 응용 실험을 해본다. 대표적인 실험으로는 리드 스위치로 방범창문 만들기, 포토레지스터나 비교기를 사용한 광센서 만들기, 포토커플러나 타이머를 이용한 전동기 구동하기, 야간에 LED가 자동 켜지는 태양광 충전시스템 구성하기 등이다.

- 저항기의 색 띠를 보고 저항값을 알 수 있다.
- 필요한 저항값의 저항기를 색 띠를 보고 찾을 수 있다.
- 저항을 직렬, 병렬로 연결 할수록 LED의 밝기의 변화를 확인하고 설명할 수 있다.
- LED를 직렬, 병렬로 연결 할 경우 각 LED의 밝기를 확인하고 설명할 수 있다.
- 회로의 임의의 분기점으로 흘러들어가는 전류의 대수합은 그 분기점으로부터 흘러나오는 전류의 대수합과 같다는 사실을 이해하고 설명할 수 있다.
- 하나의 닫힌회로를 한 바퀴 돌면서 취한 기전력의 합이 그 닫힌회로의 저항에 생기는 전압강하의 대수합과 같다는 사실을 이해하고 설명할 수 있다.
- 직병렬 회로에서 측정한 전압과 전류 값을 이해하고 설명할 수 있다.
- 택트스위치의 원리와 기능을 설명할 수 있고, 택트스위치로 LED를 점멸할 수 있다.
- 리밋스위치의 원리와 기능을 설명할 수 있고, 리밋스위치로 LED를 점멸할 수 있다.
- 슬라이드(SPDT)스위치의 원리와 기능을 설명할 수 있고, LED를 점멸할 수 있다.
- 리드스위치의 원리와 기능을 설명할 수 있고, 방범창문의 회로구성을 할 수 있다.
- 무극성과 극성 커패시터를 구분하고 정전용량을 알 수 있다.
- 트랜지스터를 사용하여 손가락 터치로 LED를 켤 수 있음을 설명할 수 있다.
- 양극성 접합 트랜지스터의 원리와 기능을 이해하고 설명할 수 있다.
- MOSFET 트랜지스터의 원리와 기능을 이해하고 설명할 수 있다.
- 퍼텐쇼미터의 특성과 기능을 이해하고 설명할 수 있다.
- 포토레지스터를 사용하여 빛의 밝기에 따라 반응하는 회로를 구성하고 설명할 수 있다.
- 직류전동기의 정회전과 역회전의 방법을 이해하고 설명할 수 있다.
- 서미스터를 사용하여 온도가 올라가면 쿨링팬을 회전시키는 회로를 구현할 수 있다.
- LM393 비교기의 비반전 및 반전 출력을 이해하고 회로를 구성할 수 있다.
- 포토커플러의 비반전, 반전 작동으로 회로를 구성하여 실행시킬 수 있다.

3.1 직류

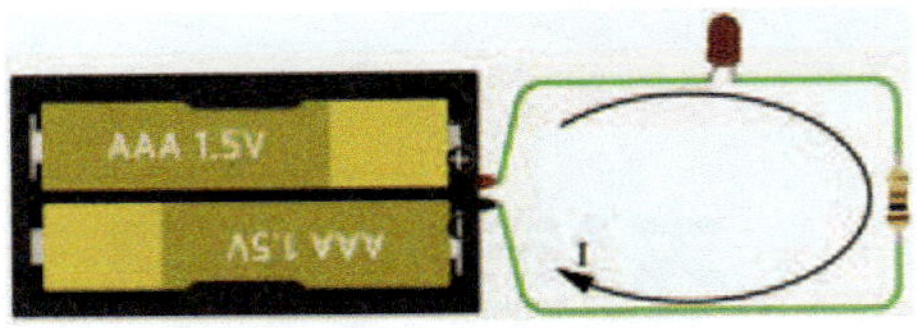

그림 3-1 직류를 사용한 예

그림 3-1처럼 전지를 사용하여 LED를 켠다면 전류는 극성이 바뀌지 않고 일정한 방향으로 흐르게 된다. 이러한 전류(I)를 직류(direct current)라고 하고, 줄여서 보통 DC로 쓴다. 다음 그림 3-2의 ①과 같이 시간에 따라 방향(극성)이 바뀌지 않는 전류를 말한다. 전기회로를 구성할 때 +, − 단자[11]를 구별해서 연결해야한다. DC 중에서도 그림 3-2의 ②와 같이 흐르는 전류의 크기가 변하는 것을 맥류(Ripple current)라고 한다. 맥류도 직류이다.

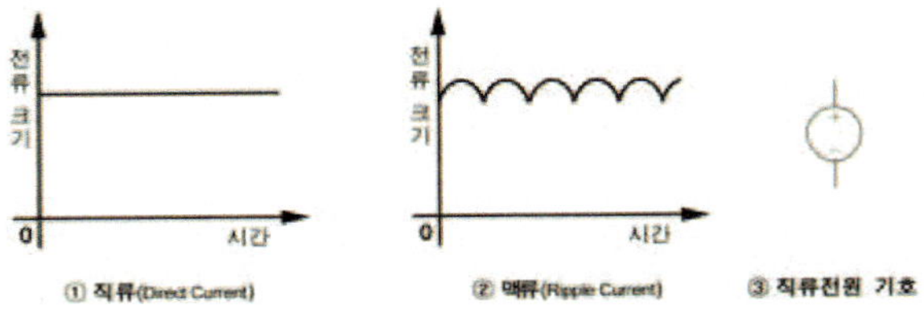

그림 3-2 직류

직류는 태양광 패널이나 건전지 등의 직류전원에서 발생하고, 교류전원으로부터 정류기를 사용하여 얻을 수도 있다. 대부분의 전자 제품들이 어댑터[12]를 통해 교류를 직류로 바꾸어 사용하고 있다. 직류는 전류의 세기와 방향이 일정해서 안정적이다. 송전 과정에서 전력 손실이 크다. 직류는 전압을 바꾸기 쉽지 않다. 이 책에서는 직류 전원의 기호를 그림 3-2의 ③과 같이 사용한다.

3.2 저항기[13]

전기의 가장 기본적인 부품인 저항기의 일반적인 쓰임새는 회로를 지나가는 전류량을 조절하거나 전압을 낮추는 것이다. 앞으로 이 책에서는 저항(resistance)을 저항값이라고 표현하고 부품인 저항기(resistor)를 저항이라고 표현한다.

모든 저항값을 갖는 저항을 구할 수는 없다. 저항 제조가 용이하도록 저항값 표

11) 단자(terminal)는 전기회로, 전기기기, 전기장치 등이 외부의 회로와 연결되는 부분을 말한다.
12) 일반 가정 등에 공급되는 교류 전원(AC220V)을 3~16V 정도의 직류(DC)로 바꾸는 장치.
13) 이경훈, 『센서 응용 실무』, 문운당, 2022., p18, p19

준을 정해놓았기 때문이다. 표준에는 ±20% E6, ±10% E12, ±5% E24, ±2% E48, ±1% E96, ±0.5% E192 제품군이 있다. 일반적인 허용오차가 ±5%인 E24 제품군은 **10, 11, 12, 13, 15, 16, 18, 20, 22, 24, 27, 30, 33, 36, 39, 43, 47, 51, 56, 62, 68, 75, 82, 91**의 기본 저항값이 24개가 있다. 이 기본 저항값 뒤에 원하는 개수만큼 0을 붙인 수치의 큰 저항들이 있다. 예를 들어, 460Ω이 필요하다면 E24 제품군에서 470Ω을 선택하면 된다. 이 책에서 많이 쓰게 될 330Ω, 10kΩ도 저항값 표준이라 구입할 수 있다. ±0.5% E192 제품군은 ±5%인 E24 제품군 보다 8배 많은 정밀한 저항값을 갖는 표준 저항들이 있다.

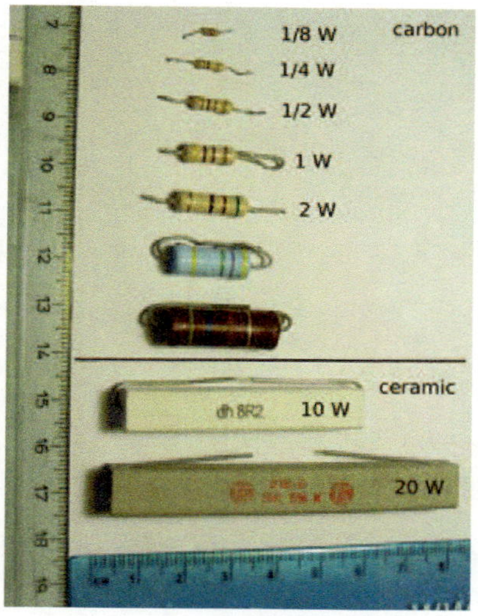

그림 3-3 다양한 크기의 저항
출처: https://commons.wikimedia.org

저항을 선택하기 위한 고려사항은 저항값뿐만 아니라 정격전력[14]에 따른 저항의 크기이다. 정격전력에 따른 크기로는 1/8W, 1/4W, 1/2W, 1W, 2W, 5W, 10W 등이 있다. 브레드보드[15] 실험용으로 1/4W(250mW) 저항이 가장 많이 쓰인다. 와트가 클수록 고전력용인데, 저항이 굵고 길다. 그림 3-3은 정격전력에 따른 다양한 크기의 저항을 보여 준다.

저항은 전류의 흐름을 제한하고 전압을 떨어뜨리는 과정에서 전력[16]의 크기에 비례하는 열을 방출한다. 그러므로 전력이 클수록 열에 강하면서 열을 잘 방출할 수 있는 부피가 큰 저항을 사용해야 한다.

전력 크기에 따른 저항 크기 선택을 위한 예로, 150Ω의 저항을 5V의 배터리에 연결할 때 어느 정도 와트[W]의 저항이면 되는지 먼저 저항이 감당해야할 전력의 크기부터 계산하면 다음과 같다.

---

14) 기기를 안전하게 사용할 수 있는 전력의 최대한도. 단위는 [W](와트)를 사용.

15) 브레드보드의 사용법은 2.2절을 참고.

16) 단위시간 동안 전기장치에 공급되는 전기에너지, 또는 단위시간 동안 다른 형태의 에너지(보통 열)로 변환되는 전기에너지이다. 단위는 주울/초(Joule/second, J/s))이며 이를 다시 와트(W)로 표시한다. 즉 1W = 1J/s이다. 1W는 1A(암페어)의 전류가 1V(볼트)의 전압이 걸린 곳을 흐를 때 소비되는 전력의 크기다. 전력(P)과 전압(V), 전류(I)의 관계는 $P = V \cdot I$를 만족한다.

$$P = V \times I = V \times \frac{V}{R} = \frac{V^2}{R} = \frac{5 \times 5}{150} = 0.17\,W$$

이 경우 저항이 과열되어 손상되지 않으려면 1/4W의 저항을 사용하면 된다. 이보다 한 단계 높은 1/2W의 저항을 선택할 수도 있겠다.

표 3-1처럼 다양한 재료의 저항이 있다. 가장 일반적인 저가격의 저항은 탄소 피막 저항(Carbon Film Resistor)과 금속막 저항(Metal Film Resistor)이다. 칩 저항(SMD;Surface Mount Device)은 소형으로 최근에 PC 및 소형 제품에 많이 사용되고 있으며 소비전력은 1/16W ~ 1W 정도까지이며 오차범위는 ±1%에서 ±10% 등 다양한 종류가 있다.

표 3-1 다양한 재료의 저항

탄소 피막 (Carbon film)	금속막 (Metal film)	금속 산화물 피막 (metal oxide film)	탄소 콤포지션 (Carbon composition)	권선형 (Wirewound)	SMD 칩 Surface mount

저항값은 표 3-2와 그림 3-4의 저항에 칠해진 색깔의 띠로 확인할 수 있다. 색깔의 띠는 4개인 것과 5개인 것이 있다.

표 3-2 색깔로 저항값 알아보기

4색 띠 저항		검은색	갈색	빨간색	주황색	노란색	초록색	파란색	보라색	회색	흰색	금색	은색	무색	5색 띠 저항	
	1색띠	0	1	2	3	4	5	6	7	8	9				1색띠	
	2색띠	0	1	2	3	4	5	6	7	8	9				2색띠	
		0	1	2	3	4	5	6	7	8	9				3색띠	
	3색띠	10^0	10^1	10^2	10^3	10^4	10^5	10^6	10^7	10^8	10^9	10^{-1}	10^{-2}		4색띠	
	4색띠		±1%	±2%			±0.5%	±0.25%	±0.1%			±5%	±10%	±20%	5색띠	

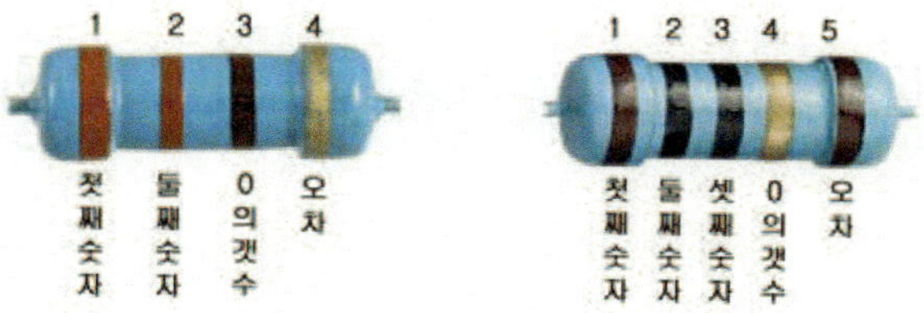

(a) 4색 띠 저항기 (b) 5색 띠 저항기

그림 3-4 저항기 색 띠의 의미

실험에 임하는 자세

1. 담당교수의 지시사항에 잘 따를 것
2. 실험의 목표, 실험내용, 실험방법 등을 충분히 이해하고 실험을 시작할 것
3. 불필요한 행동을 하지 않고 성실한 태도를 유지할 것
4. 다른 사람이 실험하는 것을 눈으로만 지켜보지 말고, 조원들끼리 서로 협력하여 모두가 직접 실험에 임할 것
5. 실험을 하면서 의문사항은 서로 토의하고, 담당교수에게 물어 확인할 것
6. 실험보고서는 미루지 말고 실험 시간 내에 완성할 것
7. 실험을 마친 후 주변 청소 및 정리정돈을 깨끗이 할 것

(실험 3.1) 저항기 식별하기

(실험 목표)

- 저항기의 색 띠를 암기한다.
- 저항기의 색 띠를 보고 저항값을 알 수 있다.
- 필요한 저항값의 저항기를 색 띠를 보고 찾을 수 있다.

(실험 준비물)

1. 저항값이 다른 4색 띠와 5색 띠의 저항 각 3개
2. 저항값 측정을 위한 멀티미터 1대

(실험 방법)

이 실험에서는 준비된 저항을 보고 저항값을 맞춰보고, 또한 필요한 저항을 찾는 실험을 한다.

1. 주어진 저항기의 색 띠가 다음 표에 적고, 색 띠를 보고 저항값과 오차를 기록한다. 그리고 저항기의 저항값을 멀티미터로 직접 측정하여 실제 저항값과 색 띠로 표시된 저항값과의 오차를 기록한다.

색 띠		색 띠로 표시된		직접 측정한	
		저항값(Ω)	오차(%)	저항값(Ω)	오차(%)
4 색 띠					
5 색 띠					

2. 다음 표의 저항값에 해당하는 저항기의 색띠를 표시한다.

저항값	4색 띠			5색 띠			
	1색 띠	2색 띠	3색 띠	1색 띠	2색 띠	3색 띠	4색 띠
1kΩ							
330Ω							
47kΩ							
1MΩ							
5.1kΩ							

자기평가

1. 저항기의 색 띠를 보고 저항값을 알 수 있다.
2. 필요한 저항값의 저항기를 색 띠를 보고 찾을 수 있다.

3.3 LED

LED(Light-Emitting Diode)는 발광다이오드라는 이름에서 알 수 있듯이 반도체로 전류가 흐를 때 빛(가시광선)을 내는 다이오드이다. 그림 3-5의 LED 구조를 보면 다이오드는 두 가지 형태의 반도체를 붙어 놓은 것인데, N형과 P형이다. N형은 반도체에 불순물을 추가하여 음전기(-)를 띤 입자인 전자를 많게 하였고, 반대로 P형은 전자가 적은 '정공' 상태이다. 전자는 자연적으로 전자가 많은 곳(음성)에서 전자가 적은 곳(양성)으로 이동하게 되는데, N형 물질과 P형 물질이 붙어있는 이러한 구조는 전자가 N형 쪽 전극으로부터 P형 쪽 전극으로 한 방향으로만 흐르게 한다. 정공으로 빠지는 순간 전자는 광자의 형태로 에너지를 내보내며 빛을 발산한다. 극성을 거꾸로 연결하면 전자의 이동이 없어 불이 켜지지 않는다.[17]

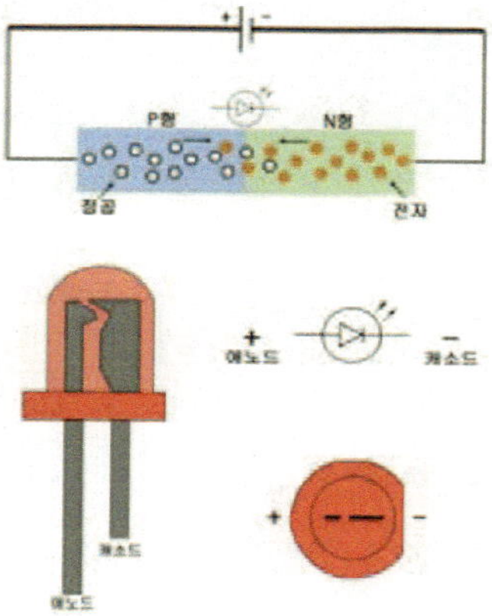

그림 3-5 LED의 구조

LED에 전원을 연결할 때 캐소드(-)보다 애노드(+) 전압을 높게 하면 순방향 전류가 흐르고, 애노드와 캐소드 사이에 순방향 전압이 발생한다. 순방향 전압과 순방향 전류는 LED 점등 회로를 구성할 때 가장 고려해야 할 항목이다. 순방향 전압, 전류는 LED 부품의 재질 및 사이즈, 발광색, 주위 온도에 따라서 변화한다.

LED는 20mA 정도의 전류로 작동된다. 그러므로 배터리나 전원에 직접 연결하면 안 된다. 반드시 저항을 직렬로 연결하여 전류의 양을 제한하여야한다. 그렇지 않으면 LED는 타버리게 된다. 그러므로 LED에 직렬로 연결한 저항을 **안전저항**이라 부른다. LED는 기존의 전구보다 열에너지를 적게 소비하므로 조명시스템을 비롯하여 전자시계, 텔레비전, 신호등, 디스플레이 화면 등 수많은 전자제품에 쓰이고

17) 이경훈, 『센서 응용 실무』, 문운당, 2022., p20

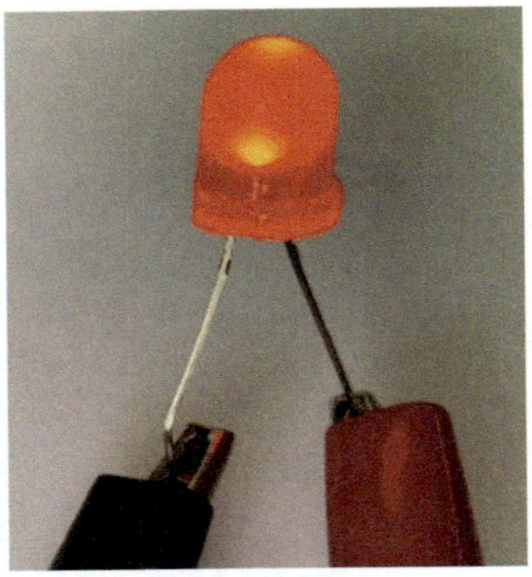

그림 3-6 LED 상태 판별

있다.

그림 3-5의 LED 구조에서 보듯이 다리가 긴 쪽이 애노드(양극)이고, 짧은 쪽이 캐소드(음극)이다. LED 등의 내부가 보인다면 작은 부분이 양극(+)이다. LED의 고장유무 및 양극, 음극의 판별은 벨테스터기나 멀티미터의 도통시험(•))))으로 확인이 가능하다. 다음 그림 3-6과 같이 집게를 연결했을 때 LED가 켜지면 검은색 집게 쪽이 -이고, 빨간색 집게 쪽이 +이다. 집게를 바꿔 연결해도 LED가 켜지지 않는다면 LED가 나간 것이므로 쓸 수 없다.

3.4 직렬, 병렬 연결회로

3.4.1 저항의 직렬연결

전선에 흐르는 전자를 자동차라고 생각하면, 전선은 '고속도로'이고 저항은 골목길이다. 저항값이 2배라고 하는 것은 골목길이 2배로 좁아지거나 거리가 2배가 되는 경우이다. 마찬가지로 저항이 직렬로 연결되어 있을 때의 전체 저항은 각 저항을 합한 것과 같다. 저항값 만큼 차가 다니기 불편하다는 뜻이다. 즉, 저항은 직렬로 연결될수록 합성저항이 점점 커진다.

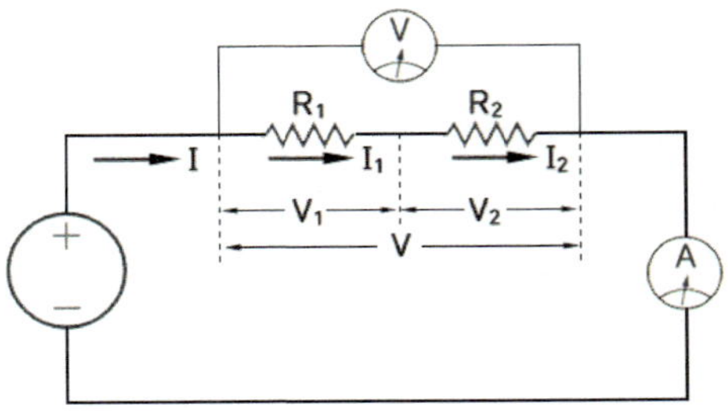

그림 3-7 두 개의 저항을 직렬 연결한 회로도

그림 3-7과 같이 두 개의 저항을 직렬로 연결한 경우, 각 저항은 저항값에 비례하여 전압을 서로 나누어 가지게 된다. 두 저항에 걸리는 전압을 더하면 전원의 전압이 된다. 각 저항에 흐르는 전류는 전체 회로에 흐르는 전류의 세기와 같다.

$$I = I_1 = I_2$$

회로 전원의 전압 V가 두 저항에 나누어져 걸리므로, 각 저항에 걸리는 전압을 합하면 전체 전압이 된다.

$$V = V_1 + V_2$$

회로에 흐르는 전체 전류의 세기를 I라 하면, 옴의 법칙에 의해 R_1과 R_2에 걸리는 전압 V_1, V_2는 다음과 같다.

$$V_1 = IR_1$$

$$V_2 = IR_2$$

회로의 전체 저항값을 R이라 하면 옴의 법칙으로부터 다음과 같은 관계가 성립한다.

$$V = V_1 + V_2 = IR_1 + IR_2 = I(R_1 + R_2) = IR$$

$$\therefore R = R_1 + R_2$$

(실험 3.2) 저항의 직렬연결

(실험 목표)

- LED의 밝기의 변화를 확인하여 저항의 직렬연결을 설명할 수 있다.

(실험 준비물)

1. DC 12V 전원공급기(어댑터) 또는 배터리 1개
2. LED(그림 3-8 참조) 1개
3. 1kΩ 저항(그림 3-9 참조) 3개

4. 브레드보드와 여러 개의 점퍼선(그림 3-10 참조)
5. 멀티미터 1대

그림 3-8 LED

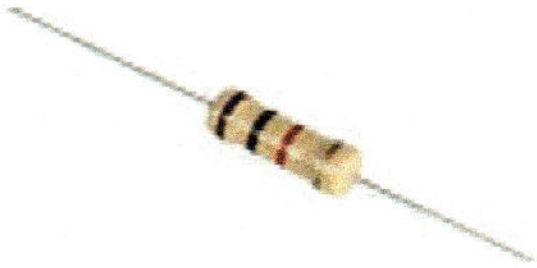

그림 3-9 저항 1kΩ

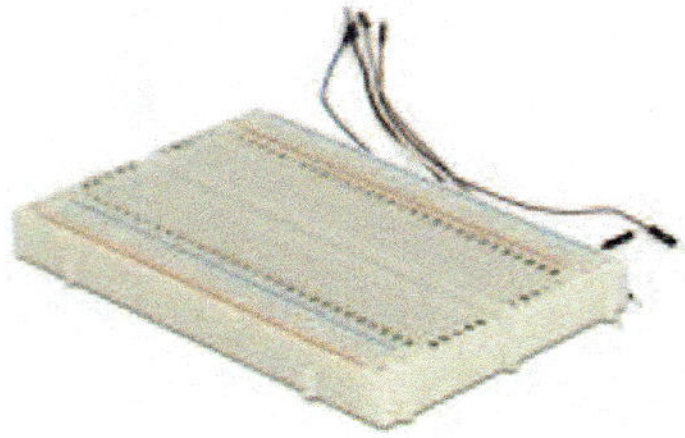

그림 3-10 브레드보드와 점퍼선

(실험 방법)

다음 그림과 같이 저항과 LED의 직렬회로에서 저항을 하나씩 추가하면서 LED의 밝기를 확인하는 실험을 한다.

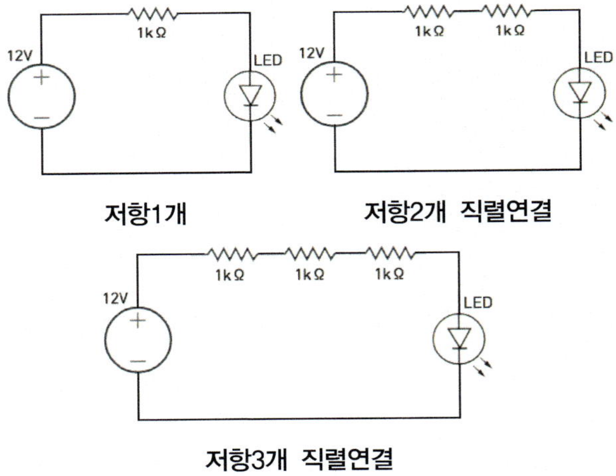

그림 3-11 저항의 직렬연결 회로도

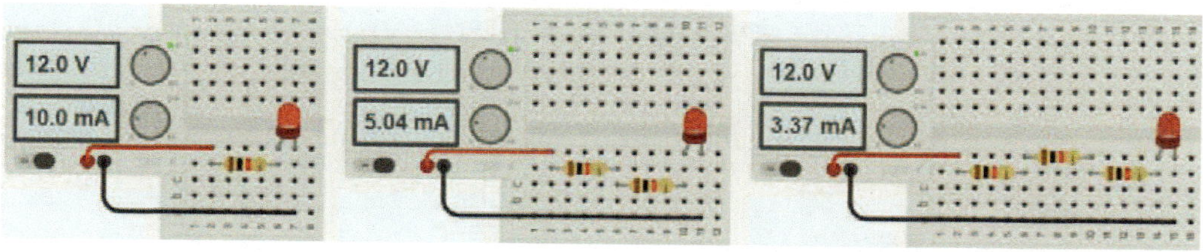

그림 3-12 저항의 직렬연결 결선도 (저항1개: 10mA, 2개: 5.04mA, 3개: 3.37mA)

회로구성하기

1. 브레드보드에 저항 1kΩ과 LED를 끼운다.
2. 저항의 한쪽 단자는 DC 12V의 '+' 극성에 연결하고 다른 한 단자는 LED의 '+' 극성 단자에 연결한다.
3. LED의 '−'극성 단자와 DC 12V의 '−' 극성을 연결한다.
4. LED의 밝기를 비롯한 전류세기를 측정한 다음 저항을 1개씩 직렬로 추가하여 측정을 계속한다.

유의사항

회로에 연결된 저항을 측정하고자 할 때는 전원을 끈 상태(파워 오프)에서 측정한다.

회로점검 및 작동상태 확인하기

1. 전원이 공급된 상태에서 전류세기를 측정하고, LED의 밝기 정도를 확인하고 기록한다.
2. 전원을 끄거나 회로 연결을 끊은 다음, 저항을 측정하고 기록한다.
3. 저항 1개일 때의 측정을 마친 후, 직렬로 저항을 1개씩 추가하여 위 1, 2단계를 계속한다.

〈 저항의 직렬연결(공급전압: V) 〉

저항 직렬연결		저항 1개	저항 2개	저항 3개
저항값	계산값			
	측정값			
전류세기 (mA)	계산값			
	측정값			
LED 밝기				

✔ 결과 및 고찰

저항을 직렬로 연결하면 LED의 밝기가 어두워짐을 볼 수 있는데, 왜 그렇까? 생각해보자. 합성저항(R_T)은 다음 식(3.1)과 같이 모든 직렬 저항의 합이다.

$$R_T = R_1 + R_2 + R_3 \tag{3.1}$$

그러므로 저항을 직렬로 연결할수록 합성저항이 커져 LED로 흐르는 전류의 세기가 작아진다. LED의 밝기는 다음 식(3.2)와 같이 전압과 전류에 비례하므로 저항을 직렬 연결할수록 저항은 커지고 전류를 작게 흐르므로 LED가 어두워진다.

$$LED\text{의 밝기} = P(\text{소비전력}) \propto V(\text{전압}) \times I(\text{전류}) \tag{3.2}$$

자기평가

1. 직렬로 연결한 저항의 개수가 많을수록 전류의 세기를 설명할 수 있다.
2. 직렬로 연결한 저항의 개수가 많을수록 LED의 밝기를 설명할 수 있다.
3. LED의 밝기와 소비전력과의 관계를 설명할 수 있다.

3.4.2 저항의 병렬연결

전선에 흐르는 전자를 자동차라고 생각하면, 전선은 '고속도로'이고 저항은 골목길이다. 2개의 저항이 병렬로 연결되면 자동차가 2개의 골목길로 분산되어 통과하므로, 결과적으로 골목길의 폭이 2배로 넓어지는 것과 같다. 그러므로 병렬로 연결된 저항의 개수가 많을수록 전체 전류의 세기는 커진다. 즉, 저항은 병렬로 연결될수록 전체 저항값이 점차 작아진다.

저항을 병렬연결하면, 병렬로 연결한 저항의 개수와 상관없이 개별 저항에 걸리는 전압과 원래 전압은 같다.

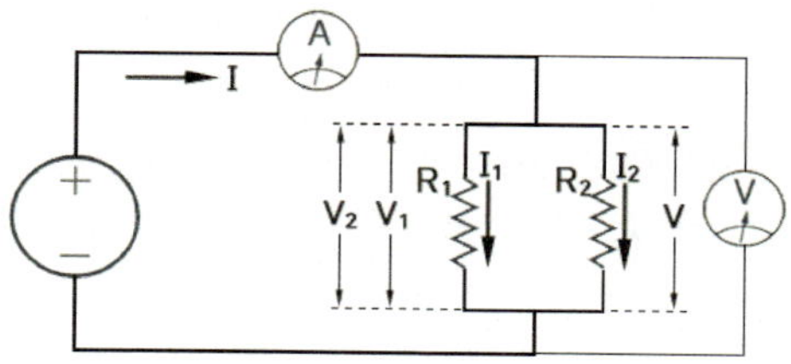

그림 3-13 두 개의 저항을 병렬 연결한 회로도

그림 3-13과 같이 두 개의 저항을 병렬로 연결하면 전류는 분기하여 흐르므로, 다음식과 같이 각 저항에 흐르는 전류값을 합하면 회로에 흐르는 전체 전류의 세기와 같다.

$$I = I_1 + I_2$$

한편, 다음식과 같이 각 저항에 걸리는 전압은 전체 전압과 같다.

$$V = V_1 = V_2$$

회로에 걸리는 전압을 V라 하면, 옴의 법칙으로부터 각 저항으로 흐르는 전류는 다음과 같다.

$$I_1 = \frac{V}{R_1},\ I_2 = \frac{V}{R_2}$$

회로의 전체 합성저항을 R이라 하면 옴의 법칙($I = \frac{V}{R}$)으로부터 다음과 같은 관계가 성립한다.

$$I = I_1 + I_2 = \frac{V}{R_1} + \frac{V}{R_2} = V\left(\frac{1}{R_1} + \frac{1}{R_2}\right)$$

$$\frac{1}{R} = \frac{1}{R_1} + \frac{1}{R_2} = \frac{R_1 + R_2}{R_1 R_2} \qquad \therefore R = \frac{R_1 R_2}{R_1 + R_2}$$

저항값이 같은 저항 2개를 병렬로 연결하면 합성 저항은 1/2이 되고, 3개를 병렬로 연결하면 합성 저항은 1/3로 작아진다.

(실험 3.3) 저항의 병렬연결

(실험 목표)
저항을 병렬로 연결 할수록 LED의 밝기의 변화를 확인하고 설명할 수 있다.

(실험 준비물)
1. DC 12V 전원공급기(어댑터) 또는 배터리 1개
2. 1kΩ 저항 3개
3. LED 1개
4. 브레드보드와 여러 개의 점퍼선
5. 멀티미터 1대

(실험 방법)
다음 그림과 같이 저항과 LED의 병렬회로에서 저항을 하나씩 추가하면서 LED의 밝기를 확인하는 실험을 한다.

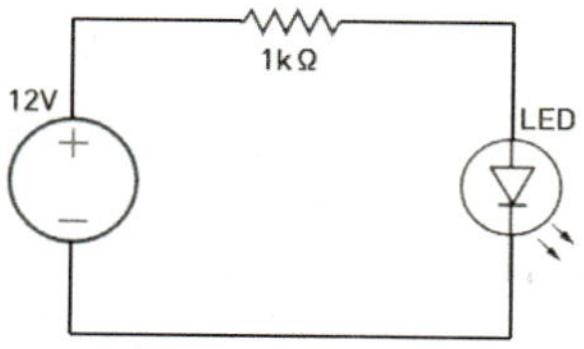

저항1개

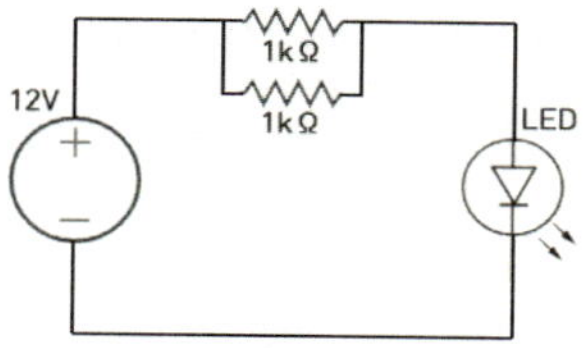

저항2개 병렬연결

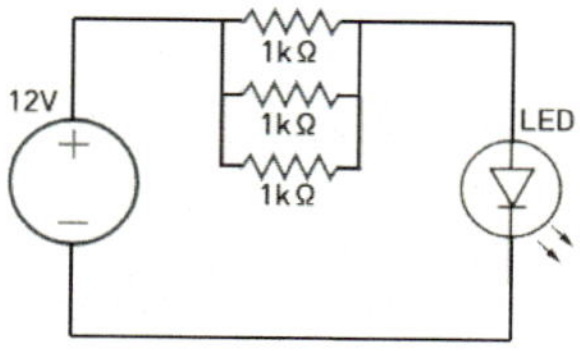

저항3개 병렬연결

그림 3-14 저항의 병렬연결 회로도

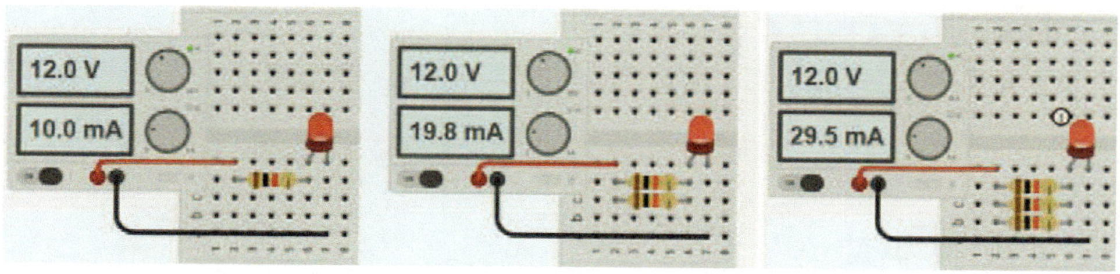

그림 3-15 저항 병렬연결 결선도 (저항1개: 10mA, 2개: 19.8mA, 3개: 29.5mA)

회로구성하기

1. 브레드보드에 저항 1kΩ과 LED를 끼운다.
2. 저항의 한쪽 단자는 DC 12V의 '+' 극성에 연결하고 다른 한 단자는 LED의 '+' 극성 단자에 연결한다.
3. LED의 '−'극성 단자와 DC 12V의 '−' 극성을 연결한다.
4. LED의 밝기를 비롯한 전류세기를 측정한 다음 저항을 1개씩 병렬로 추가하여 측정을 계속한다.

유의사항

회로에 연결된 저항을 측정하고자 할 때는 전원을 끈 상태(파워 오프)에서 측정한다.

회로점검 및 작동상태 확인하기

1. 전원이 공급된 상태에서 전류세기를 측정하고, LED의 밝기 정도를 확인하고 기록한다.
2. 전원을 끄거나 회로 연결을 끊은 다음, 저항을 측정하고 기록한다.
3. 저항 1개일 때의 측정을 마친 후, 병렬로 저항을 1개씩 추가하여 위 1, 2단계를 계속한다.

〈 저항의 직렬연결(공급전압:　V) 〉

저항 병렬연결		저항 1개	저항 2개	저항 3개
저항값	계산값			
	측정값			
전류세기 (mA)	계산값			
	측정값			
LED 밝기				

결과 및 고찰

저항을 병렬로 연결하면 LED 밝기가 밝아짐을 볼 수 있는데, 왜 그럴까? 생각해보자. 병렬 합성 저항값은 병렬 연결된 하나의 저항보다도 작다. 만일 $R_1 = R_2 = R_3 = R$이라면 합성저항(R_T)은 다음 식(3.3)과 같다.

$$R_T = \frac{R}{n} \tag{3.3}$$

그러므로 저항을 병렬로 연결하면 할수록 합성저항이 작아져 LED로 흐르는 전류의 세기가 커진다. LED의 밝기는 위 식(3.2)와 같이 전압과 전류에 비례하므로 저항을 병렬 연결할수록 저항은 작아지고 전류를 크게 흐르므로 LED가 밝아진다. 저항을 병렬로 너무 많이 연결하면 저항이 너무 작아져 LED가 파손될 수도 있다. 이것은 일상에서 멀티탭의 콘센트에 많은 가전제품을 연결하는 것이 좋지 않은 이유이기도 하다.

자기평가

1. 병렬로 연결한 저항의 개수가 많을수록 전류의 세기를 설명할 수 있다.
2. 병렬로 연결한 저항의 개수가 많을수록 LED의 밝기를 설명할 수 있다.
3. LED의 밝기와 소비전력과의 관계를 설명할 수 있다.

(실험 3.4) LED의 직렬연결

(실험 목표)

- LED를 직렬연결 할 경우 각 LED의 밝기를 확인하고 설명할 수 있다.
- 병렬연결과 비교하여 설명할 수 있다.

(실험 준비물)

1. DC 12V 전원공급기(어댑터) 또는 배터리 1개
2. 1kΩ 저항 1개
3. LED 3개
4. 브레드보드와 여러 개의 점퍼선
5. 멀티미터 1대

(실험 방법)

다음 그림과 같이 저항과 LED의 직렬회로에서 LED를 직렬로 하나씩 추가하면서 LED의 밝기를 확인하는 실험을 한다.

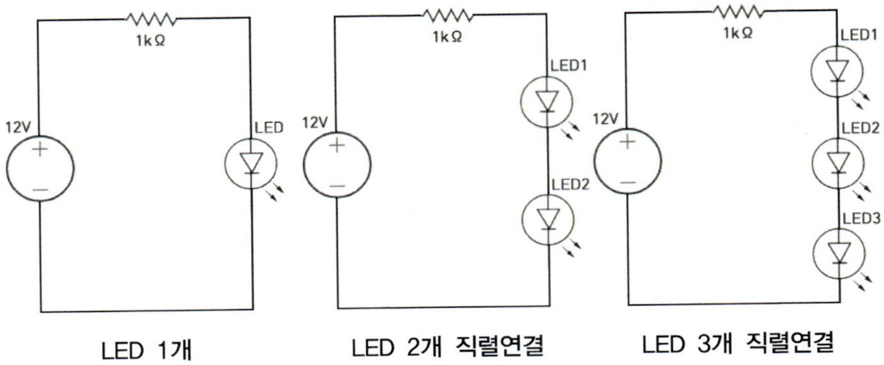

그림 3-16 LED의 직렬연결 회로도

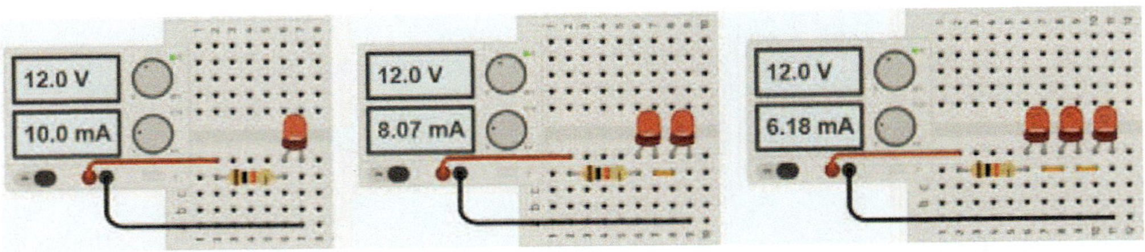

그림 3-17 LED의 직렬연결 결선도 (LED 1개: 10mA, 2개: 8.07mA, 3개: 6.18mA)

회로구성하기

1. 브레드보드에 저항 1kΩ과 LED를 끼운다.
2. 저항의 한쪽 단자는 DC 12V의 '+' 극성에 연결하고 다른 한 단자는 LED의 '+' 극성 단자에 연결한다.
3. LED의 '−'극성 단자와 DC 12V의 '−' 극성을 연결한다.
4. LED의 밝기를 비롯한 전류세기를 측정한 다음 LED를 1개씩 직렬로 추가하여 측정을 계속한다.

회로점검 및 작동상태 확인하기

1. 전원이 공급된 상태에서 전류세기를 측정하고, LED 하나의 밝기 정도를 확인하고 기록한다.
2. LED를 1개씩 직렬로 추가하면서 전류세기를 측정하고, LED의 밝기 정도를 확인하고 기록한다.

구분	LED 1개	LED 2개 직렬	LED 3개 직렬
전류의 세기(mA)			
LED 모두의 전압(V)			
LED 하나의 밝기			
LED 모두의 소비전력(계산값)			

✔ 결과 및 고찰

LED를 직렬연결하면 어두워지는 것을 볼 수 있는데, 왜 그렇까? 생각해보자. 직렬 연결할수록 어두워진다는 것은 전류의 흐름이 적어진다는 것이다. 결국 인가된 전압에서 LED를 직렬로 연결하면 할수록 저항값이 커진다는 것이다. 저항값이 커질수록 전류는 약하게 흐른다는 것은 옴의 법칙($I=\frac{V}{R}$)으로도 확인할 수 있다. 또한 식(3.2)와 같이 LED의 밝기는 LED에 걸리는 전압과 전류의 세기에 비례하는데, 직렬연결의 경우 전압도 배분되기 때문이다.

식(3.2)를 기준으로 같은 규격의 LED 2개를 직렬로 연결한 경우 LED 하나의 밝기(소비전력)는 LED 하나의 전압과 전류가 모두 1/2로 줄어들기 때문에 1/4로 줄어든다.

자기평가

1. LED를 직렬로 여러 개 연결할수록 LED의 밝기는?
2. 병렬연결과 비교하여 설명할 수 있다.

(실험 3.5) LED의 병렬연결

(실험 목표)

- LED를 병렬연결 할 경우 각 LED의 밝기를 확인하고 설명할 수 있다.
- 직렬연결과 비교하여 설명할 수 있다.

(실험 준비물)

1. DC 12V 전원공급기(어댑터) 또는 배터리 1개
2. 1kΩ 저항 1개
3. LED 3개
4. 브레드보드와 여러 개의 점퍼선
5. 멀티미터 1대

(실험 방법)

다음 그림 3-18과 같이 저항과 LED의 직렬회로에서 LED를 병렬로 하나씩 추가하면서 LED의 밝기를 확인하는 실험을 한다.

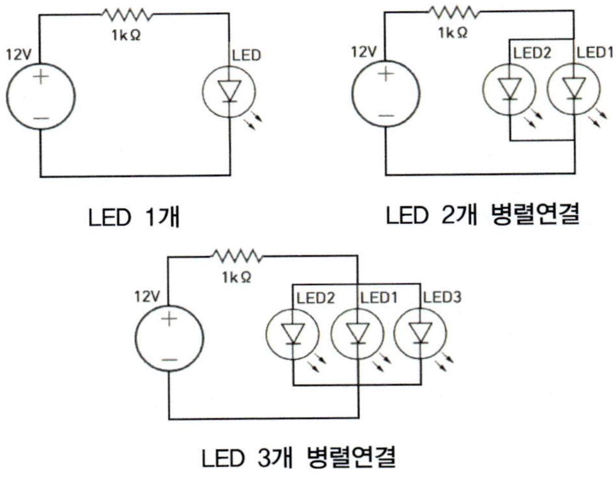

그림 3-18 LED의 병렬연결 회로도

회로구성하기

1. 브레드보드에 저항 1kΩ과 LED를 끼운다.
2. 저항의 한쪽 단자는 DC 12V의 '+' 극성에 연결하고 다른 한 단자는 LED의 '+' 극성 단자에 연결한다.
3. LED의 '−'극성 단자와 DC 12V의 '−' 극성을 연결한다.
4. LED의 밝기를 비롯한 전류세기를 측정한 다음 LED를 1개씩 병렬로 추가하여 측정을 계속한다.

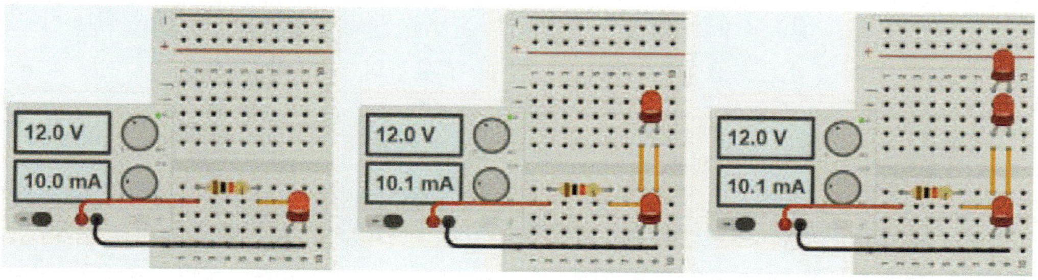

그림 3-19 LED 병렬연결 결선도 (LED 1개: 10mA, 2개: 10mA, 3개: 10mA)

회로점검 및 작동상태 확인하기

1. 전원이 공급된 상태에서 전류세기를 측정하고, LED 하나의 밝기 정도를 확인하고 기록한다.
2. LED를 1개씩 병렬로 추가하면서 전류세기를 측정하고, LED 하나의 밝기 정도를 확인하고 기록한다.

구분	LED 1개	LED 2개 병렬	LED 3개 병렬
전류의 세기(mA)			
LED 모두의 전압(V)			
LED 하나의 밝기			
LED 모두의 소비전력(계산값)			

✔ 결과 및 고찰

LED를 병렬연결하면 개별 LED의 밝기가 변함없음을 볼 수 있는데, 왜 그럴까? 생각해보자. 병렬연결의 경우, 각각의 LED는 서로 영향을 받지 않고 독립적이다. 즉, 직렬연결일 때는 LED 중의 하나가 파손된 경우 직렬 연결된 모든 LED는 켜지지 않는다. 하지만 병렬연결의 경우는 어느 한 쪽의 LED가 파손되어도 다른 LED는 영향을 받지 않고 켜진다. 우리가 일상에서 사용하는 전기 콘센트도 병렬연결하는 것임을 상기하자. 콘센트에 연결된 각각의 전기 기구는 모두 병렬 연결되므로 한 쪽 전원플러그를 뽑아도 다른 쪽 전기 기구는 영향을 받지 않는 것이다.

같은 규격의 LED 2개를 병렬로 연결한 경우, 개별 LED의 밝기는 변하지 않으므로 전체 밝기는 LED 2개가 켜진 것과 같이 2배의 밝기가 된다.

자기평가

1. LED를 병렬로 여러 개 연결할수록 LED의 밝기는?
2. 직렬연결과 비교하여 설명할 수 있다.

3.5 키르히호프의 법칙

키르히호프의 법칙이란 구스타프 키르히호프(Gustav Kirchhoff)가 처음으로 기술한 전기회로에서의 전하량과 에너지 보존을 다루는 2개의 이론식이다. 직렬 또는 병렬회로에 관계없이 거의 모든 전기회로에 적용된다. 이 이론식은 전기공학분야에서 폭넓게 사용되고 있는 전류법칙(제1법칙)과 전압법칙(제2법칙)으로 구분된다.

3.5.1 키르히호프의 전류법칙(KCL)

키르히호프의 분기점 법칙인 전류 법칙은 분기점(만나는 지점)으로 들어오는 전류와 나가는 전류의 양은 같다. 즉 전류가 통과하는 분기점에서의 흘러들어오고 나간 전류의 합은 0이 된다는 것이다. 단, 들어오는 전류의 양을 양수로, 나가는 전류의 양을 음수로 하고, 전선을 통과하는 전류의 손실은 없다고 가정한다.

(실험 3.6) KCL 확인하기

(실험 목표)

- 키르히호프의 전류법칙을 이해하고 설명할 수 있다.
- 회로의 임의의 분기점으로 흘러들어가는 전류의 대수합은 그 분기점으로부터 흘러나오는 전류의 대수합과 같다는 사실을 이해하고 설명할 수 있다.

(실험 준비물)

1. DC 12V 전원공급기(어댑터) 또는 배터리 1개
2. 1kΩ 저항 6개로 1, 2, 3kΩ으로 만든다.(아니면 저항값이 서로 다른 저항 3개)
3. 브레드보드와 여러 개의 점퍼선
4. 멀티미터 1대

(실험 방법)

다음 그림 3-20과 같이 저항을 병렬로 연결하여 분기점으로 흘러들어가는 전체 전류의 세기와 각각의 저항으로 흐르는 전류의 세기를 확인하는 실험을 한다.

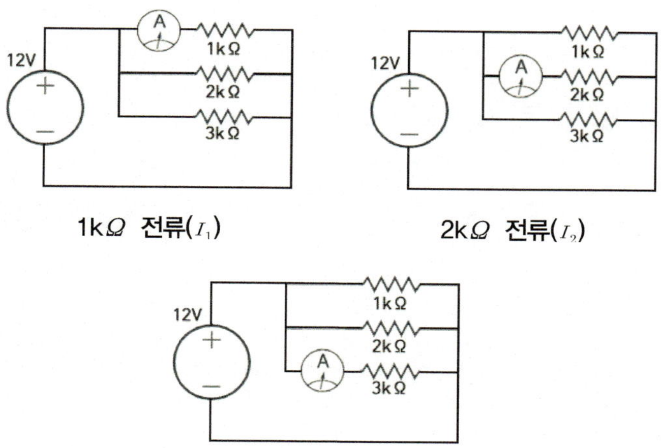

1kΩ 전류(I_1) 2kΩ 전류(I_2) 3kΩ 전류(I_3)

그림 3-20 키르히호프의 전류법칙 회로도

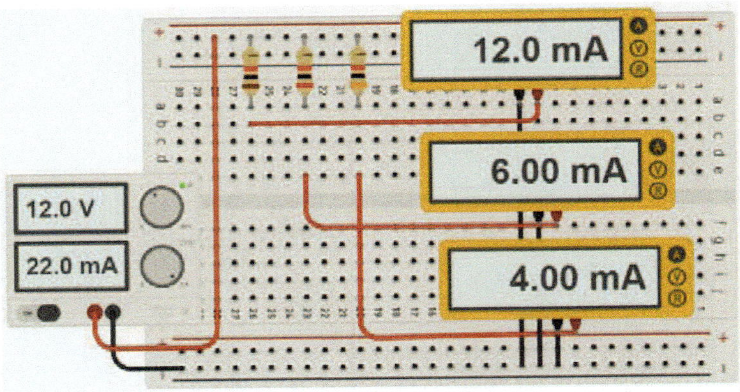

그림 3-21 키르히호프의 전류법칙
($I_T = I_1 + I_2 + I_3$, $22mA = 12mA + 6mA + 4mA$)

회로구성하기

1. 1kΩ 6개를 준비했다면, 저항 2개를 직렬로 연결해두고 또한 저항 3개를 직렬로 연결하여, 1kΩ, 2kΩ, 3kΩ이 되게 한다.
2. 서로 다른 3개의 저항(1kΩ, 2kΩ, 3kΩ)을 병렬로 연결하여 12V 전원을 인가한다.

회로점검 및 작동상태 확인하기

1. 전압을 측정할 때는 멀티미터를 회로에 병렬로 연결한다. 전원의 '+'극성 쪽에 연결된 저항의 한쪽은 빨간색 프로브를 접촉하고 저항의 다른 한쪽은 검은색 프로브를 갖다 된다.
2. 3개 저항(1kΩ, 2kΩ, 3kΩ) 양단에 걸리는 전압을 측정하고 기록한다.

구분	(kΩ)저항 전압	(kΩ)저항 전압	(kΩ)저항 전압
계산값(V)			
측정값(V)			

그림 3-22 전류측정(1kΩ)

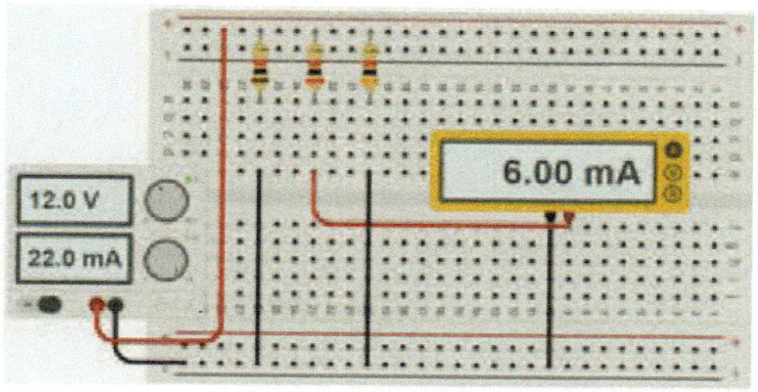

그림 3-23 전류측정(2kΩ)

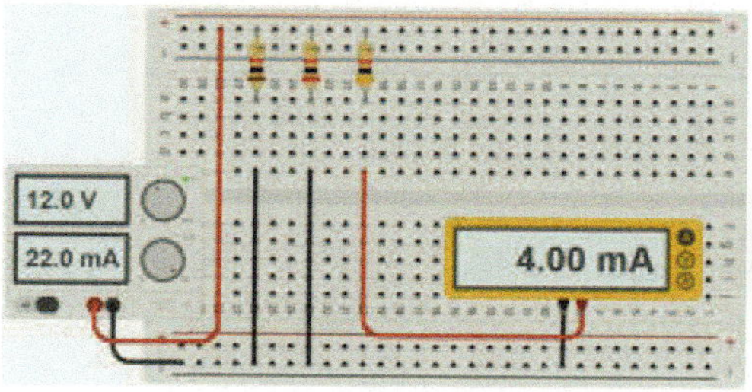

그림 3-24 전류측정(3kΩ)

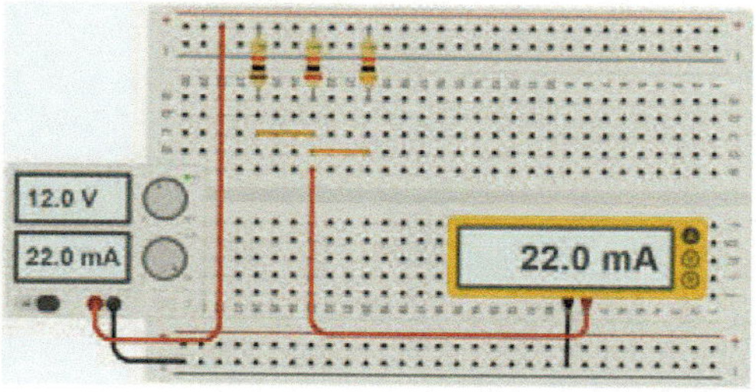

그림 3-25 전체 전류측정

3. 전류값은 전류가 흐르는 위치의 선로를 끊고, 끊어진 두 단자를 멀티미터(전류계)와 연결하여 측정한다. 전류가 흘러들어오는 쪽에 빨간색 프로브(+)를 연결하고, 전류가 흘러나가는 쪽에 검은색 프로브(−)를 연결하여 측정한다.
4. 전류를 측정을 위하여 전원의 '−'와 저항의 다른 한쪽 단자에 연결된 선을 제거한다.
5. 제거된 선이 연결되었던 저항의 한 단자에 멀티미터의 빨간색 프로브를 접촉하고, 검은색 프로브를 전원의 '−'에 갖다 된다.
6. 3개 저항(1kΩ, 2kΩ, 3kΩ)에 흐르는 전류의 세기를 측정하고 기록한다.

구분	전류				대수합
	전체	(kΩ)저항	(kΩ)저항	(kΩ)저항	
계산값(mA)					
측정값(mA)					

✔ 결과 및 고찰

병렬 연결된 3개 저항(1kΩ, 2kΩ, 3kΩ)의 양단에 걸리는 전압은 같고, 3개 저항에 흐르는 전류가 다름을 알 수 있다. 각 분기에 흐르는 전류를 모두 합하면 다음 식(3.4)와 같이 전체 전류의 세기와 같고, 각 분기 회로에 흐르는 전류는 다음 식(3.5)와 같이 저항값의 크기에 반비례한다.

$$I = I_1 + I_2 + I_3 \tag{3.4}$$

$$I_1 = \frac{V}{R_1}, \quad I_2 = \frac{V}{R_2}, \quad I_3 = \frac{V}{R_3} \tag{3.5}$$

병렬 연결된 3개의 각 저항 양단에 걸리는 전압이 같은 것은 각각의 저항의 단자가 함께 묶여서 같은 단자이기 때문이다.

자기평가

1. 키르히호프의 전류법칙을 이해하고 설명할 수 있다.
2. 회로의 임의의 분기점으로 흘러들어가는 전류의 대수합은 그 분기점으로부터 흘러나오는 전류의 대수합과 같다는 사실을 이해하고 설명할 수 있다.

3.5.2 키르히호프의 전압법칙(KVL)

키르히호프의 루프의 법칙인 전압법칙은 폐쇄된 회로에서 인가된 전원과 분배된 전위의 차의 합은 같다. 다시 말해서 닫힌 하나의 루프 안 전압(전위차)의 합은 0이 된다는 것이다. 일종의 에너지 보존의 원칙이다.

(실험 3.7) KVL

(실험 목표)

- 키르히호프의 전압법칙을 이해하고 설명할 수 있다.
- 하나의 닫힌회로를 한 바퀴 돌면서 취한 기전력의 합이 그 닫힌회로의 저항에 생기는 전압강하의 대수합과 같다는 사실을 이해하고 설명할 수 있다

(실험 준비물)

1. DC 12V 전원공급기(어댑터) 또는 배터리 1개
2. 1kΩ 저항 6개로 1, 2, 3kΩ으로 만든다.(아니면 저항값이 서로 다른 저항 3개)
3. 브레드보드와 여러 개의 점퍼선
4. 멀티미터 1대

(실험 방법)

다음 그림 3-26과 같이 저항을 직렬로 연결하여 전체전압과 각각의 저항에 걸리는 전압의 크기를 확인하는 실험을 한다.

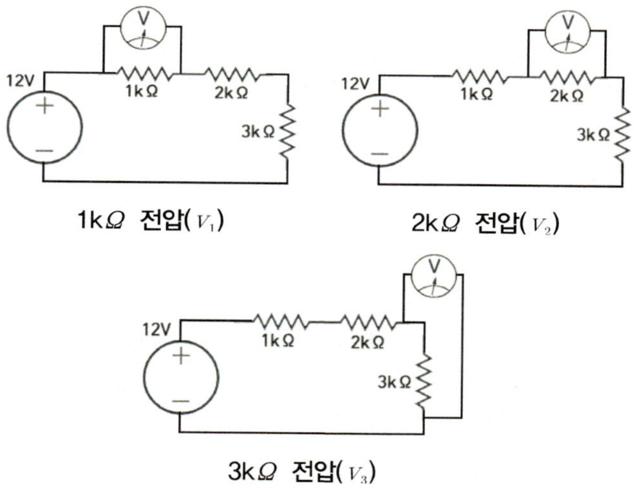

그림 3-26 키르히호프의 전압법칙 회로도

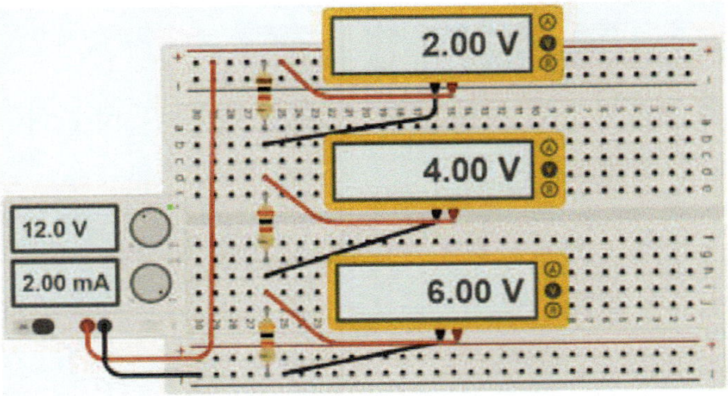

그림 3-27 키르히호프의
전압법칙($V_T = V_1 + V_2 + V_3$, $12V = 2V + 4V + 6V$)

회로구성하기

1. 1kΩ 6개를 준비했다면, 저항 2개를 직렬로 연결해두고 또한 저항 3개를 직렬로 연결하여, 1kΩ, 2kΩ, 3kΩ이 되게 한다.
2. 서로 다른 3개의 저항(1kΩ, 2kΩ, 3kΩ)을 직렬로 연결하여 12V 전원을 인가한다.

회로점검 및 작동상태 확인하기

1. 전압을 측정할 때는 그림 3-27과 같이 멀티미터를 회로에 병렬로 연결한다. 전원의 '+'극성 방향에 연결된 저항의 한쪽은 빨간색 프로브를 접촉하고 저항의 다른 한쪽에는 검은색 프로브를 갖다 된다.

구분	전체 전압	(kΩ)저항 전압	(kΩ)저항 전압	(kΩ)저항 전압	대수합
계산값(V)					
측정값(V)					

2. 3개 저항(1kΩ, 2kΩ, 3kΩ)에 걸리는 전압을 측정하고 기록한다.

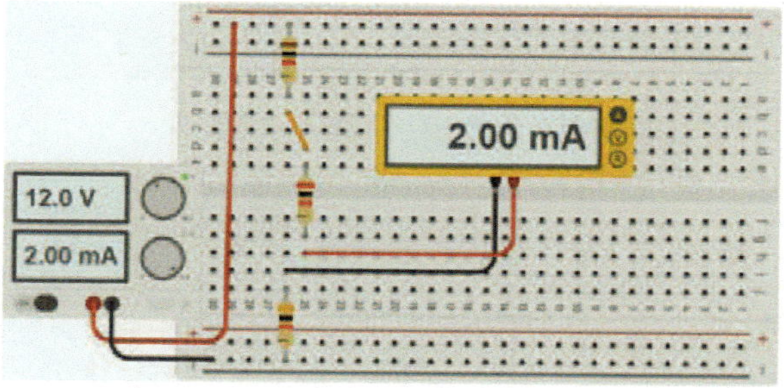

그림 3-28 전류측정

3. 멀티미터로 전류를 측정할 때는 그림 3-28과 같이 멀티미터를 회로에 직렬로 연결한다. 측정하고 싶은 위치의 선로를 끊고, 끊어진 두 단자를 멀티미터(전류계)와 연결한다. 전류가 흘러들어오는 쪽에 빨간색 프로브(+)를 연결하고, 전류가 흘러나가는 쪽에 검은색 프로브(−)를 연결하여 측정한다.

구분	(　kΩ)저항 전류	(　kΩ)저항 전류	(　kΩ)저항 전류
계산값(mA)			
측정값(mA)			

✔ 결과 및 고찰

직렬로 연결된 3개의 각 저항(1kΩ, 2kΩ, 3kΩ) 양단에 걸리는 전압의 합은 다음 식(3.6)과 같이 인가한 전압과 같다. 또한 3개의 각 저항 양단에 걸리는 전압은 다음 식(3.7)과 같이 그 저항의 크기에 비례한다. 저항이 크면 양단의 전압강하도 커진다.

$$V = V_1 + V_2 + V_3 \tag{3.6}$$

$$V_1 = \frac{R_1}{R_T}V, \quad V_2 = \frac{R_2}{R_T}V, \quad V_3 = \frac{R_3}{R_T}V \tag{3.7}$$

전류의 세기는 직렬 연결된 3개의 각 저항(1kΩ, 2kΩ, 3kΩ)에 흐르는 전류가 하나의 경로로 분기되지 않으므로 일정하게 서로 같다.

자기평가

1. 키르히호프의 전압법칙을 이해하고 설명할 수 있다.
2. 하나의 닫힌회로를 한 바퀴 돌면서 취한 기전력의 합이 그 닫힌회로의 저항에 생기는 전압강하의 대수합과 같다는 사실을 이해하고 설명할 수 있다.

3.6 직병렬 회로의 전압, 전류 측정하기

전기회로를 구성할 때 같은 세기의 전류가 흘러야 하는 요소들은 직렬회로를 구성해야하고, 같은 크기의 전압이 공급되어야 하는 요소들은 병렬회로를 구성해야한다. 그러나 경우에 따라서는 전압원이 한 개이고, 서로 다른 전압과 전류의 세기를 갖는 회로가 필요한 경우에는 직렬회로와 병렬회로를 혼합하여 직병렬회로를 구성한다.

다음 그림 3-29에서 1kΩ과 2kΩ 저항은 병렬로 연결되어 있고, 두 개의 330Ω은 직렬로 연결되어 있다. 그러나 1kΩ, 2kΩ 저항과 330Ω 저항은 직렬이 아니다. 왜냐하면 1kΩ을 통해 흐르는 전류와 2kΩ을 통해 흐르는 전류를 합친 양이 330Ω을 통해 흐르기 때문이다. 결과적으로 1kΩ 또는 2kΩ을 통해 흐르는 전류보다 330Ω을 통해 흐르는 전류가 크게 된다. 따라서 1kΩ 저항과 330Ω 저항은 직렬이 아니다. 같은 이유로 2kΩ 저항과 330Ω 저항도 직렬이 아니다.

(실험 3.8) 직병렬 회로의 전압, 전류 측정하기

(실험 목표)

- 직렬연결과 병렬연결을 이해하고 설명할 수 있다.
- 직병렬 회로에서 전압, 전류를 측정할 수 있다.
- 직병렬 회로에서 측정한 전압과 전류 값을 이해하고 설명할 수 있다.

(실험 준비물)

1. DC 12V 전원공급기(어댑터) 또는 배터리 1개
2. 1kΩ, 2kΩ 저항 각 1개와 330Ω 저항 2개
3. LED 1개

4. 브레드보드와 여러 개의 점퍼선
5. 멀티미터 1대

(실험 방법)

다음 그림 3-29와 같이 저항을 직병렬로 연결하여 전압과 전류를 측정하면서 직렬연결과 병렬연결의 차이를 이해하는 실험을 한다.

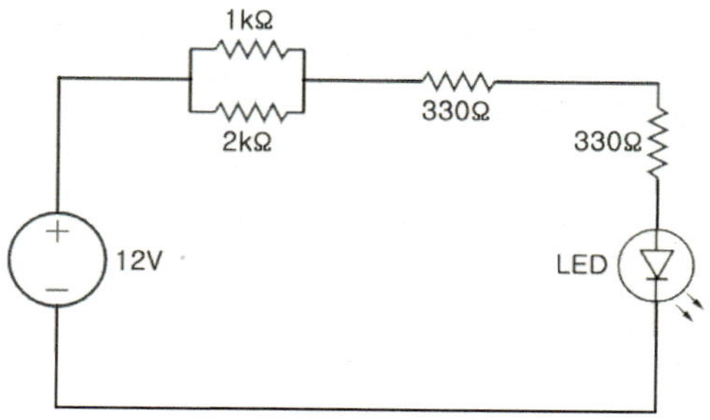

그림 3-29 전압, 전류 측정하기 회로도

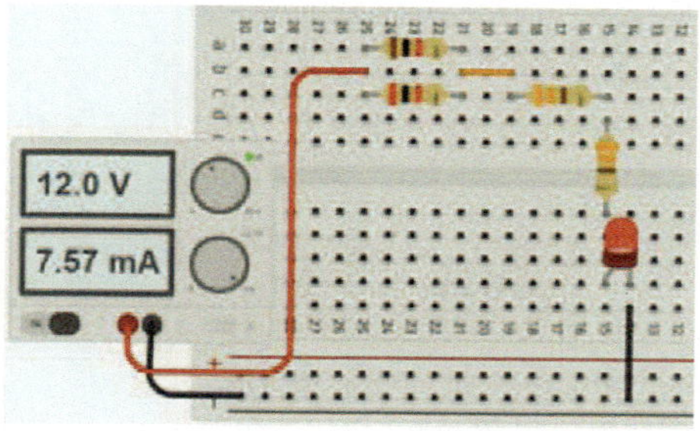

그림 3-30 전압, 전류 측정하기 결선도

회로구성하기

1. 12V DC 어댑터나 배터리를 전원으로 사용한다.
2. 1kΩ과 2kΩ 저항은 병렬연결하고, 두 개의 330Ω은 직렬로 연결하여 회로를 구성한다.
3. LED의 애노드(+)는 330Ω의 다른 한 단자에 연결하고 LED의 캐소드(−)는 전원의 '−'에 연결한다.

회로점검 및 작동상태 확인하기

1. 그림 3-30에서 1kΩ과 2kΩ 저항은 병렬로 연결되어 있고, 두 개의 330Ω은 직렬로 연결되어 있다.
2. 그러므로 1kΩ과 2kΩ 저항은 병렬의 합성저항을 구하고, 두 개의 330Ω은 직렬의 합성저항을 구한다. 전체 합성저항은 병렬의 합성저항과 직렬의 합성저항을 더해야 한다.

구분	계산값	측정값
1kΩ과 2kΩ의 병렬 합성저항		
330Ω 저항 2개의 직렬 합성저항		
전체 합성저항		

* 회로에 연결된 저항을 측정하고자 할 때는 전원을 끈 상태(파워 오프)에서 측정한다.

3. 각 저항에 걸리는 전압을 측정하고 기록한다.
4. 각 저항으로 흐르는 전류값을 측정하고 기록한다.

저항의 직병렬연결		1kΩ 저항	2kΩ 저항	330Ω 저항	330Ω 저항
전압(V)	계산값				
	측정값				
전류(mA)	계산값				
	측정값				

✔ 결과 및 고찰

회로를 해석함에 있어서 중요한 사실은 어떤 요소가 직렬로 연결되어 있는지 병렬로 연결되어 있는지를 알아내는 것이다. 다음 표 3-3은 직렬회로와 병렬회로의 특성을 비교한 것이다. 직렬과 병렬의 큰 차이는 분기점이 있고 없고의 차이이다. 분기점이 없으면 직렬이고, 있으면 병렬이다. 말해서 분기점으로 인해 전류의 세기가 다르면 병렬이고, 분기점이 없어서 전류의 세기가 같으면 직렬이다.

직병렬회로에서 저항의 직렬연결일 때의 KVL 특성과 병렬연결일 때의 KCL 특성이 하나의 회로에서도 각각 적용하여 전압과 전류값을 구할 수 있다.

표 3-3 직렬회로와 병렬회로의 특성 비교

직렬회로	병렬회로
모든 소자에 흐르는 전류의 세기는 동일하다.	모든 지로의 전압은 크기가 동일하다.
각 저항의 전압강하는 IR이다.	각 지로에 흐르는 전류는 $\frac{V}{R}$이다.
전체 전압은 각 소자 전압의 합이다.	전체 전류는 각 지로 전류의 합이다.
합성저항은 각 저항의 합과 같다.	합성 콘덕턴스는 각 지로의 콘덕턴스 합과 같다.
합성저항은 각 저항보다 항상 크다.	합성저항은 각 저항보다 항상 작다.
전체 소비전력은 각 소비전력의 합과 같다.	전체 소비전력은 각 소비전력의 합과 같다.
전압강하는 저항값이 클수록 커진다.	지로 전류는 저항값이 작을수록 커진다.
회로의 일부를 개방하면 전체가 개방된다.	지로가 개방되면 나머지 지로에 영향을 주지 않는다.
전체 공급전압은 각 소자에서 전압강하로 나타난다.	전체 전류는 각 지로 전류로 분배된다.

자기평가

1. 직렬연결과 병렬연결을 이해하고 설명할 수 있다.
2. 직병렬 회로에서 전압, 전류를 측정할 수 있다.
3. 직병렬 회로에서 측정한 전압과 전류 값을 이해하고 설명할 수 있다.

팅커캐드로의 모의실험

팅커캐드(Tinkercad)는 '오토데스크'에서 만든 3D디자인, 회로작성 등이 가능한 웹사이트이다. 구글의 크롬(Chrome) 또는 마이크로소프트의 엣지(Edge) 웹브라우저로 아두이노를 비롯하여 전자회로를 시뮬레이션할 수 있다. 가상의 아두이노 보드와 부품으로 회로를 꾸미고 소스 코딩으로 시뮬레이션이 가능하다. 이 프로그램을 설치하고 로그인 하려면 https://www.tinkercad.com에 접속한다.

접속 첫 화면의 메뉴는 '3D 디자인', '회로', '코드 블록', '학습'이 있는데, 이 책의 실험은 2번째의 '회로' 메뉴를 선택하여, '새 회로 작성'을 클릭하면 작업창에서 회로를 구성할 수 있다[18].

팅커캐드 사용법

앞선 "(실험 3.8) 직병렬 회로의 전압, 전류 측정하기"를 팅커캐드로 모의실험하면서 팅커캐드의 사용법을 익혀보자.

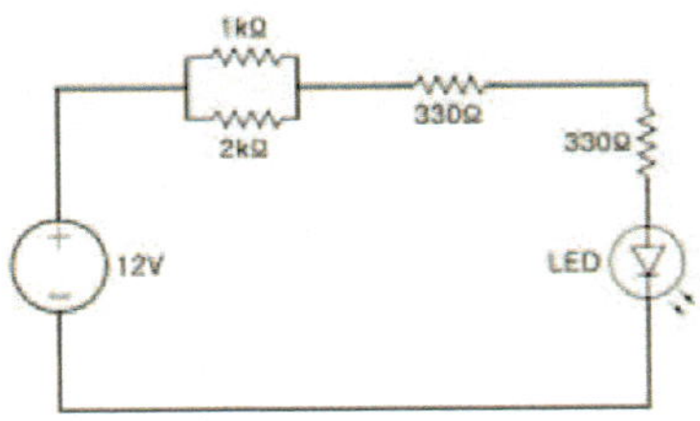

그림 3-31 모의실험을 위한 회로도

1. 팅커캐드에서 로그인하고 "만들기〉회로"를 실행하면 다음과 같이 초기 작업창이 나타난다.

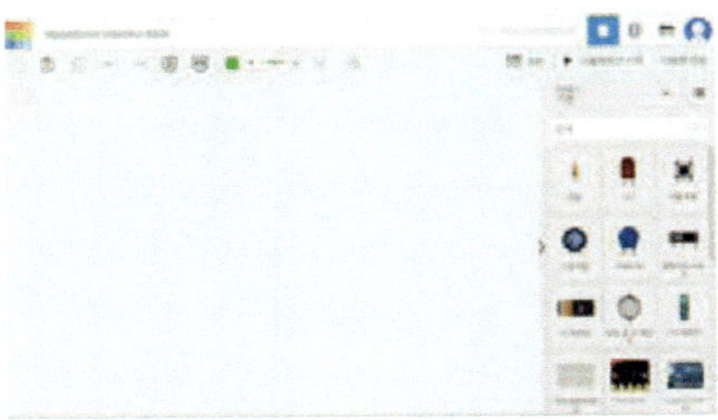

그림 3-32 "만들기〉회로"를 실행한 초기 작업창

18) 이경훈, 『센서 응용 실무』, 문운당, 2022., p9

2. 작업창의 오른쪽 부품 목록에서 회로에 사용된 부품들을 왼쪽 작업창으로 끌고 온다. 다음 그림은 '작은 브레드보드', 'LED', '저항'을 끌고 와서 작업공간에 배치한 것이다.

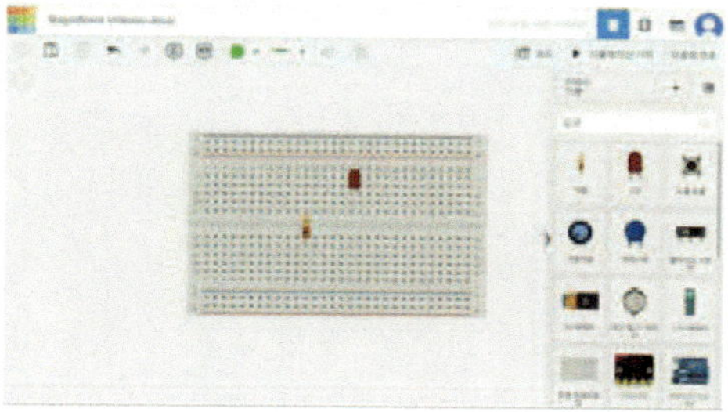

그림 3-33 **부품들을 왼쪽 작업창으로 끌고온다.**

3. 그 다음 '전원 공급 장치'를 가져와서 배치한다. '전원 공급 장치'는 우측의 구성요소를 기본에서 모두로 바꾸면 우측 부품목록 아래쪽의 '기기'에 나타난다. 끌고 온 다음 전압을 '12'로 전류는 '1'로 바꾼다.

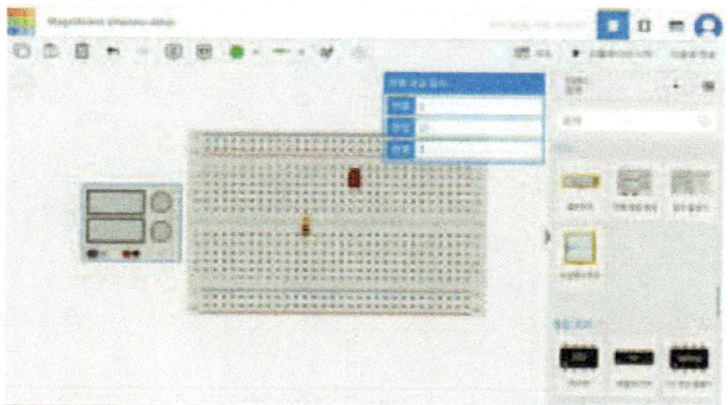

그림 3-34 **구성요소의 모두**

4. 회로도에 가져다 놓은 저항이 4개이므로 가져온 저항을 복사하여 사용한다. 물론 계속적으로 우측 부품 목록창에서 끌어와도 된다. 저항을 마우스로 클릭하여 지정한 후 'CTRL-C'하여 복사한 후 마우스를 움직이면서 'CTRL-V'를 세 번 실행하면 저항이 4개가 된다.

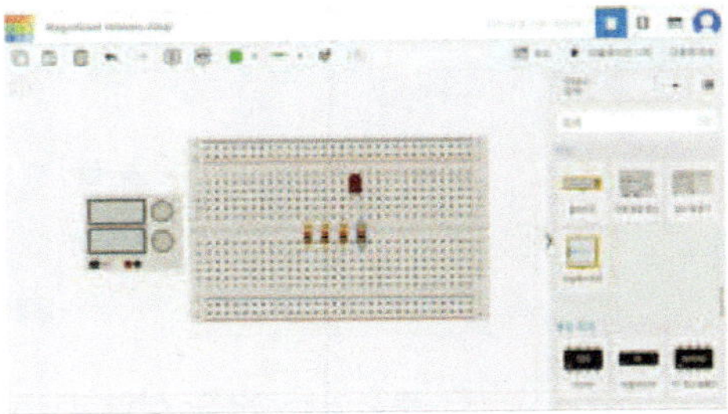

그림 3-35 부품들을 'CTRL-C', 'CTRL-V'하기

5. 네 개 저항의 값을 설정하면서 회로도와 비슷한 적절한 위치에 LED와 함께 배치한다. 메뉴의 도구모음의 우측에 '회전'을 사용하여 저항의 방향을 바꿀 수 있다. LED의 애노드(+)와 캐소드(−)는 '구성요소 대칭' 도구를 사용하여 바꿀 수 있다.

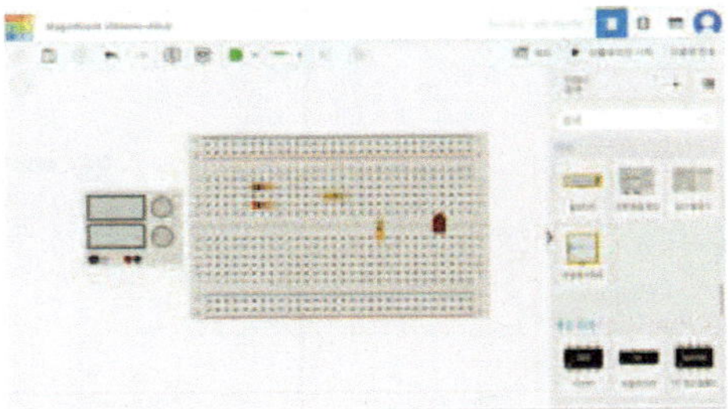

그림 3-36 구성요소의 '회전'과 '대칭'

6. 이제 '전원 공급 장치'를 비롯한 부품들의 배치를 완료했으므로 부품단자들 끼리를 회로도를 보면서 서로 연결한다. 다음 그림은 먼저 전원 공급 장치의 양의 극성과 음의 극성을 저항과 LED의 캐소드에 연결한 것이다. 점퍼선 연결은 하나의 단자에 마우스를 클릭 후 연결하고 싶은 단자로이동하여 마우스를 클릭하면 연결된다.

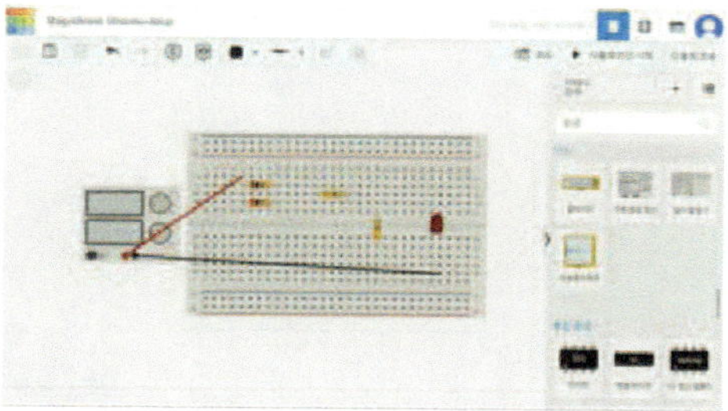

그림 3-37 점퍼선 연결

7. 회로도대로 연결을 마무리 지은 것이 다음 그림이다.

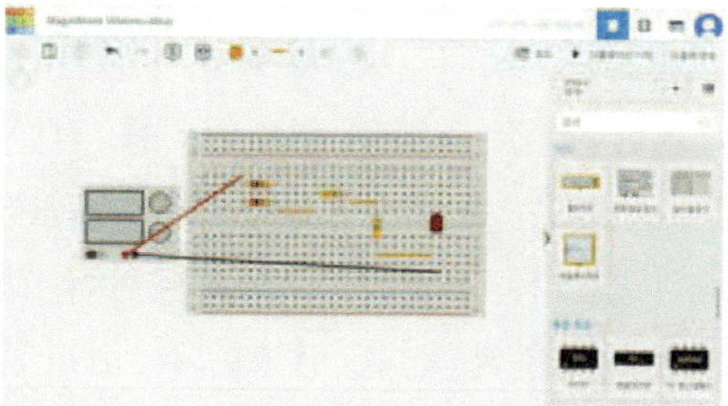

그림 3-38 회로도대로 연결 완료

8. 회로 결선이 끝난 다음 시뮬레이션을 위해 우측 상단의 '▶ 시뮬레이션 시작' 버튼을 눌러 실행한다. LED의 불이 켜짐을 알 수 있다. '전원 공급 장치'를 보면 12V의 전압이 공급되고, 전체 전류가 7.57mA임을 알 수 있다.

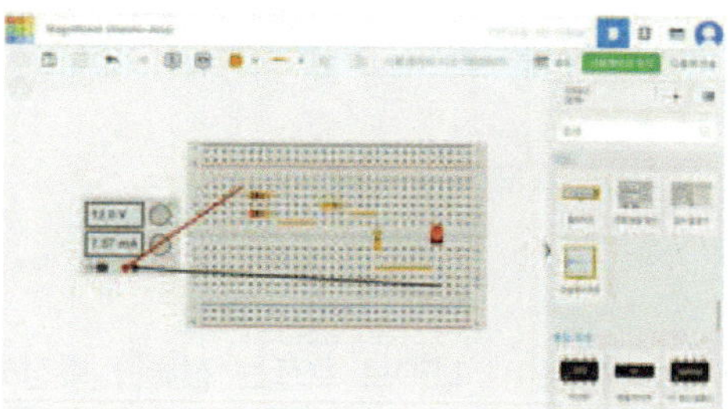

그림 3-39 시뮬레이션 하기

9. LED 양단에 걸리는 전압을 멀티미터로 측정해보자. 우측 부품 목록의 '기기'의 '멀티미터'를 작업창으로 끌고 온다. 멀티미터의 빨간색(양)은 LED의 애노드인 긴 다리에 연결하고, 검은색(음)은 LED의 캐소드인 짧은 다리에 연결하여 멀티미터가 LED에 병렬연결이 되게 한다. 다음 그림은 LED 양단에 걸리는 전압을 측정한 것이다. 멀티미터에 1.96V가 표시되어있다.

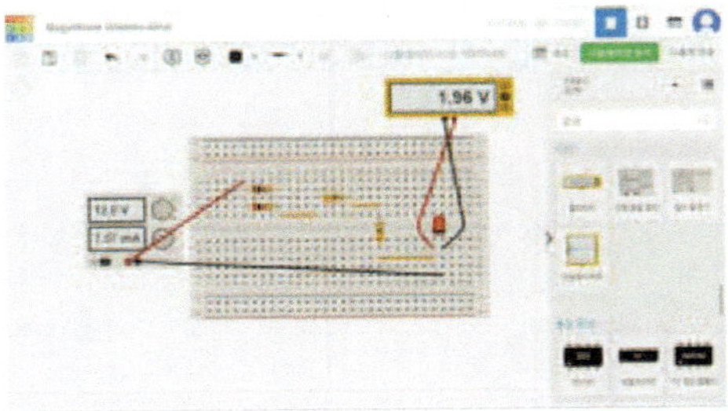

그림 3-40 LED 양단에 걸리는 전압을 측정하기

10. 이번에는 LED로 흐르는 전류를 측정해보자. 멀티미터에 연결된 선을 선택 후 Delete키로 지운다. 또한 전류 측정은 멀티미터를 직렬로 연결해야 함으로 LED와 330Ω저항과 연결된 선을 지운다. 그런 다음 지워진 선로의 양 끝단을 멀티미터의 두 가닥으로 연결한다. 전압측정 때와 마찬가지로 전압이 큰 쪽에 빨간색(양)을 전압이 낮은 쪽에 검은색(음)을 연결한다. 점퍼선의 색깔은 0~9까지의 숫자를 눌러도 되고, 위쪽 도구모음의 와이어 색상에서 선택해도 된다. 멀티미터를 마우스로 클릭하면 측정하고자 하는 전압, 전류, 저항을 선택할 수 있다. 전류는 모드에서 암페어 수를 지정하면 된다. 시뮬레이션 한 결과 7.57mA가 나타남을 알 수 있다. 직류회로이므로 분기하지 않아 전체전류와 같음을 알 수 있다.

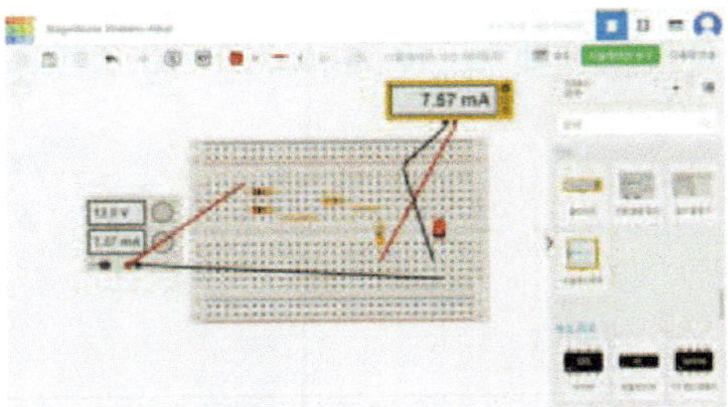

그림 3-41 LED로 흐르는 전류를 측정하기

11. 작업을 완료한 후에는 좌측 상단을 눌러 회로이름을 적는다. 바로 옆의 'Tinkercad대시보드'를 누르면 자동 저장되면서 빠져나가진다. 한 번 저장된 파일은 저장시점과 함께 초기화면에 계속 나타난다.

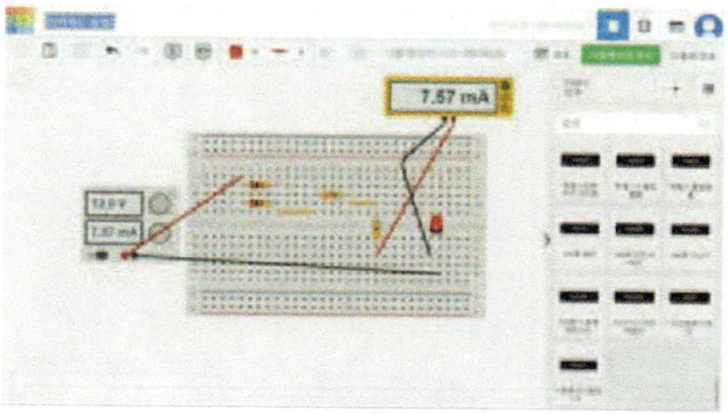

그림 3-42 파일 저장하기

참고

앞으로의 실험에서 팅커캐드로 모의실험을 할 수 있을 경우에는 실험 번호에 위첨자로 'T'라고 표시해두겠다. 실험실에서 실습해본 경우라도 팅커캐드를 사용하여 모의실험을 해보는 것이 공부에 많은 도움이 되리라 본다.

3.7 스위치

스위치(Switch)는 전기를 연결하거나 끊는 부품이다. 스위치는 온/오프용 기능만 있거나, 온/오프뿐만 아니라 중립 상태가 있는 스위도 있고, 누를 때만 온 또는 오프가 되는 택트스위치도 있고, 온 상태와 오프 상태를 유지하는 슬라이드 스위치도 있다. 또한 물체의 위치에 따라 온/오프되는 마이크로스위치도 있다.

3.7.1 택트스위치

택트스위치는 일종의 푸시버튼[19]이다. 버튼이 눌릴 때 개방되거나 폐쇄된다. 내부에는 용수철이 들어 있어 눌렀다 떼면 원상태로 돌아간다. 스위치의 버튼이 눌려 있는 순간의 상태는 괄호로 표시했다. 버튼이 풀리면 괄호를 표기하지 않은 상태로 되돌아간다. OFF-(ON)은 평상시에 접점이 열려 있으며 버튼을 누를 때만 닫힌다.

19) 버튼을 눌러서 접점을 개폐하는 스위치. 교류용으로 사용되는 푸시버튼은 이 책의 4.7절에서 다룬다.

A형 푸시버튼이라고 불린다. 상시열림(Normally Open)을 줄여서 NO라고 부르기도 한다. ON-(OFF)은 평상시에 접점이 닫혀 있으며 버튼을 누를 때만 열린다. B형 푸시버튼이라고 불린다. 상시닫힘(Normally Close) 또는 줄여서 NC라고도 부른다. 다음 그림 3-43에서 스위치를 누르지 않더라도 ①과 ②단자는 하나이고, ③과 ④단자가 하나로 연결되어 있다. 스위치가 눌려지면 ①, ②, ③, ④단자는 모두 연결되어진다.

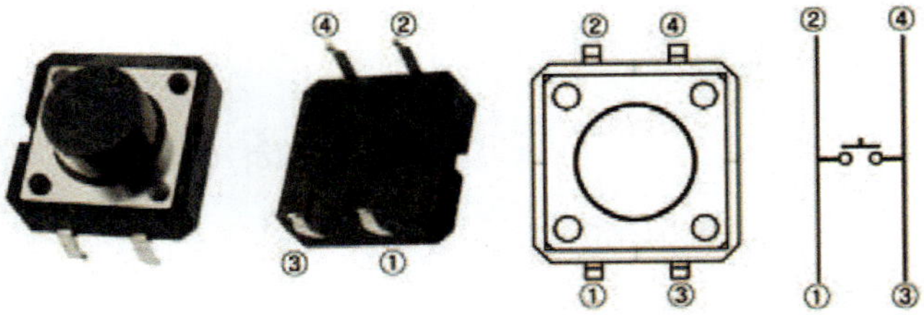

그림 3-43 택트스위치

(실험 3.9-1T) 택트스위치로 LED 점멸[20]하기

(실험 목표)

- 택트스위치의 원리와 기능을 설명할 수 있다.
- 택트스위치를 사용해서 LED를 점멸할 수 있다.

(실험 준비물)

1. 9V 배터리(그림 3-44 참조) 1개
2. 배터리 스냅 케이블 커넥터(그림 3-45 참조) 1개
3. 택트스위치(그림 3-46 참조) 1개
4. LED 2개(1개는 파손시키는 실험)
5. 저항 1kΩ 1개
6. 브레드보드와 여러 개의 점퍼선

20) 등불이 켜졌다 꺼졌다 함. 또는 등불을 켰다 껐다 함.

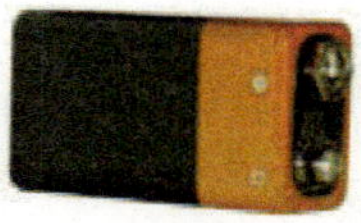

그림 3-44 9V 배터리

그림 3-45 9V 배터리 스냅 케이블 커넥터

그림 3-46 택트스위치

(실험 방법)

다음 그림 3-47과 같이 직렬회로에 택트스위치를 연결하여 회로를 개폐시키는 가장 기본적인 제어실험을 한다.

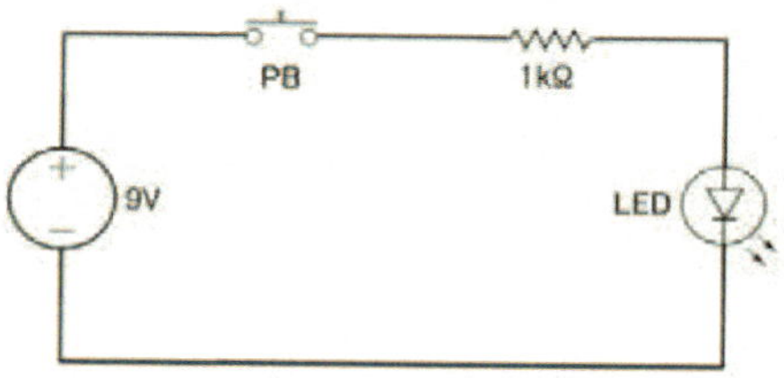

그림 3-47 택트스위치로 LED 점멸 회로도

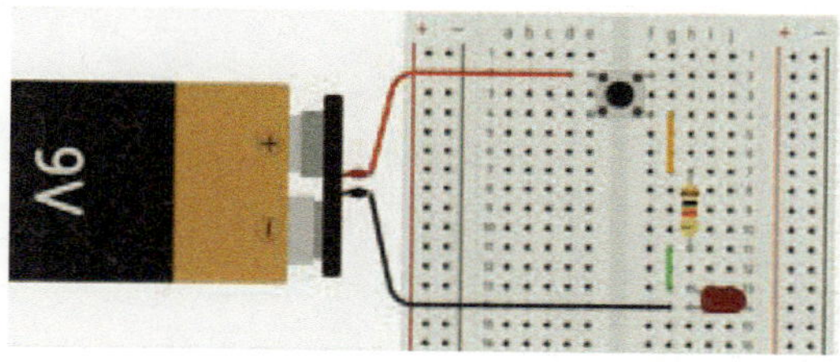

그림 3-48 택트스위치로 LED 점멸 결선도

회로구성하기

1. 9V 배터리를 전원으로 사용한다.
2. LED는 다리가 짧은 쪽이 음극(-) 단자이다. 전원의 음극에 연결한다.
3. 택트스위치의 연결할 두 단자를 선택한다. 택트스위치의 ①과 ②단자가 연결되어 있고, ③과 ④단자가 하나로 연결되어 있다. 택트스위치의 단자를 벨테스터기로 확인하고, 택트스위치의 ①과 ②단자 중에 하나를 사용하고, ③과 ④단자 중에 하나를 사용한다. 브래드보드를 사용할 경우는 택트스위치를 그림 3-48처럼 가운데 위치에 끼우면 된다.

회로점검 및 작동상태 확인하기

1. 택트스위치를 누르고 있는 동안 LED가 켜지고 손을 떼면 꺼짐을 확인한다.
2. 1kΩ 저항은 LED의 안전저항 역할과 LED의 밝기를 결정한다. 안전저항의 역할을 보기위해 저항을 빼고 바로 연결해서 LED가 타서 파손되는 것을 확인한다. 배터리의 전압이 높을수록 좀 더 큰 저항을 연결해야 함을 이해한다.

3. LED와 저항의 위치를 서로 바꾸어 보고, 직렬회로에서 위치가 서로 바뀌어도 상관없음을 확인한다.
4. 다음 표의 LED 점등/소등 상태를 표시한다.

회로 상태	LED 상태
택트스위치를 누르고 있을 때	
택트스위치에서 손을 뗄 때	
저항을 연결하지 않았을 때	
LED와 저항의 위치를 서로 바꾸었을 때	

5. 실험이 끝나고 보관할 때는 배터리에서 스냅 케이블 커넥터를 빼놓는다.

✔ 결과 및 고찰

배터리에 LED가 연결된 매우 간단한 회로이지만 회로 사이에 택트스위치를 추가로 끼워서 LED를 켰다 껐다할 수 있음을 알 수 있다. 저항의 역할은 안전저항으로서 LED에 흐르는 전류를 조절할 수 있다. 저항이 없으면 큰 전압의 전원이 공급되면 LED가 파손됨을 알 수 있다. LED와 저항은 서로 위치가 바뀌어도 상관없음도 알 수 있다.

자기평가

1. 택트스위치의 원리와 기능을 설명할 수 있다.
2. 택트스위치를 사용해서 LED를 점멸할 수 있다.

3.7.2 리밋스위치

리밋스위치(limit switch)는 사람이 직접 버튼을 누르는 대신 선형 액추에이터와 연동되어 작동하는 스위치다. 전자레인지의 문이 닫혔는지 물체가 정해진 위치에 왔는지를 감지하는 스위치이다. 문이 닫히거나 물체가 도달하여 전기 접점을 개폐(온/오프)한다. 기계적 자동제어에 사용되고, 마이크로스위치(microswitch)와 혼용해서 쓴다. 그림 3-49처럼 개폐동작을 하는 접점이 케이스로 덮여져있고 그 외부에 접점을 개폐하는 핀이나 레버로 조합된 소형 스위치이다. NO, COM, NC의 3개의 단자가 있다. 눌려지면 작동을 하도록 평상시에는 열린 상태로 연결한다. 신뢰성이 높고, 성능이 우수하고, 소형, 높은 용량, 저가격으로 보수점검이 용이하다.

그림 3-49 리밋스위치

(실험 3.9-2) 리밋스위치로 LED 점멸하기

(실험 목표)

- 리밋스위치의 원리와 기능을 설명할 수 있다.
- 택트스위치와 리밋스위치의 용도를 구분하여 설명할 수 있다.

(실험 준비물)

1. 9V 배터리(스냅 케이블 커넥터 포함) 1개
2. 리밋스위치 1개
3. LED 1개
4. 저항 1kΩ 1개
5. 브레드보드와 여러 개의 점퍼선

(실험 방법)

다음 그림 3-50과 같이 직렬회로에 리밋스위치를 연결하여 회로를 개폐시키는 가장 기본적인 제어실험을 한다.

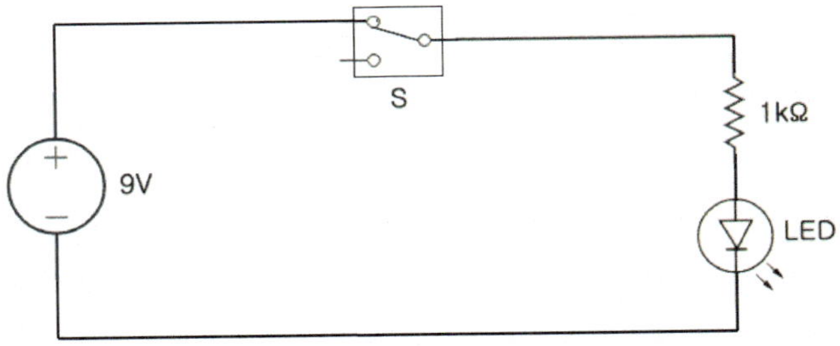

그림 3-50 리밋스위치로 LED 점멸 회로도

회로구성하기

1. 9V 배터리를 전원으로 사용한다.
2. 리밋스위치의 맨 왼쪽 단자를 회로 전원의 '+'에 연결하고, 가운데 단자를 저항 1kΩ의 한 단자에 연결한다.
3. 1kΩ 저항의 다른 한 단자는 LED의 애노드(+)에 연결하고, LED의 캐소드(−)를 전원의 '−'에 연결한다.

회로점검 및 작동상태 확인하기

1. 택트스위치와 달리 리밋스위치는 사람이 아닌 다른 물체가 닿는지를 인식하는 스위치이다. 하지만 이 실험에서는 대신 손으로 눌렀다 뗐다를 반복하면서 LED의 상태를 확인하고 기록한다.

리밋스위치	LED 상태
눌렸을 때	
떼어졌을 때	

2. 이제 회로 구성을 수정한다. 리밋스위치의 맨 왼쪽 단자가 아니라 맨 오른쪽 단자를 회로 전원의 '+'에 연결하고, 리밋스위치를 손으로 눌렀다 뗐다를 반복하면서 LED의 점등/소등 상태를 확인하고 기록한다.

리밋스위치	LED 상태
눌렸을 때	
떼어졌을 때	

3. 실험이 끝나고 보관할 때는 배터리에서 스냅 케이블 커넥터를 빼놓는다.

✔ 결과 및 고찰

리밋스위치의 가운데 단자와 왼쪽 또는 오른쪽 단자를 연결하여 리밋스위치가 눌렸을 때 LED가 켜지거나 꺼지게 할 수 있음을 알 수 있었다. 이 실험은 실생활에서 냉장고 문을 열 때 불이 커지게 하거나, 전자레인지의 문이 열린 상태에서는 작동되지 않게 한다든지, 좌변기시트에 앉았을 때 비로소 비데를 작동시킬 수 있다는 걸 연상하면서 실험해야 할 것이다.

3.7.3 슬라이드스위치

그림 3-51의 슬라이드 스위치에는 3개의 단자가 있다. 가운데 핀을 기준으로 왼쪽 핀 또는 오른쪽 핀과 연결하여 온/오프의 두 상태로 전환가능하다.

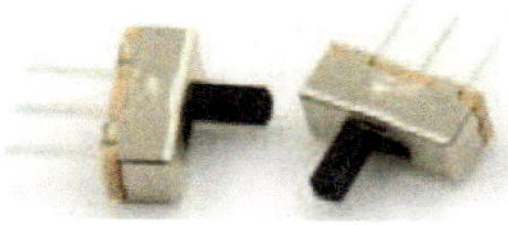

그림 3-51 슬라이드 스위치

(실험 3.10T) 슬라이드 스위치로 LED 점멸하기

(실험 목표)

- 슬라이드(SPDT)스위치의 원리와 기능을 설명할 수 있다.
- 슬라이드스위치를 사용해서 LED를 점멸할 수 있다.

(실험 준비물)

1. 9V 배터리(스냅 케이블 커넥터 포함) 1개
2. 슬라이드 스위치 1개

3. LED 1개
4. 저항 1kΩ 1개
5. 브레드보드와 여러 개의 점퍼선

(실험 방법)

다음 그림 3-52와 같이 직렬회로에 슬라이드스위치를 연결하여 회로를 개폐시키는 가장 기본적인 제어를 실험한다.

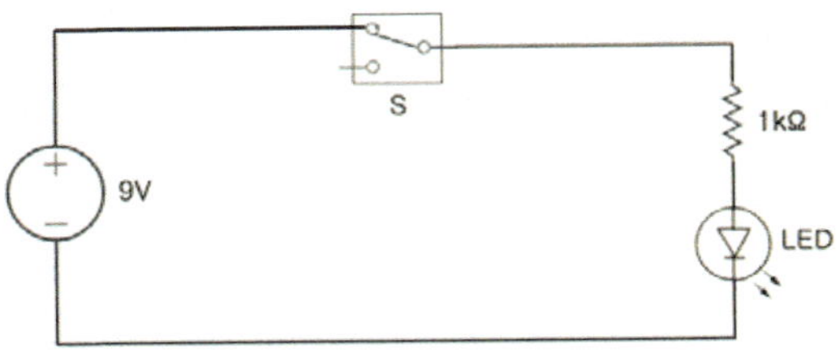

그림 3-52 슬라이드스위치로 LED 점멸하기 회로도

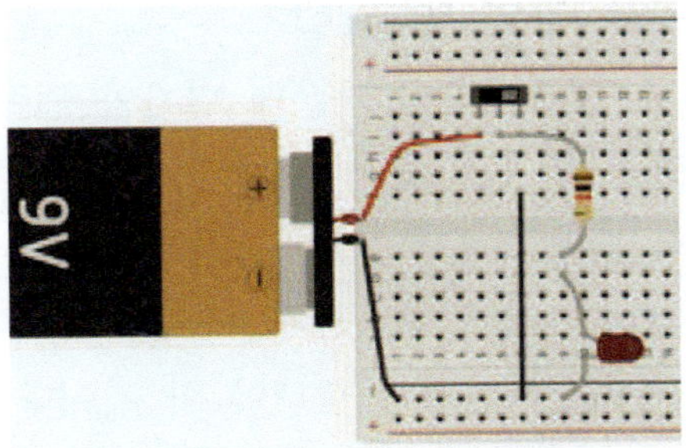

그림 3-53 슬라이드스위치로 LED 점멸하기 결선도

회로구성하기

1. 9V 배터리를 전원으로 사용한다.
2. 슬라이드스위치의 맨 왼쪽 단자를 회로 전원의 '+'에 연결하고, 슬라이드스위치의 가운데 단자를 저항 1kΩ의 한 단자에 연결한다.
3. 1kΩ 저항의 다른 한 단자는 LED의 애노드(+)에 연결하고, LED의 캐소드(-)를 전원의 '-'에 연결한다.

회로점검 및 작동상태 확인하기

1. 슬라이드스위치를 왼쪽/오른쪽으로 움직이면서 LED의 점등/소등 상태를 확인하고 기록한다.

슬라이드스위치 위치	LED 상태
왼쪽	
오른쪽	

2. 이제 회로 구성을 수정한다. 슬라이드스위치의 맨 왼쪽 단자가 아니라 맨 오른쪽 단자를 회로 전원의 '+'에 연결하고, 슬라이드스위치를 왼쪽/오른쪽으로 움직이면서 LED의 점등/소등 상태를 확인하고 기록한다.

슬라이드스위치 위치	LED 상태
왼쪽	
오른쪽	

3. 실험이 끝나고 보관할 때는 배터리에서 스냅 케이블 커넥터를 빼놓는다.

✔ 결과 및 고찰

택트스위치는 LED를 점등하려면 계속 누르고 있어야 하는 반면 슬라이드스위치는 한번 위치를 선택하고 손은 떼도 계속 점등시킬 수 있음을 알 수 있다. 그리고 택트스위치와 마찬가지로 안전저항을 연결해야만 하고, LED와 저항 1kΩ은 서로 위치가 바뀌어도 상관없이 서로 순방향으로 직렬연결이면 됨을 알 수 있다.

자기평가

1. 슬라이드(SPDT)스위치의 원리와 기능을 설명할 수 있다.
2. 슬라이드스위치를 사용해서 LED를 점멸할 수 있다.
3. 슬라이드스위치를 택트스위치(리밋스위치)와 비교하여 설명할 수 있다.

(실험 3.11[T]) 계단용 조명등 만들기

(실험 목표)

- 슬라이드스위치 2개를 사용해서 두 지점에서 LED를 점멸할 수 있다.

(실험 준비물)

1. 9V 배터리(스냅 케이블 커넥터 포함) 1개
2. 슬라이드 스위치 2개
3. LED 1개
4. 저항 1kΩ 1개
5. 브레드보드와 여러 개의 점퍼선

(실험 방법)

다음 그림 3-54는 두 개의 슬라이드 스위치를 사용하여 두 지점에서 LED를 켜거나 끌 수 있도록 회로를 구성한 것이다.

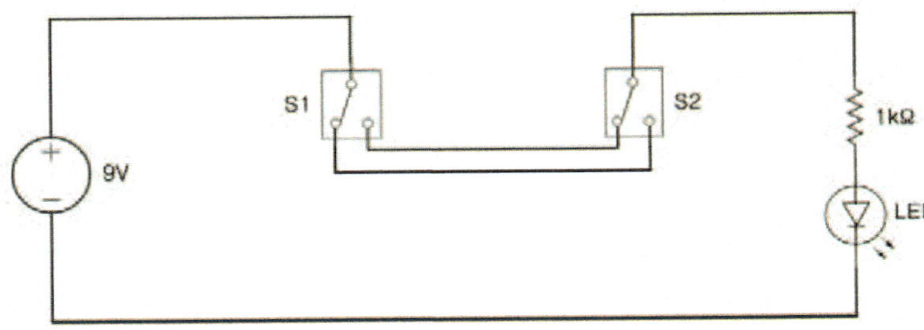

그림 3-54 계단용 조명등 만들기 회로도

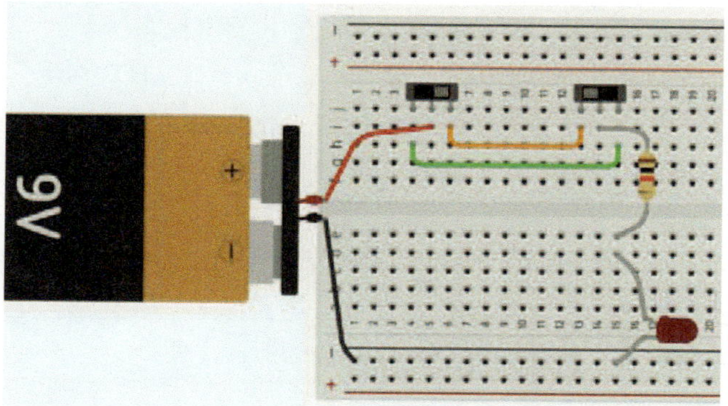

그림 3-55 계단용 조명등 만들기 결선도

회로구성하기

1. 9V 배터리를 전원으로 사용한다.
2. 두 개의 슬라이드스위치를 브레드보드에 수평으로 배치한다. 왼쪽 슬라이드스위치의 맨 왼쪽 단자와 오른쪽 슬라이드스위치의 맨 오른쪽을 연결한다. 또한 왼쪽 슬라이드스위치의 맨 오른쪽 단자와 오른쪽 슬라이드스위치의 맨 왼쪽을 연결한다.
3. 왼쪽 슬라이드스위치의 가운데 단자는 전원의 '+'에 연결하고, 오른쪽 슬라이드스위치의 가운데 단자는 저항 1kΩ의 한 단자에 연결한다.
4. 1kΩ 저항의 다른 한 단자는 LED의 애노드(+)에 연결하고, LED의 캐소드(−)를 전원의 '−'에 연결한다.

회로점검 및 작동상태 확인하기

1. 두 개의 슬라이드스위치가 회로도와 같이 올바르게 연결되었는지를 확인하고 전원을 공급한다.
2. 왼쪽 슬라이드스위치와 오른쪽 슬라이드스위치를 번갈아 개폐(on, off)하면서 LED의 상태를 확인하고 기록한다.

슬라이드스위치 상태		LED 상태
왼쪽 S1	오른쪽 S2	
OFF	OFF	
OFF	ON	
ON	OFF	
ON	ON	

3. 실험이 끝나고 보관할 때는 배터리에서 스냅 케이블 커넥터를 빼놓는다.

✔ 결과 및 고찰

이 회로의 사용 예는 빌딩의 위층과 아래층 두 곳의 계단 벽스위치에서 점등 또는 소등할 수 있는 경우이다. 그림 3-55의 결선도에서 슬라이드 스위치가 계단 위 아래의 벽스위치와 같은 역할을 함을 알 수 있다.

자기평가

슬라이드스위치 2개를 사용해서 두 지점에서 LED를 점멸할 수 있다.

3.7.4 자기센서

자기센서(마그네틱 센서)는 자기장 또는 자력선의 크기와 방향을 측정하는 센서이다. 자기장의 영향으로 여러 가지 물질의 성질 등이 변하는 것을 이용하여 자기장을 측정한다. 홀효과(Hall effect)[21]나 자기저항효과 등을 이용하여 홀소자나 MR소자 등을 만들기도 하고, VTR, 테이프 리코더 등의 제조에도 이용한다.[22] 널리 사용되는 자기센서는 그림 3-56의 리드스위치(Read switch)와 자기저항소자(MR), 그림 3-57의 홀(Hall)소자가 있다.

21) 자기장 속의 도체에서 자기장의 직각방향으로 전류가 흐르면, 자기장과 전류 모두에 직각방향으로 전기장이 나타나는 현상이다. 1879년 미국의 물리학자인 에드윈 홀(Edwin Hall)이 발견하였다.

22) 출처: 두산백과

(1) 리드스위치

리드스위치는 500Hz 정도의 고속 응답성과 수mm정도의 거리에서 무접촉으로 개폐조작을 할 수 있다는 장점이 있어 우리주변에 가습기의 수위센서, 가스 온수기의 물이 없을 때 가열되는 것을 방지하는 센서, 욕조의 수위센서 등에 폭넓게 활용되고 있다.

그림 3-56 리드스위치

그림 3-57 홀소자

(2) 반도체 IC형태의 홀소자

홀효과를 활용한 홀센서는 IC형태로 전원을 인가하면 자력에 비례해서 홀 기전력이 발생되는 원리를 활용한다. N극과 S극 구분이 가능하다. 크기가 2mm정도로 소형화된 모바일 기기에 적합하다.

홀센서와 리드스위치는 자석의 극이 위치하는 방향에 주의해야 한다. 홀센서는 센서의 면과 수직으로 자력이 인가되는 것이 일반적이고 리드스위치는 평행하게 인가된다.

(3) 리드스위치로 무단침입을 경보하는 회로도 구상하기

그림 3-58의 리드스위치는 자석이 가까이 있으면 On이 되고, 멀리 떨어지면 Off가된다. 방범을 위한 창문에 리드스위치와 자석을 각각 따로 부착한다고 가정한다. 창문이 열리면 리드스위치와 자석은 멀어져서 리드스위치는 Off가된다. 이때 무단 침입을 알리는 장치가 작동하도록 한다. 다음 그림 3-59와 같이 회로도를 꾸미고자한다. 각 저항값을 구해보자.

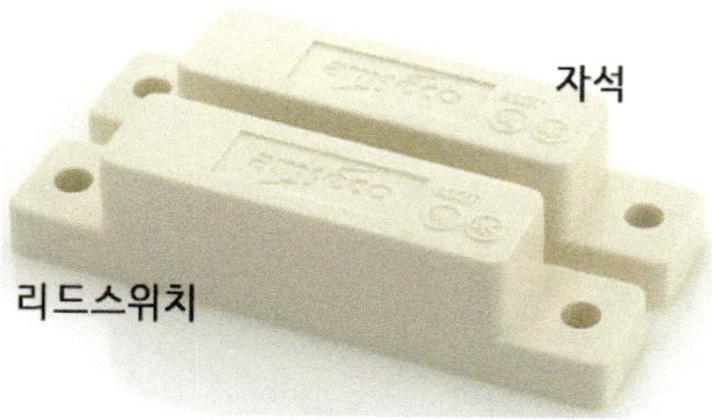

그림 3-58 리드스위치와 자석

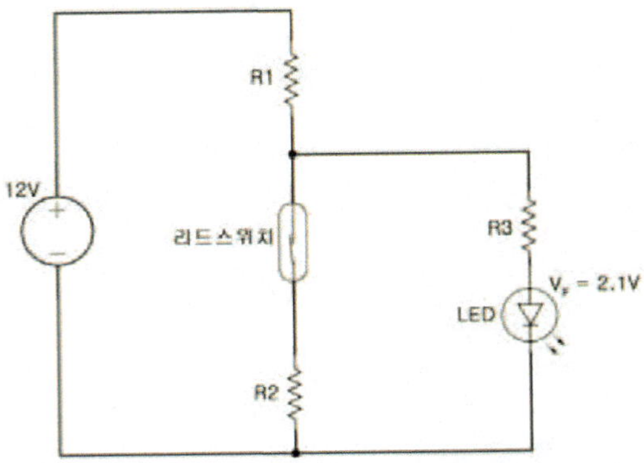

그림 3-59 창문이 열림을 경보하는 회로도

먼저 리드스위치가 On일 경우에는 창문이 닫혀있는(자석이 가까이 있는) 상황이므로 침입을 알리는 장치(LED)가 작동하지 않고 꺼져 있어야 한다. 그러므로 R2에 걸리는 전압이 LED의 순방향 전압인 2.1V보다 크지 않아야 한다. 조금 여유 있게 1.5V이하가 되도록 결정하자. 1.5V 배터리에 LED가 켜지지 않음을 확인할 수 있다. 리드스위치가 On일 경우는 다음 그림 3-60과 같이 12V 전원에 저항 R1과 저항 R2가 직렬로 연결된 회로이다.

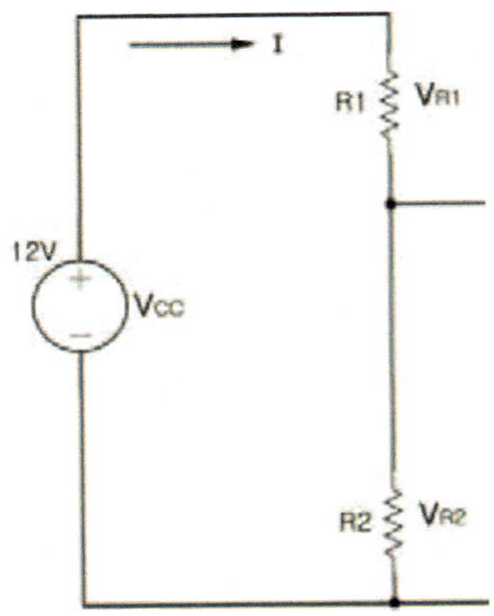

그림 3-60 리드스위치가 On일 경우 회로도

그러므로 R1 저항에 걸리는 전압(V_{R1})과 R2 저항에 걸리는 전압(V_{R2})을 더하면 다음 식과 같이 공급 전원인 Vcc로 12V이다.

$$V_{CC} = V_{R1} + V_{R2}$$

직렬의 합성저항인 $R = R1 + R2$이므로 직렬회로에 흐르는 전류는 옴의 법칙(V=IR)으로 풀어서 표현하면 다음과 같다.

$$V_{CC} = I \times (R1 + R2) = 12\,V,$$

$$V_{R2} = I \times R2 = 1.5\,V,$$

$$V_{R1} = V_{CC} - V_{R2} = 10.5\,V$$

직렬회로에서 흐르는 전류는 같아서 V_{R1}과 V_{R2}의 전압비나 R1, R2의 저항비는 같으므로 R1저항과 R2저항은 대략적으로 10.5 대 1.5 정도의 비율이다.

그러면 R1 저항을 100Ω, R2 저항을 20Ω이라고 가정하고 문제가 없는지 살펴보자. 합성저항 R은 120Ω이므로 전류 I(V/R)= 12/120 = 0.1A 이다. 그리고 상대적으로 큰 저항인 R1에 최소 10.5V가 걸리게 되어, R1에 걸리는 전력 P(전압 × 전류)는 10.5V × 0.1A = 1.05W가 된다. 그러므로 이 저항값을 사용하려면 저항의 정격전력[23]은 1W이상을 사용해야한다.

저항을 선택하기 위한 고려사항을 살펴보면, 저항값뿐만 아니라 정격전력에 따른 저항의 크기이다. 정격전력에 따른 크기로는 1/8W, 1/4W, 1/2W, 1W, 2W, 5W, 10W 등이 있다. 브레드보드[24] 실험용으로 1/4W(250mW) 저항이 가장 많이 쓰인다. 와트가 클수록 고전력용으로 저항이 굵고 길다.

저항은 전류의 흐름을 제한하고 전압을 떨어뜨리는 과정에서 전력[25]의 크기에 비례하는 열을 방출하므로 큰 전력에 사용하려면 열에 강하면서도 열을 잘 방출하도록 부피가 큰 저항기여야 한다.

---

23) 기기를 안전하게 사용할 수 있는 전력의 최대한도. 단위는 [W] (Watt, 와트)를 사용.

24) 브레드보드의 사용법은 2.2절을 참고.

25) 단위시간 동안 전기장치에 공급되는 전기에너지, 또는 단위시간 동안 다른 형태의 에너지(보통 열)로 변환되는 전기에너지이다. 단위는 주울/초(Joule/second, J/s))이며 이를 다시 와트(W)로 표시한다. 즉 1W = 1J/s이다. 1W는 1A(암페어)의 전류가 1V(볼트)의 전압이 걸린 곳을 흐를 때 소비되는 전력의 크기다. 전력(P)과 전압(V), 전류(I)의 관계는 P = V · I를 만족한다.

이 실험에서는 1/4W(0.25W) 저항을 사용하려한다. 그러면 R1, R2 저항은 얼마여야 할까? 먼저 10.5V가 걸리는 R1저항에 0.25W일 때의 전류를 계산하고 해당 전류가 흐를 때의 저항값을 구하면 다음과 같다.

$$P = V \times I = 0.25\,W = 10.5\,V \times I,$$

$$I = \frac{0.25\,W}{10.5\,V} = 0.0238A,$$

$$\therefore R1 = \frac{10\,V}{0.0238A} \fallingdotseq 420\Omega$$

그러므로 R1 저항은 최소 420Ω보다 커야한다. 이 실험에서는 R1을 500Ω 정도로 정하고 R2 저항값을 계산하면 다음과 같다.

$$10.5 : 1.5 = 500\Omega : R2$$

$$10.5 \times R2 = 500\Omega \times 1.5$$

$$R2 = \frac{750}{10.5} = 71.43\Omega$$

위 계산에 따라 R2 저항을 70Ω으로 가정하고 LED 순방향 전압과 정격전력에 문제가 없는지 살펴보자.

$$V_{R2} = I \times R2 = \frac{V_{CC}}{R1 + R2} \times R2 = \frac{R2}{R1 + R2} \times V_{CC} = \frac{70}{500 + 70} \times 12\,V = 1.474\,V$$

LED 순방향 전압 2.1V보다 많이 작고 앞선 1.5V 배터리에도 LED가 켜지지 않음을 확인했다. 그러면 이제 R1 =500Ω, R2=70Ω으로 하여, R1에 걸리는 전력을 계산하면 다음과 같다.

$$I = \frac{V_{R1}}{R1 + R2} = \frac{10.5\,V}{500\Omega + 70\Omega} = 0.0184A,$$

$$P = V \times I = 10.5\,V \times 0.0167A = 0.193\,W$$

0.193W로 0.25W보다 낮음을 알 수 있다. R1 =500Ω, R2=70Ω 정도 사용하면 된다. 실제 R1, R2의 500Ω과 70Ω은 없으므로 R1은 1/4W이상의 **510Ω**으로 사용하고, 1/4W이상의 **68Ω**을 사용한다.

다음으로 리드스위치가 Off일 경우에는 창문이 열리는(자석이 떨어지는) 상황이므로 침입을 알리는 장치(LED)가 작동해야만 한다. LED의 작동 전류는 최대 정격 전류의 80%이하로 정하는 것이 긴 수명과 안정성에 바람직하다. 일반적으로 LED는 20mA 정도의 전류로 작동된다. 그러므로 배터리나 전원에 직접 연결하면 안 된다. 반드시 저항을 직렬로 연결하여 전류의 양을 제한하여야한다. 그렇지 않으면 LED는 타버리게 된다. 그러므로 LED에 직렬로 연결한 저항을 **안전저항**(ballast resistor)이라 부른다.

LED에 직렬로 연결한 안전저항에 흐르는 전류가 증가하면 이 저항에 걸리는 전압도 증가하여 회로에 흐르는 전류를 줄여 일정하게 유지시킨다. LED 점등회로에서 저항값(R)은 옴의 법칙(V=IR)으로 계산한다.

$$R = \frac{V}{I} = \frac{VCC - V_F}{I_F}$$

여기서 VCC는 전원, VF는 LED에 걸리는 순방향 전압, IF는 LED로 흐르는 전류이다.

이 공식에서 R의 값을 구하면 LED를 안전하게 작동시킬 수 있는 적합한 저항을 찾을 수 있다. 예를 들어, 그림 3-61의 LED 안정저항 값 구하기 회로도에서 12V 전원에 순방향 전류(I_F)가 20mA이고, 빨간색 LED의 순방향 전압(V_F)이 2.1V라고 하면, 필요한 저항 값은 다음과 같이 계산한다.

$$R = \frac{VCC - V_F}{I_F} = \frac{12V - 2.1V}{20mA} = \frac{9.9V}{0.02A} = 495\Omega$$

이 실험에서 리드스위치가 Off 일 경우 회로도는 다음 그림 3-62와 같다. R1의 저항만으로도 LED의 안전저항은 충분하지만 R3 저항을 100Ω 정도로 하고 LED

에 흐르는 전류를 계산해보자.

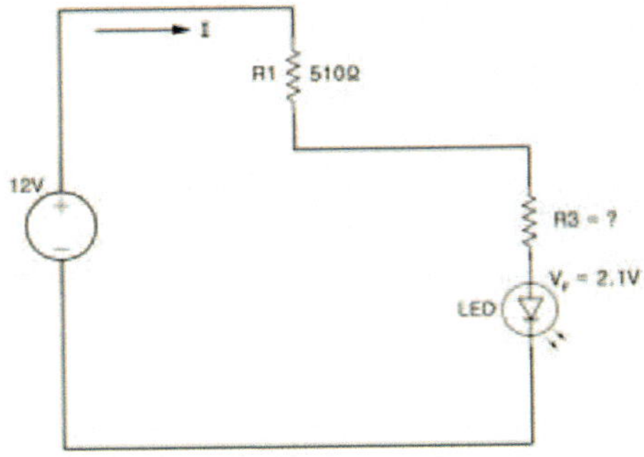

그림 3-62 리드스위치가 Off일 경우 회로도

$$I=\frac{V_{CC}-V_F}{R1+R3}=\frac{12\,V-2.1\,V}{510\Omega+100\Omega}=0.01623A=16.23mA$$

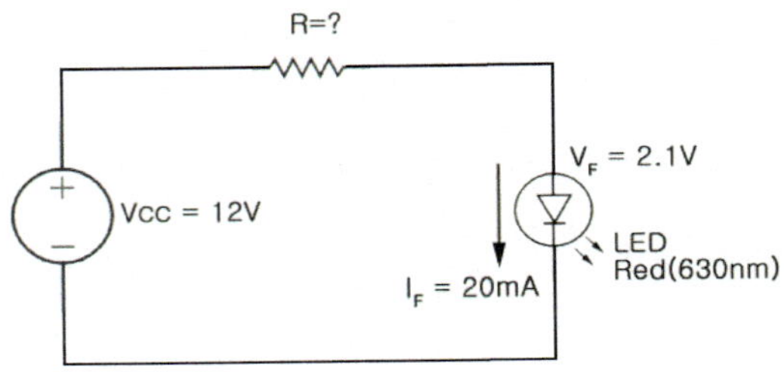

그림 3-61 LED 안전저항 값 구하기

최종적으로 R1=510Ω, R2=68Ω, R3=100Ω으로 결정하고 실험을 시작한다. R1의 510Ω 저항이 없으면 1KΩ 저항 2개를 병렬로 연결한다. 1KΩ 저항 2개의 병렬 합성저항은 500Ω이다. 오히려 정격전력 측면에서 더 안전하다. R2 저항은 1/4W이상의 **68Ω**을 사용하거나 220Ω 저항 3개를 병렬로 연결하여 사용한다. 병렬연결할 경우의 저항값은 다음과 같은 식으로 계산한다.

병렬합성저항 R구하기

$$\frac{1}{R}=\frac{1}{R1}+\frac{1}{R2}+\ldots+\frac{1}{Rn}$$

$$R=\frac{1}{\frac{1}{R1}+\frac{1}{R2}+\ldots+\frac{1}{Rn}}$$

병렬연결하는 저항값이 같을 경우는 쉽게 병렬연결하는 저항의 개수만큼 나눈 값이 된다. 그러므로 병렬연결할 경우 R1은 1000/2=500Ω이고, R2는 220/3=73.3Ω이 된다.

(실험 3.12) 리드스위치로 방범창문 만들기

(실험 목표)

- 리드스위치의 원리와 기능을 설명할 수 있다.
- 리드스위치를 사용했을 때 방범 창문이 열리면 경종이 울리는 원리를 설명할 수 있다.

(실험 준비물)

1. DC 12V의 전원공급기(어댑터) 또는 배터리 1개
2. 리드스위치와 자석 각 1개(그림 3-58 참조)
3. LED 1개
4. 저항 100Ω 1개
5. 저항 510Ω 1개(510Ω이 없을 경우 1kΩ 저항 2개를 병렬로 연결하여 사용)
6. 저항 68Ω 1개(68Ω이 없을 경우 220Ω 저항 3개를 병렬로 연결하여 사용)
7. 브레드보드와 여러 개의 점퍼선
8. 멀티미터 1대

(실험 방법)

다음 그림 3-63은 리드스위치에서 자석이 떨어지면 LED가 켜지는 회로를 구성한 것이다.

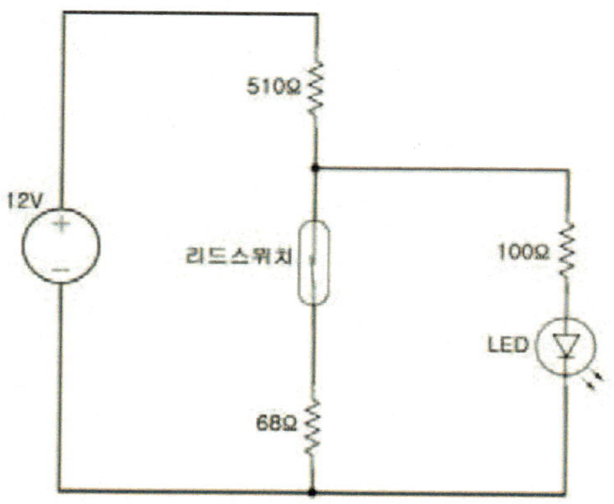

그림 3-63 리드스위치로 방범 창문 만들기 회로도

회로구성하기

1. 전원 공급은 12V의 건전지 또는 어댑터 등의 어떠한 전원공급기라도 상관없다.
2. 회로 전원의 '+'에 510Ω 저항을 연결하고, 전원의 '–'에 68Ω 저항의 한 단자에 연결한다.
3. 모든 스위치와 마찬가지로 리드스위치는 극성이 없다. 리드스위치의 한 단자를 100Ω의 한 단자 와 510Ω 저항의 다른 한 단자에 연결한다. 리드스위치의 다른 한 단자를 68Ω의 또 다른 한 단자에 연결한다.
4. LED의 애노드(+)는 100Ω 저항의 다른 쪽 단자에 연결하고, LED의 캐소드(–)는 전원의 '–'에 연결한다.

회로점검 및 작동상태 확인하기

1. 리드스위치에 자석을 가까이 가져가 본다. 리드스위치가 On상태일 때 LED는 꺼져있음을 확인하고 기록한다.
2. 자석을 리드스위치에서 떼어 내어 멀리하면 리드스위치는 Off가 되고 LED가 켜짐을 확인하고 기록한다.

공급전압(V)	리드스위치 상태	LED 상태
	ON	
	OFF	

3. 다음 그림 3-64와 같이 LED가 켜질 때와 꺼질 때의 전압을 측정하기 위해 전압계를 병렬로 연결하여 전압을 측정하고 기록한다.

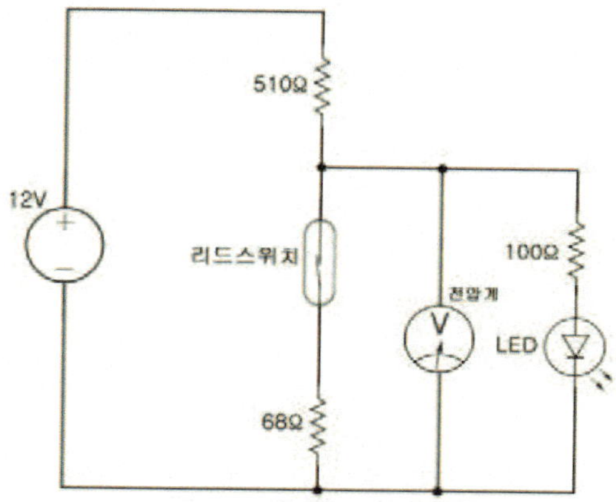

그림 3-64 LED가 On/Off일 때 전압측정

공급전압(V)	LED 상태	측정 전압값(V)
	켜짐(ON)	
	꺼짐(OFF)	

4. 리드스위치에 자석이 가까이 있어 리드스위치가 On일 때의 R1 양단의 전압과 R2 양단의 전압을 측정하여 기록한다.

	저항 양단에 걸리는 전압값(V)	
	계산값	측정값
R1(510Ω 또는 1kΩ 2개 병렬연결) 저항		
R2(68Ω 또는 220Ω 3개 병렬연결) 저항		

참고로 미리 실험해본 결과 공급 전압이 12.06V일 경우 R1 양단의 전압은 10.51V이고, R2 양단의 전압은 1.55V로 측정되었다. 1.55V 정도로는 LED가 켜지지 않음을 알 수 있다.

5. 전압분배 방식으로 계산한 R1, R2 저항에 걸리는 전압의 계산식은 다음과 같다.

$$V_{R1} = \frac{510\Omega}{510\Omega + 68\Omega} \times 12\,V = 10.59\,V$$

$$V_{R2} = \frac{68\Omega}{510\Omega + 68\Omega} \times 12\,V = 1.41\,V$$

6. 저항을 병렬연결하여 $R1 = 500\Omega$, $R2 = 73.3\Omega$인 경우의 계산식은 다음과 같다.

$$V_{R1} = \frac{500\Omega}{500\Omega + 73.3\Omega} \times 12\,V = 10.47\,V$$

$$V_{R2} = \frac{73.3\Omega}{500\Omega + 73.3\Omega} \times 12\,V = 1.53\,V$$

7. 방범문이 열려 자석이 멀리 떨어지면 리드스위치가 Off가 되는데, 이 때 다음 그림 3-65와 같이 부하로 흐르는 전류와 출력전압을 측정해본다. 참고로 직접 실험해본 결과 측정한 전압은 3.78V이고, 전류는 16.2mA이었다.

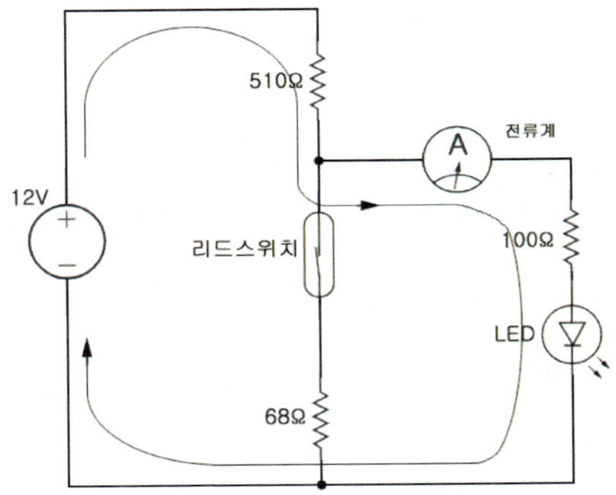

그림 3-65 LED가 On일 때 전류측정

	부하로 흐르는 전류(mA)	부하에 걸리는 전압(V)
계산값		
측정값		

✔ 결과 및 고찰

방범창이 열리는 경우는 자석이 리드스위치로부터 떨어지는 경우인데, 이때 리드스위치는 Off가 되고, 침입을 알리는 경보용 장치에 해당하는 LED가 켜짐을 알 수 있다. 경보용 장치를 사용하는 경우라면 LED를 사용할 때의 안전저항은 설치하지 않아도 될 것이며, 경보용 장치 구동에 필요한 전원공급과 출력단의 전압분배를 고려하여 설치해야 한다.

자기평가

1. 리드스위치의 원리와 기능을 설명할 수 있다.
2. 방범 창문의 한쪽에 리드스위치를 달고, 다른 쪽 창문에 자석을 붙여 놓았을 때 창문이 열리면 경종이 울리는 원리를 이해하고 설명할 수 있다.

3.8 커패시터

그림 3-66 세라믹 커패시터(왼쪽)와 전해 커패시터(오른쪽)

커패시터를 DC전원에 병렬로 연결하면 전하를 축적하며, 전원이 끊어진 후에도 잠시 전위차가 유지된다. 이처럼 커패시터는 전기를 축적하거나 방출하는 역할을 하며, 직류전류는 차단하고 교류전류는 통과시키는 목적으로도 사용된다. 그러므로 DC 전류에 섞인 펄스나 전기적 잡음을 차단하거나 출력 전압을 평활하게 만들 수 있고 신호의 스파이크를 제거하여 디지털 회로의 부품의 오동작을 막을 수 있다. 커패시터는 세라믹 커패시터, 전해 커패시터 등이 있다. 그림 3-66 왼쪽의 세라믹 커패시터는 크기가 작고 납작하며 유전체로 세라믹이 사용된다. 고주파를 잘 흐르게 하므로 고주파 필터에 사용될 수 있다. 그림 3-66 오른쪽의 전해 커패시터는 원통형으로 극성이 있으며, **띠 있는 쪽이 음극**이다. 보통 용량과 정격전압이 숫자로 씌어 있다. 전해 커패시터의 용량은 주기적으로 전압을 주어 충전된다.

유의사항

전해 커패시터의 극성을 잘못된 방향으로 연결하면 저항이 없는 상태로 아주 높은 전류가 흐르고 커패시터와 회로 내의 다른 부품들을 망가뜨릴 수도 있다.

그림 3-66 왼쪽의 세라믹 커패시터에 104라고 쓰여 있다. 이것은 커패시터의 용량이다. 세라믹 커패시터의 용량은 세 자리 숫자로 표시하는데 왼쪽의 두 숫자는 pF 단위의 값을 나타낸다. 맨 오른쪽에 있는 세 번째 숫자는 10의 거듭제곱 즉, 숫자 오른쪽에 추가할 '0'의 개수이다. 그러면 104는 10pF의 만 배인 100000pF이다. 단위가 p는 10^{-12}, n는 10^{-9}, μ 는 10^{-6}이므로 100000pF = 100nF = $0.1\mu F$이다.

(실험 3.13[T]) 슬라이드 스위치로 커패시터 충전/방전시키기

(실험 목표)

- 커패시터의 용도와 특성을 이해하고 설명할 수 있다.
- 무극성과 극성 커패시터를 구분하고 정전용량을 알 수 있다.

(실험 준비물)

1. 9V 배터리(스냅 케이블 커넥터 포함) 1개
2. 슬라이드 스위치 1개
3. 전해 커패시터 $100\mu F$ 1개
4. LED 1개
5. 저항 $1k\Omega$ 2개
6. 브레드보드와 여러 개의 점퍼선

(실험 방법)

다음 그림 3-67은 슬라이드스위치의 전환으로 커패시터의 충전과 방전을 실험하기 위한 회로를 구성한 것이다.

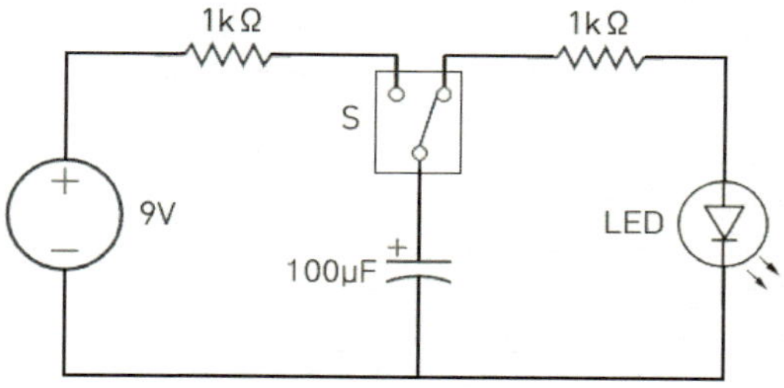

그림 3-67 **커패시터 충방전하기 회로도**

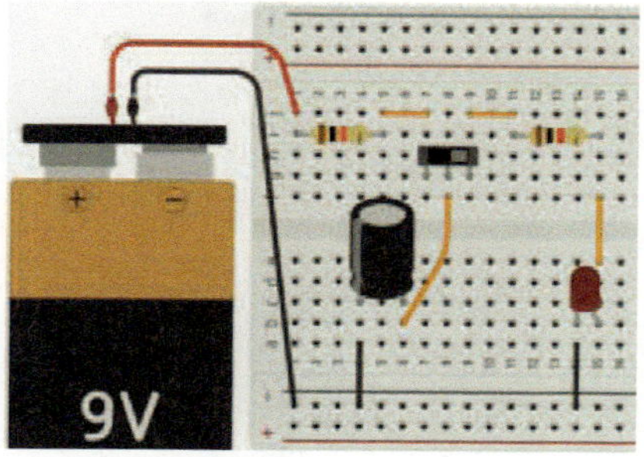

그림 3-68 **커패시터 충방전하기 결선도**

회로구성하기

1. 9V 배터리를 전원으로 사용한다.
2. 슬라이드스위치의 맨 왼쪽 단자는 왼쪽 1kΩ저항과 연결하고, 맨 오른쪽 단자는 오른쪽 1kΩ저항과 연결하고, 슬라이드스위치의 가운데 단자는 전해 커패시터의 '+' 단자에 연결한다.
3. LED의 애노드(+)에 오른쪽 1kΩ저항의 다른 단자와 연결하고, LED의 캐소드(−)를 전원의 '−'에 연결한다.

회로점검 및 작동상태 확인하기

1. 슬라이드스위치를 왼쪽으로 이동하고 잠시 기다렸다가, 슬라이드스위치를 오른쪽으로 전환하여 LED가 잠시 켜졌다 꺼지는 것을 확인한다. 다시 슬라이드스위치를 왼쪽으로 이동 후 기다리는 시간을 늘리면서 슬라이드스위치를 오른쪽으로 전환하여 LED의 상태를 관찰하고 기록한다.

슬라이드스위치의 전환간격에 따라 LED의 변화는____________________

결과 및 고찰

슬라이드스위치를 왼쪽으로 전환하면 전원이 커패시터와 곧바로 연결되어 커패시터가 충전된다. 슬라이드스위치를 오른쪽으로 전환하면 커패시터와 LED가 서로 연결되어 충전되어 있던 커패시터에 의해 방전 전류가 흐르면서 LED에 불이 켜진다. 커패시터 용량에 따라 불은 꺼진다. 다음 그림 3-69와 그림 3-70은 전력전자 시뮬레이션 툴인 PLECS로 충전과 방전을 시뮬레이션한 파형이다.

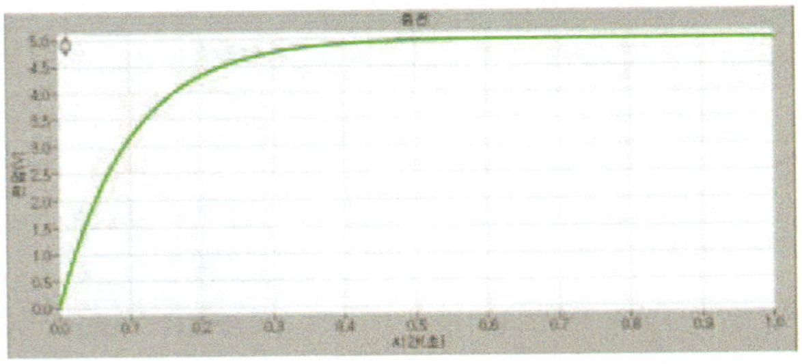

그림 3-69 커패시터 충전(저항 1kΩ, 커패시터 100μF)

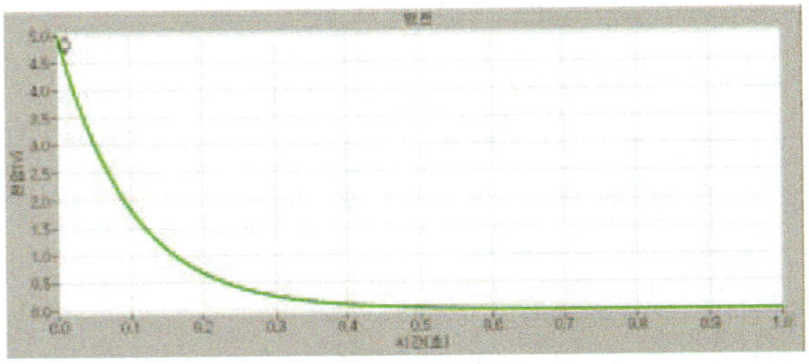

그림 3-70 커패시터 방전(저항 1kΩ, 커패시터 100μF)

자기평가

1. 커패시터의 용도와 특성을 이해하고 설명할 수 있다.
2. 무극성과 극성 커패시터를 구분하고 정전용량을 알 수 있다

3.9 트랜지스터

트랜지스터는 전류의 흐름을 제어하는 전자 스위치(온/오프) 작용과 증폭 작용을 하는 부품이다. 다시 말해서 트랜지스터는 약한 전류로 증폭된 강한 전류를 공급할 수 있다. 그림 3-71처럼 2N2222와 같은 BJT 트랜지스터는 검은 플라스틱의 TO-92 패키지로 공급된다. 트랜지스터의 기호는 보통 기호를 원으로 둘러싸인 형태이다. 원은 생략할 수도 있다. 트랜지스터에는 이미터(E), 베이스(B), 컬렉터(C)의 세 개의 단자가 있다. 베이스 쪽에서 제어하기 위한 전류가 흘러 들어가면 컬렉터에서 이미터 쪽으로 강한 전류가 흐른다. 2N2222는 최대 전류는 800mA이다. 결과적으로 약한 전류를 사용해서 강한 전류를 온/오프할 수 있다. 베이스 전류와 컬렉터 전류의 비를 트랜지스터의 전류 이득이라고 하는데 보통 100에서 400사이이다. 2N2222 트랜지스터는 일반적인 NPN 트랜지스터이다. NPN과 모든 것이 반대인 트랜지스터는 PNP 트랜지스터이다.

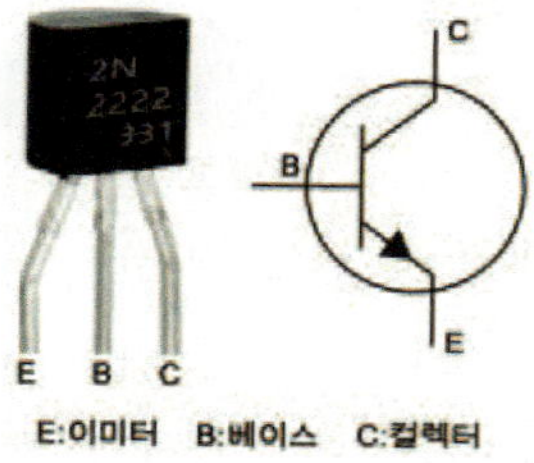

그림 3-71
NPN트랜지스터
(2N2222) 핀 구조

(실험 3.14) 트랜지스터를 사용하여 손 터치로 LED 켜기

(실험 목표)

- 트랜지스터의 원리와 기능을 설명할 수 있다.
- 손가락 터치로 LED를 켤 수 있음을 설명할 수 있다.

(실험 준비물)

1. DC 12V의 어댑터 또는 배터리 1개
2. NPN 트랜지스터 1개
3. 저항 330Ω 4개, 1MΩ 1개
4. 택트 또는 슬라이드 스위치 1개
5. LED 1개
6. 브레드보드와 여러 개의 점퍼선
7. 멀티미터 1대

(실험 방법)

다음 두 개의 그림은 트랜지스터로 LED를 켜는 회로이다. 그림 3-72는 스위치를 사용하고, 그림 3-73은 스위치 대신에 손가락으로 터치하여 LED를 켜는 회로이다. 스위치는 앞서 배운 어떤 스위치여도 상관없다. 아니면 끊어진 두 전선을 서로 맞대어 연결해도 된다. 트랜지스터를 사용하면 손가락으로도 끊어진 회로를 연결할 수 있는지를 실험하기 위한 회로를 구성한 것이다.

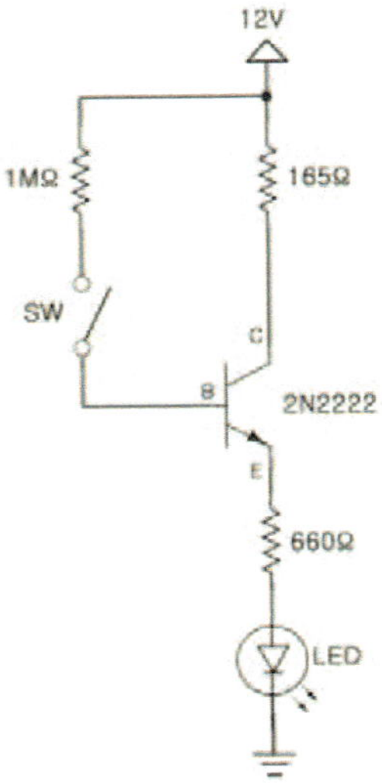

그림 3-72
트랜지스터(스위치로 LED켜기)

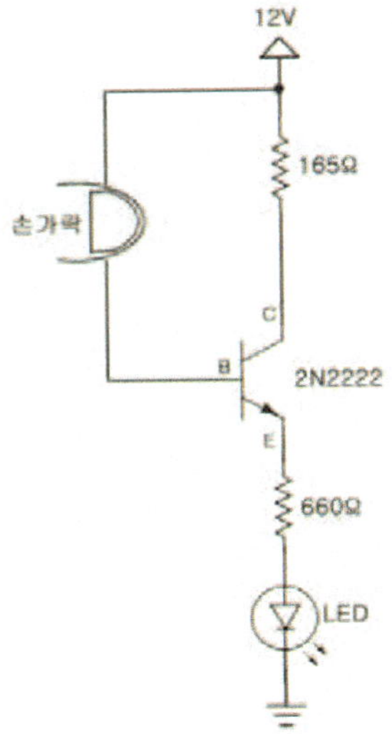

그림 3-73
트랜지스터(손으로 터치하여 LED켜기)

회로구성하기

1. 전원 공급은 12V의 건전지 또는 어댑터 등의 어떠한 전원공급기라도 상관없다.
2. 준비한 330Ω 저항 4개에서 2개는 병렬연결하고, 나머지 2개는 직렬로 연결하여 165Ω과 660Ω이 되게 한다.
3. 회로 전원의 '+'에 1MΩ과 165Ω 하나의 단자에 연결하고, 전원의 '–'에 LED의 캐소드(–)에 연결한다.
4. 2N2222의 NPN 트랜지스터의 컬렉터(C)를 165Ω 저항의 또 다른 하나의 단자에 연결하고, 베이스(B)를 스위치의 하나의 단자에 연결하며, 이미터(E)를 660Ω 저항의 하나의 단자에 연결한다.

5. 그림 3-73의 회로처럼 손가락으로 터치하고자 할 경우는 그림 3-72의 회로에서 1MΩ 저항과 스위치를 제거하고 손가락으로 끊어진 두 지점을 손가락으로 눌러 연결한다.

회로점검 및 작동상태 확인하기

1. 그림 3-72의 회로에서 스위치로 LED를 켜본 다음 그림 3-73과 같이 1MΩ저항과 스위치를 제거하고 손가락을 갖다 되어 LED가 켜지는지 확인한다.
2. 멀티미터로 손가락의 저항을 측정해본다. (손가락 저항 : ______Ω)

✔ 결과 및 고찰

트랜지스터의 스위칭 기능과 증폭 작용으로 인해, 손가락을 통한 미약한 전류가 트랜지스터의 베이스(B) 쪽으로 흘러 들어가면서 트랜지스터가 작동되고 부하에 큰 전류가 흐름을 알 수 있다.

자기평가

1. 트랜지스터의 원리와 기능을 설명할 수 있다.
2. 손가락 터치로 LED를 켤 수 있음을 설명할 수 있다.

3.9.1 양극성 접합 트랜지스터(Bipolar Junction Transistor)

양극성 접합 트랜지스터는 2개의 P형 반도체 사이에 N형 반도체가 접합되어있는 PNP 구조와 2개의 N형 반도체 사이에 P형 반도체가 접합되어있는 NPN 구조로 나뉜다. 전자를 주입시켜 전류가 흐르게 되는 이미터(E), 전류의 흐름을 제어하는 베이스(B), 양극성 접합 트랜지스터를 통해 증폭된 전류가 흐르게 되는 컬렉터(C)의 3개 전극으로 이루어진다. 트랜지스터에는 증폭작용과 개폐(on/off)작용이라는 2가지의 큰 기능이 있다.

P형 반도체와 N형 반도체

순수한 반도체 물질인 실리콘이나 게르마늄에 불순물을 첨가하면 저항을 감소시킬 수 있다. 이 과정을 도핑(doping)이라 하는데 전자나 정공(hole)[26]의 수를 증가시킴으로써 전도성을 높여 저항을 감소시키게 된다. 이때 정공수를 증가시킨 것이 P형 반도체이며, 전자수를 증가시킨 것은 N형 반도체라 한다.

순수한 반도체에서 정공수를 증가시키기 위해서는 불순물인 알루미늄(Al) · 붕소(B) · 갈륨(Ga) · 인듐(In) 등의 3가 원소를 첨가해야 한다. 예를 들어, 순수한 실리콘 안에 붕소를 첨가하면 이들은 서로 공유결합을 하려고 한다. 그러나 실리콘의 가전자[27]가 4개인데 비해 붕소는 3개이므로 공유결합하기 위해서는 가전자 1개가 부족하다. 이때 전자가 부족한 곳이 정공이 되고, 전하 운반체(캐리어)는 자유전자보다 양(+, positive)의 전기를 갖는 정공 쪽이 많아지게 된다. 이처럼 반도체는 불순물의 영향에 의해 전기적인 특성이 변하는데 불순물 반도체는 진성 반도체보다 전도성이 높아 반도체 소자로 많이 사용된다.[28]

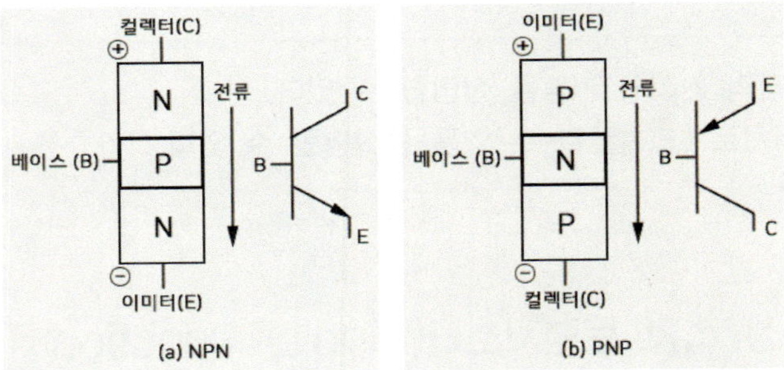

그림 3-74 양극성 접합 트랜지스터(BJT)

그림 3-74와 같이 PNP형의 가운데 N형 반도체와 NPN형의 가운데 P형 반도체를 베이스라 부르며, 베이스를 중심으로 하여 바깥쪽에 있는 반도체 하나는 이미터(E), 다른 하나는 컬렉터(C)라 부른다. 트랜지스터에 전압이 가해지면 한쪽의 PN접합은 순방향으로 되고, 다른 쪽 PN 접합은 역방향이 된다. 전류는 순방향이 된

26) 고체 내의 전자의 운동을 양자역학적으로 나타낸 개념. 홀이라고도 한다. 가전자대 상단 근방의 전자의 빈(空)상태를 나타낸다. 음의 유효 질량을 갖는 점에서 전자와는 반대로 양전하를 갖는 전하 운반체로서 전기장 자기장 등의 외부력에 감응한다. (화학용어사전, 2011. 1. 15., 화학용어사전편찬회, 윤창주)

27) 가장 바깥 궤도를 도는 전자

28) (두산백과 두피디아, 두산백과)

PN접합을 통해서 흐른다. NPN형에서 이미터의 화살표 방향이 전류가 나가는 방향이고, PNP형에서는 이미터의 화살표가 전류가 들어오는 방향이다.

NPN형 트랜지스터에는 베이스에 흐르는 전류의 크기에 따라 컬렉터에서부터 이미터로 전류가 흐르기도 하고(ON) 흐르지 않기도(OFF) 한다.

(실험 3.15[T]) NPN, PNP 트랜지스터 판별하기

(실험 목표)

- 양극성 접합 트랜지스터의 원리와 기능을 이해하고 설명할 수 있다.

(실험 준비물)

1. DC 5~12V 어댑터 또는 배터리 1개
2. 브레드보드와 여러 개의 점퍼선
3. 저항 1kΩ 2개
4. LED 빨간색, 파란색 각 1개
5. NPN(BC547), PNP(BC557) 각 1개
6. 슬라이드스위치 2개(DPDT 스위치 대용)

(실험 방법)

다음 그림 3-75는 임의의 트랜지스터가 NPN형인지 PNP형인지를 판별하는 회로도이다. 이 회로를 작동하면서 NPN형과 PNP형 트랜지스터의 특성과 기능을 이해하고, 트랜지스터를 어떻게 활용하는지를 깨닫기 위한 실험을 한다.

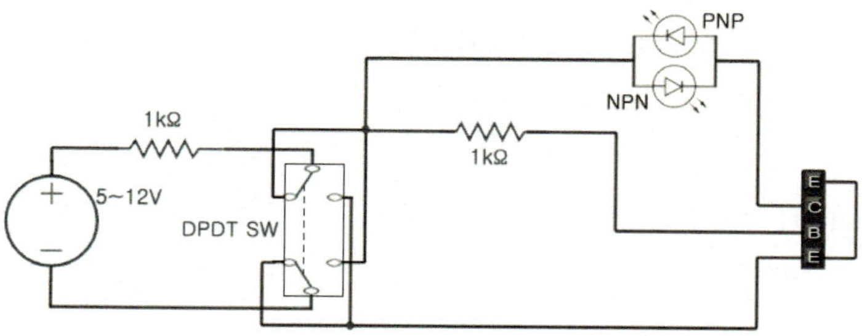

그림 3-75 NPN, PNP 판별하기 회로도

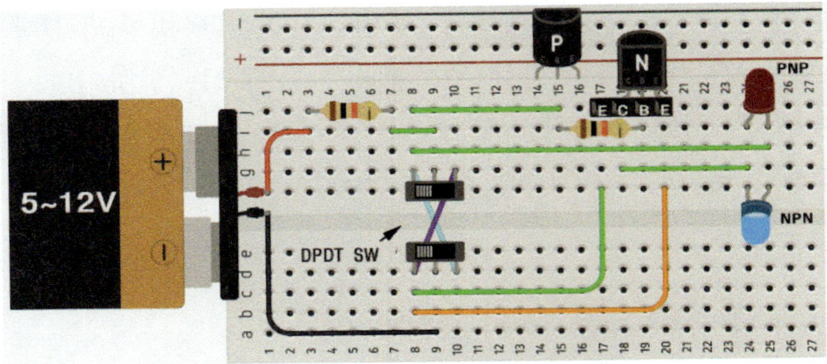

그림 3-76 NPN, PNP 판별하기 결선도

회로구성하기

1. 전원 공급은 5~12V의 건전지 또는 어댑터 등의 어떠한 전원공급기라도 상관없다.
2. DPDT 스위치를 구현하기 위하여 슬라이드스위치 2개를 사용한다. 슬라이드스위치 2개는 브레드보드 가운데를 기준으로 하나는 위쪽에 다른 하나는 아래쪽에 위치한다. 그리고 위쪽 슬라이드스위치의 맨 왼쪽 단자와 아래쪽 슬라이드스위치의 맨 오른쪽 단자를 연결한다. 또한 아래쪽 슬라이드스위치의 맨 왼쪽 단자와 위쪽 슬라이드스위치의 맨 오른쪽 단자를 연결한다.
3. 트랜지스터를 꽂을 자리 'ECBE'는 비워두고, 테스트할 때 트랜지스터를 꽂는다. 맨 왼쪽과 맨 오른쪽의 E(이미터)는 서로 연결해준다. 두 개의 E를 좌우에 두는 이유는 트랜지스터에 따라 E, B, C의 위치가 2가지이기 때문이다.

회로점검 및 작동상태 확인하기

1. 그림 3-76에 표시된 'ECBE' 위치에 NPN 트랜지스터와 PNP 트랜지스터를 번갈아 끼우면서 해당되는 LED(빨간색: PNP, 파란색: NPN)가 제대로 켜지는지 확인한다.
2. 두 개의 슬라이드스위치는 둘 다 왼쪽이거나 둘 다 오른쪽에 위치하도록 작동시킨다. DPDT 스위치처럼 작동하기 위함이다.
3. 트랜지스터의 타입(NPN, PNP)에 따른 두 개의 슬라이드스위치의 상태와 점등 LED의 색깔을 표시한다.

트랜지스터 (트랜지스터 번호)	슬라이드스위치 상태	점등 LED
NPN ( )	☐ 왼쪽 ☐ 오른쪽	☐ 빨간색 ☐ 파란색
PNP ( )	☐ 왼쪽 ☐ 오른쪽	☐ 빨간색 ☐ 파란색

✔ 결과 및 고찰

NPN과 PNP 트랜지스터는 전류방향이 반대이므로 DPDT 스위치로 전원공급을 둘 다에게 할 수 있다. 트랜지스터에 따라 이미터 핀 위치가 맨 왼쪽에 있거나 맨 오른쪽에 있으므로 트랜지스터를 꽂을 자리를 4개를 준비했음을 알 수 있다. 멀티미터에도 트랜지스터 판별하는 기능이 있고, 트랜지스터를 꽂을 4개의 핀을 제공한다.

자기평가

양극성 접합 트랜지스터의 원리와 기능을 이해하고 설명할 수 있다.

3.9.2 금속 산화막 반도체 전계 효과 트랜지스터

금속 산화막 반도체 전계효과 트랜지스터(Metal Oxide Semiconductor Field Effect Transistor)는 줄여서 MOSFET(모스펫)이라고 한다. MOSFET은 N채널의 NMOS(엔모스)와 P채널의 PMOS(피모스)로 구성되어 있다. BJT에 비해 아주 작은 면적으로 만들 수 있고 전력소모도 매우 적어서 고집적 디지털 및 아날로그 반도체 칩에 폭넓게 사용되고 있다. MOSFET은 BJT와 마찬가지로 그림 3-77과 같이 게이트(G), 드레인(D), 소스(S) 3핀이다. 게이트에 인가되는 작은 전압으로 드레인과 소스 사이에 큰 전류를 흘리거나 차단할 수 있다. 다시 말해서 작은 전압으로 큰 전류로 증폭시키거나 스위칭하는 부품이다.

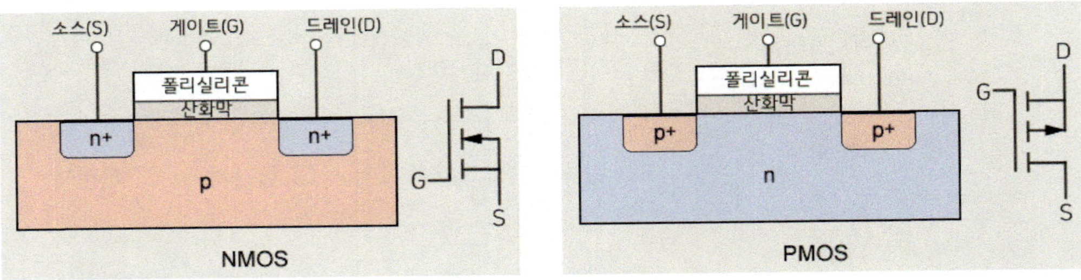

그림 3-77 MOSFET의 구조와 기호

NMOS의 경우, 소스보다 큰 플러스전압을 게이트에 가하면 드레인-소스간 저항값이 작아져 드레인에서 소스로 전류(드레인전류)가 흐르기 시작한다. PMOS의 경우 소스보다 낮은 마이너스 전압을 게이트에 가하면 드레인-소스간 저항값이 작아져 소스에서 드레인으로 전류가 흘러나온다. 수식으로 표현하면 다음과 같다.

$$NMOS: V_G - V_S > V_{Th}$$

$$PMOS: V_S - V_G > V_{Th}$$

여기서, V_G는 게이트전압, V_S는 소스전압, V_{Th}는 임계전압이다.

NMOS의 동작원리는 소스보다 높은 전압을 게이트에 가하면 게이트 산화막(SiO_2) 바로 아래영역에 전자들이 모이게 된다. 이렇게 전자들이 모인 n채널[29] 생기면 소스와 드레인간에 연결(도통)이 되어 드레인에서 소스로 전류가 흐른다. 또 소스보다 드레인의 전압이 높아지면 드레인에서 소스로 전류가 흐른다. 이 때 드레인에서 소스로 전류가 흐르기 쉬운 정도를 온 저항($R_{DS(on)}$)이라고 한다. 온 저항은 채널에 전자가 많이 모일수록 작아진다. 게이트에 전압을 가하지 않으면 n채널은 없어지며 전류는 흐르지 않게 된다.

PMOS의 동작원리는 소스보다 낮은 전압을 게이트에 가하면 게이트의 산화막 바로 아래영역에 정공(hole)들이 많이 모이게 된다. 이렇게 정공들이 모인 p채널[30]이 생기면 소스와 드레인간에 연결(도통)이 되어 소스에서 드레인으로 전류가 흐른다. 채널에 정공이 많이 모일수록 온 저항은 작아진다. 게이트 전압을 빼면 p채널이 없어져 전류가 흐르지 않게 된다.

---

29) 전자가 흐를 수 있는 전도성 층

30) 정공이 흐를 수 있는 전도성 층

이 책에서는 NMOS로 IRFZ44N을 PMOS로 IRF9Z24N을 주로 사용한다.

그림 3-78 IRFZ44N

그림 3-79 IRF9Z24N

그림 3-80 MOSFET의 핀 구조

IRFZ44N과 IRF9Z24N은 그림 3-78과 3-79처럼 TO-220 패키지로 제공된다. TO-220 패키지는 전력 소비 수준이 약 50와트인 모든 상업 및 산업 응용 분야에서 보편적으로 선호된다. TO-220의 낮은 열 저항과 낮은 패키지 비용으로 업계 전반에 걸쳐 폭넓게 수용되고 있다. 빠른 스위칭 속도 및 다양한 응용 분야에서 사용할 수 있는 매우 효율적이고 안정적인 장치를 제공한다.

IRFZ44N은 전압 제어 가변 N채널 파워 MOSFET이다. 49A의 높은 드레인 전류(I_D)와 17.5mΩ의 낮은 드레인-소스 온 저항 및 4V의 낮은 임계 전압을 제공한다.

IRF9Z24N은 P채널 파워 MOSFET이다. 드레인 전류는 −12A이고, 드레인-소스 온 저항은 175mΩ이다.

(실험 3.16[T]) NMOS, PMOS 트랜지스터 판별하기

(실험 목표)

- MOSFET 트랜지스터의 원리와 기능을 이해하고 설명할 수 있다.

(실험 준비물)

1. DC 9V 어댑터 또는 배터리 1개
2. 브레드보드와 여러 개의 점퍼선
3. 저항 330Ω, 1kΩ 각 1개, 10kΩ 2개
4. LED 빨간색, 파란색 각 1개
5. NMOS(IRFZ44N), PMOS(IRF9Z24N) 각 1개
6. 슬라이드스위치 2개(DPDT 스위치 대용)

(실험 방법)

다음 그림 3-81은 임의의 MOSFET이 NMOS인지 PMOS인지를 판별하는 회로도이다. 이 회로를 작동하면서 NMOS와 PMOS의 특성과 기능을 이해하고, MOSFET을 어떻게 활용하는지를 깨닫기 위한 실험을 한다.

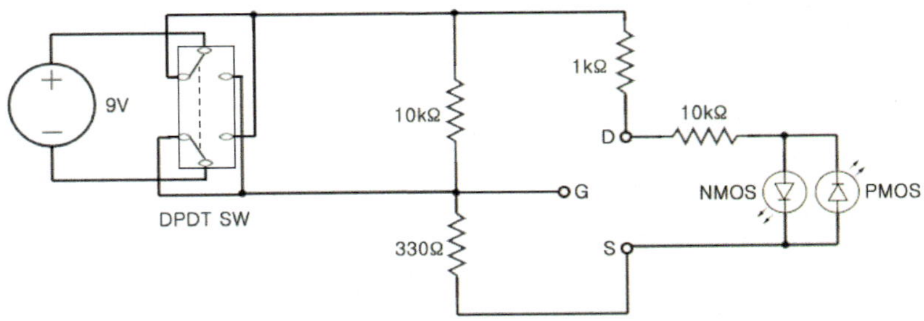

그림 3-81 NMOS, PMOS 판별하기 회로도

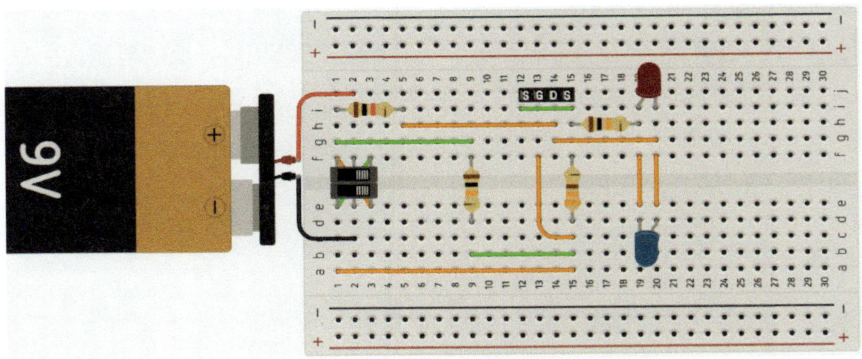

그림 3-82 NMOS, PMOS 판별하기 결선도

회로구성하기

1. 전원 공급은 5~12V의 건전지 또는 어댑터 등의 어떠한 전원공급기라도 상관없다.
2. DPDT 스위치를 구현하기 위하여 슬라이드스위치 2개를 사용한다. 슬라이드스위치 2개는 브레드보드 가운데를 기준으로 하나는 위쪽에 다른 하나는 아래쪽에 위치한다. 그리고 위쪽 슬라이드스위치의 맨 왼쪽 단자와 아래쪽 슬라이드스위치의 맨 오른쪽 단자를 연결한다. 또한 아래쪽 슬라이드스위치의 맨 왼쪽 단자

와 위쪽 슬라이드스위치의 맨 오른쪽 단자를 연결한다.

3. MOSFET을 꽂을 자리 'SGDS'는 비워두고, 테스트할 때 트랜지스터를 꽂는다. 맨 왼쪽과 맨 오른쪽의 S(소스)는 서로 연결해준다. 두 개의 S를 좌우에 두는 이유는 MOSFET에 따라 S, G, D의 위치가 2가지이기 때문이다.

회로점검 및 작동상태 확인하기

1. 그림 3-82에 표시된 'SGDS' 위치에 NMOS 트랜지스터와 PMOS 트랜지스터를 번갈아 끼우면서 해당되는 LED(빨간색: PMOS, 파란색: NMOS)가 제대로 켜지는지 확인하고 기록한다.
2. 두 개의 슬라이드스위치는 둘 다 왼쪽이거나 둘 다 오른쪽에 위치하도록 작동시킨다. DPDT 스위치처럼 작동하기 위함이다.

트랜지스터 (트랜지스터 번호)	2개의 슬라이드스위치 상태	점등 LED
NMOS (IRFZ44N)	☐ 왼쪽 ☐ 오른쪽	☐ 빨간색 ☐ 파란색
PMOS (IRF9Z24N)	☐ 왼쪽 ☐ 오른쪽	☐ 빨간색 ☐ 파란색

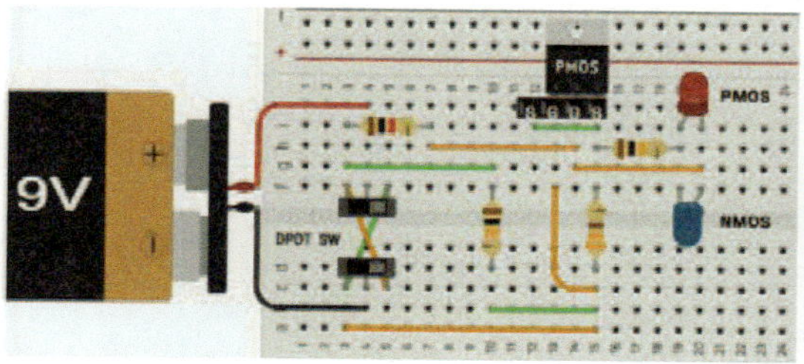

그림 3-83 MOSFET 판별하기 결선도(PMOS)

그림 3-84 MOSFET 판별하기 이미지(PMOS)

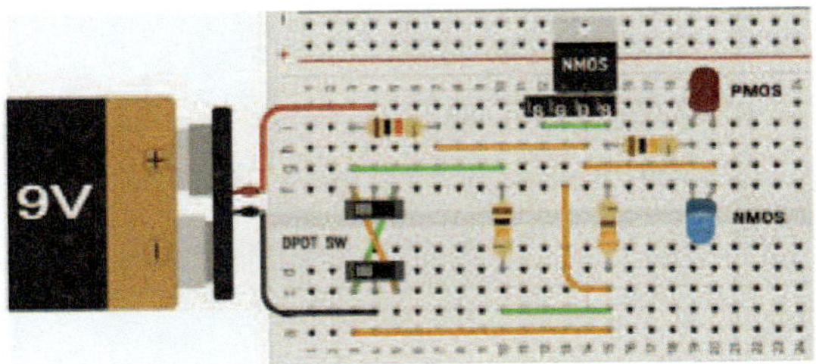

그림 3-85 MOSFET 판별하기 결선도(NMOS)

그림 3-86 MOSFET 판별하기 이미지(NMOS)

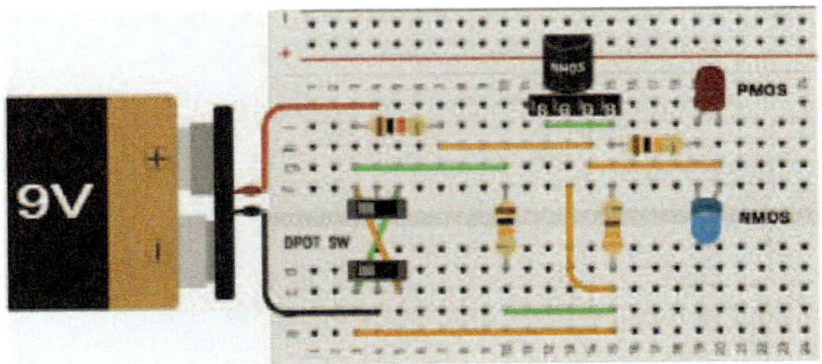

그림 3-87 MOSFET 판별하기 결선도(NMOS)

그림 3-88 MOSFET 판별하기 이미지(NMOS)

✔ 결과 및 고찰

BJT 트랜지스터처럼 NMOS와 PMOS 트랜지스터는 서로 반대의 전압으로 구동이 되므로 DPDT 스위치 전환을 하면서 전원공급을 둘 다 할 수 있다. MOSFET 트랜지스터에 따라 소스(S)의 핀 위치가 맨 왼쪽에 있거나 맨 오른쪽에 있으므로 MOSFET 핀 꽂을 자리를 4개를 준비했음을 알 수 있다. 그림 3-85와 그림 3-87에 사용된 트랜지스터는 둘 다 NMOS형이지만 핀 배치가 달라서 꽂은 위치가 다름을 알 수 있다. 멀티미터에서 판별하고자 할 때에도 맨 왼쪽 또는 맨 오른쪽으로 꽂아 보아야 한다.

자기평가

MOSFET 트랜지스터의 원리와 기능을 이해하고 설명할 수 있다.

3.10 퍼텐쇼미터(분압기)

그림 3-89 퍼텐쇼미터

그림 3-89의 퍼텐쇼미터(potentiometer)는 회로에서 저항값을 임의로 바꿀 수 있는 저항기이다. 회로에서 전압이나 전류의 세기를 변화시키는데 사용된다. 단자가 3개인데, 두 개의 단자를 사용하면 가감저항기로 작동하여 전류의 세기를 제어하는데 쓸 수 있다. 3개의 단자를 사용하면 전압을 제어할 수 있다. 퍼텐쇼미터의 양끝 단자를 전압원의 양단에 사용하고, 가운데 단자를 부하와 연결하여 손잡이로 조정함으로써 부하에 공급되는 전압을 제어할 수 있다. 회전 변위 센서의 일종으로 구조가 간단하고 편리하게 사용할 수 있다. 기계적 변위량(각도, 길이)을 변화된 저항값으로 나타낸다. 일반적으로 볼륨(Variable ohm)이라고 부르는 경우도 많은데, 저항값을 바꾸어 음량을 조정하거나 전자회로에서 부품의 오차에 따라 조정해야 할 때 사용한다.

퍼텐쇼미터의 특성은 다음과 같다.

- 저항 값을 조절할 수 있는 가변저항이다.
- 고정저항기와 달리 퍼텐쇼미터(가변저항기)는 보통 3개의 핀(VCC, SIG, GND)으로 구성된다.
- 손잡이(knob)를 회전시켜 저항 값을 조절한다.
- 퍼텐쇼미터도 저항기라서 별도의 극성이 없다. 그러므로 양쪽 끝의 VCC와 GND 핀은 서로 바꿔 사용할 수 있다.
- 퍼텐쇼미터는 그림 3-90처럼 손잡이를 회전시키면 가변저항 내부의 슬라이더가 움직여 저항값이 조절된다.
- 저항값을 증가하려면 저항값을 손잡이를 돌려 조정(B10K 기준)를 GND 핀 쪽에서 VCC 핀 방향으로 돌린다.

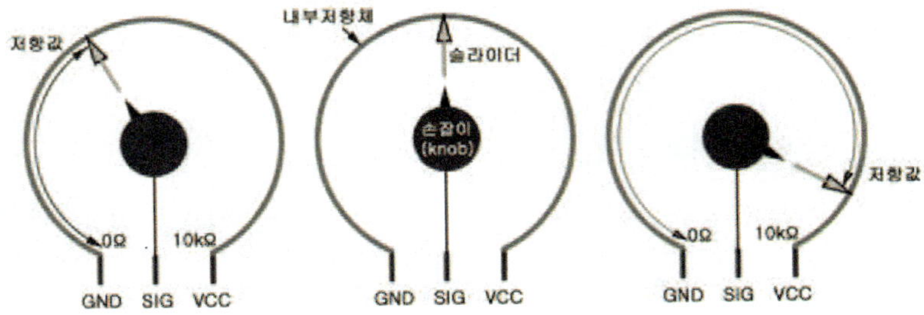

그림 3-90 저항값은 손잡이를 돌려 조정(B10K 기준)

직렬연결에서의 전압배분

2개 이상의 저항이 직렬로 연결된 경우, 저항에 걸린 전압을 모두 합치면 전체 전압과 값이 같다. 결과적으로 저항들은 각자의 저항값에 따라서 공급된 전압을 나누어 가져간다. 만약 직렬로 연결된 저항의 크기가 서로 같으면, 저항들은 사이좋게 공급 전압을 1/n씩 나누어 가져간다. 저항값이 서로 다르면, 큰 저항에 더 높은 전압이 인가된다. 저항들이 나누어 갖는 전압의 비율은 저항값의 비율과 같다.

일반적인 도체(전선)는 저항값이 거의 '0'에 가까운 금속이다. 따라서 회로 상에 도체만으로 이루어진 구간에 걸리는 전압은 '0'이 된다. 만약 도체의 일부가 끊어진 경우, 해당 위치에는 무한대의 큰 저항이 연결된 것과 같다.

(실험 3.17[T]) 퍼텐쇼미터 사용하기

(실험 목표)

- 퍼텐쇼미터의 특성과 기능을 이해하고 설명할 수 있다.
- 퍼텐쇼미터의 사용하는 방법 세 가지를 이해하고 각각에 대한 회로연결과 저항값을 변경할 수 있다.
- 퍼텐쇼미터의 저항값이 바뀜에 따라 달라지는 전류의 세기와 전압이 분배되는 것을 이해하고 설명할 수 있다.

(실험 준비물)

1. 5~12V 어댑터 또는 건전지 1개
2. 브레드보드와 여러 개의 점퍼선
3. 퍼텐쇼미터 10kΩ 1개

4. 저항 1kΩ 1개
5. LED 1개

(실험 방법 1) 가감저항기로 작동1

그림 3-91은 퍼텐쇼미터의 맨 왼쪽과 가운데 단자만 사용한 회로이다. 퍼텐쇼미터의 가변저항기로서의 기능을 이해하면서 실험한다.

그림 3-91 퍼텐쇼미터의 맨 왼쪽과 가운데 단자만 사용

회로구성하기

1. 전원 공급은 5~12V의 건전지 또는 어댑터 등의 어떠한 전원공급기라도 상관없다.
2. 퍼텐쇼미터의 맨 왼쪽단자를 회로 전원의 '+'에 연결하고, 가운데단자를 1kΩ 저항의 한 쪽 단자에 연결한다.
3. 퍼텐쇼미터의 맨 오른쪽단자를 연결하지 않는다.
4. LED의 애노드(+)는 1kΩ 저항의 다른 쪽 단자에 연결하고, LED의 캐소드(−)는 전원의 '−'에 연결한다.

회로점검 및 작동상태 확인하기

1. 손잡이(노브)를 회전시키면서 LED가 있는 출력 쪽으로 흐르는 전류를 멀티미터로 측정한다.
2. 손잡이(노브)를 회전시키면 퍼텐쇼미터의 맨 왼쪽단자와 가운데단자 사이의 저항값이 커지기도하고 작아지기도 한다. 전류의 세기를 확인하고 기록한다.
3. 손잡이를 조금씩 돌리면서 LED의 밝기를 확인한다.

퍼텐쇼미터의 손잡이 위치	전류의 세기(mA)	LED 밝기
맨 왼쪽		
왼쪽에서 1/4 위치		
가운데		
왼쪽에서 3/4 위치		
맨 오른쪽		

(실험 방법 2) 가감저항기로 작동2

그림 3-92는 퍼텐쇼미터의 맨 오른쪽과 가운데 단자만 사용한 회로이다. 퍼텐쇼미터의 가변저항기로서의 기능을 이해하면서 실험한다.

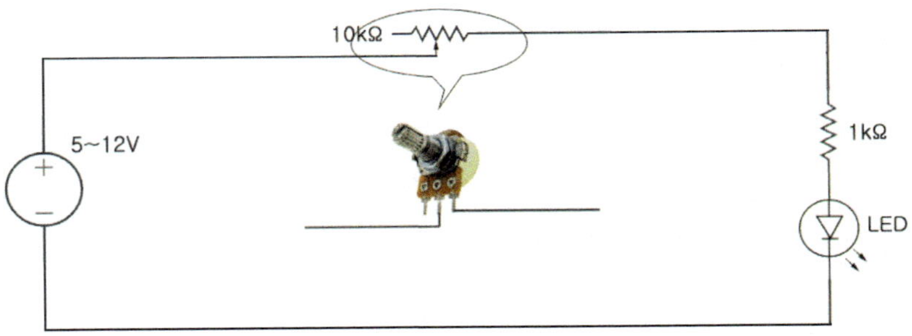

그림 3-92 퍼텐쇼미터의 맨 오른쪽과 가운데 단자만 사용

회로구성하기

1. 퍼텐쇼미터의 두 번째 실험은 맨 왼쪽단자를 연결하지 않는다.
2. 퍼텐쇼미터의 가운데단자를 회로 전원의 '+'에 연결하고, 맨 오른쪽단자를 저항과 LED가 있는 회로의 출력부분으로 연결한다.

회로점검 및 작동상태 확인하기

1. 손잡이(노브)를 회전시키면서 LED가 있는 출력 쪽으로 흐르는 전류를 멀티미터로 측정한다.

2. 손잡이(노브)를 회전시키면 퍼텐쇼미터의 가운데단자와 맨 오른쪽단자 사이의 저항값이 커지기도하고 작아지기도 한다. 전류의 세기를 확인하고 기록한다.
3. 손잡이를 조금씩 돌리면서 LED의 밝기를 확인한다.

퍼텐쇼미터의 손잡이 위치	전류의 세기(mA)	LED 밝기
맨 왼쪽		
왼쪽에서 1/4 위치		
가운데		
왼쪽에서 3/4 위치		
맨 오른쪽		

(실험 방법 3) 전위차계로 작동

그림 3-93은 퍼텐쇼미터의 가운데 단자를 사용하여 부하에 전압을 공급하는 전위차계로 작동하는 회로이다. 퍼텐쇼미터의 전위차계로서의 기능을 이해하면서 실험한다.

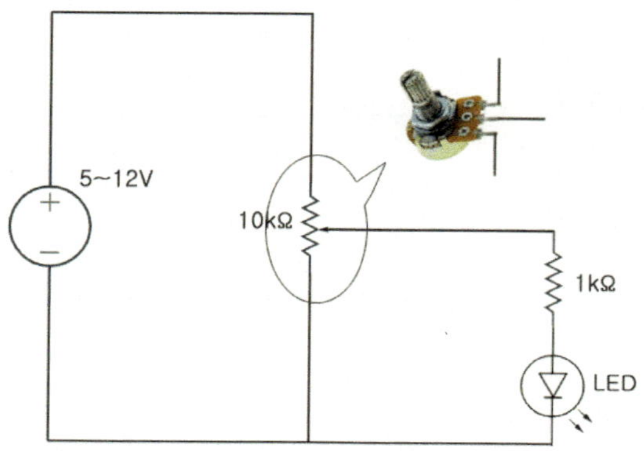

그림 3-93 퍼텐쇼미터를 전위차계로 사용

회로구성하기

1. 퍼텐쇼미터의 세 번째 실험은 맨 왼쪽단자를 회로 전원의 '–'에 연결하고, 맨 오른쪽단자를 회로 전원의 '+'에 연결한다.
2. 퍼텐쇼미터의 가운데단자는 LED가 있는 회로의 출력 부분으로 연결한다.

회로점검 및 작동상태 확인하기

1. 공급전압(5~12V)이 퍼텐쇼미터의 양끝 단자에 입력되어 있음을 확인한다.
2. 퍼텐쇼미터의 한쪽 끝 단자와 가운데 단자는 LED가 있는 부하 쪽으로 연결되어 있음을 확인한다.
3. 퍼텐쇼미터의 손잡이(노브)를 회전시키면서 저항(1kΩ)과 LED 양단의 전압을 측정하고 기록한다.
4. 전압측정과 동시에 LED의 밝기를 확인하고 기록한다.

퍼텐쇼미터의 손잡이 위치	1kΩ 저항과 LED 양단의 출력전압 ('–' 전원과 퍼텐쇼미터의 가운데단자)	LED 밝기
맨 왼쪽		
왼쪽에서 1/4 위치		
가운데		
왼쪽에서 3/4 위치		
맨 오른쪽		

✔ 결과 및 고찰

퍼텐쇼미터를 사용하여 회로에 전압이나 전류의 세기를 달리 공급할 수 있음을 알 수 있다. 3개의 단자 중에 가운데 단자는 무조건 사용해야하고, 양 끝단 중에 하나만 사용하면 저항을 달리하여 전류세기를 바꾸는 것이다. 세 개의 단자를 모두 사용하면 부하에 공급되는 전압을 조절할 수 있음을 알 수 있다.

자기평가

1. 퍼텐쇼미터의 특성과 기능을 이해하고 설명할 수 있다.
2. 첫 번째, 두 번째 방법으로 퍼텐쇼미터의 저항값을 변경하여 전류의 세기를 조정할 수 있다.
3. 세 번째 방법으로 퍼텐쇼미터의 저항값이 바뀜에 따라 전압이 분배되는 것을 이해하고 설명할 수 있다.

3.11 포토레지스터

그림 3-94의 포토레지스터(photo resistors)는 빛의 양에 따라 저항값이 변하는 저항기이다. 빛의 양이 크면 전기 저항이 줄어든다. 조도센서라 불리우는 대표적인 광전도(photoconductive) 센서이다. 포토레지스터는 CdS(황화카드뮴) 셀 또는 LDR(광 의존 저항기;Light Dependent Resistor)이라고도 한다. 그림 3-95에서 보듯이 어두울 때는 저항값이 1MΩ 정도로 매우 크고, 밝아지면 몇 Ω이하로 급격히 낮아진다. 포토레지스터를 활용하여 자동 점멸하는 실외등을 만들 수 있을 것이다. 포토레지스터의 반응속도는 보통 10μs 정도라고 알려져 있다. 포토레지스터는 포토다이오드 및 포토트랜지스터보다 감도가 낮고 온도 변화에도 저항이 바뀔 수 있어서 정확한 광도 측정에는 적합하지 않다. CdS 조도센서는 빛을 검출하는 전기회로나 빛의 유무에 따라 개폐(on/off)하는 회로에 적용될 수 있다. 주로 가로등 점등, 디스플레이 밝기와 명암조절, 카메라 노출계, 물체 검출 센서, 복사기 토너의 밀도 측정 등에 사용된다.

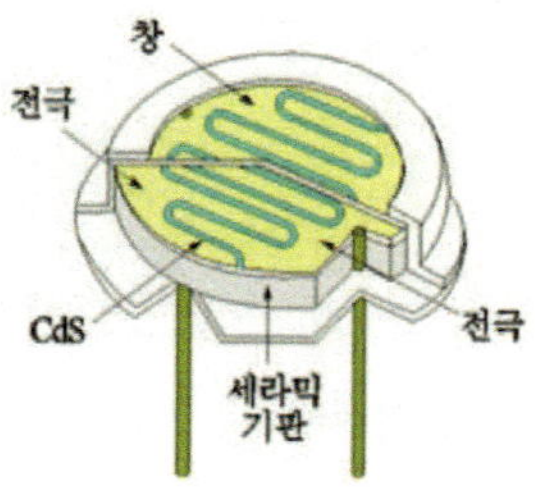

그림 3-94 포토레지스터 구조

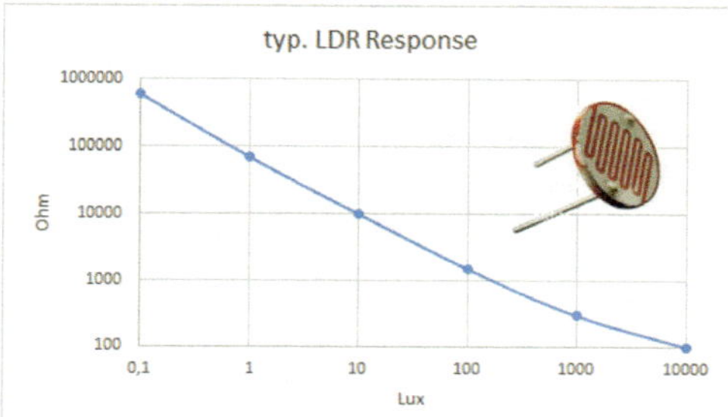

그림 3-95 포토레지스터(photo resistors)
출처: https://commons.wikimedia.org

(실험 3.18-1[T]) 포터레지스터 사용한 야간 자동 조명(다크 센서)

(실험 목표)

- 빛의 밝기에 따라 저항값이 바뀌는 포토레지스터(LDR, 조도센서)의 특성과 기능을 설명할 수 있다.
- 포토레지스터를 사용하여 어두울 때 LED가 켜지는 야간 자동 조명을 구현하고 설명할 수 있다.

(실험 준비물)

1. 5~12V 어댑터 또는 건전지 1개
2. 브레드보드와 여러 개의 점퍼선
3. 포토레지스터(LDR) 1개
4. LED 1개
5. 저항 100Ω, 10kΩ 각 1개
6. 멀티미터 1대

(실험 방법)

다음 그림 3-96은 포토레지스터를 사용하여 어두워지면 LED를 켜기 위한 기본적인 회로이다. 실험을 통해 미비한 점을 조금씩 보충하면 야간 자동 조명등 회로를 구성할 수 있을 것이다.

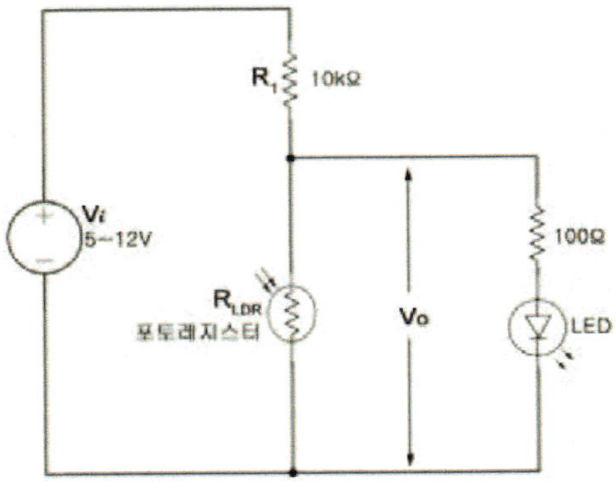

그림 3-96 어두울 때 점등하는 회로도

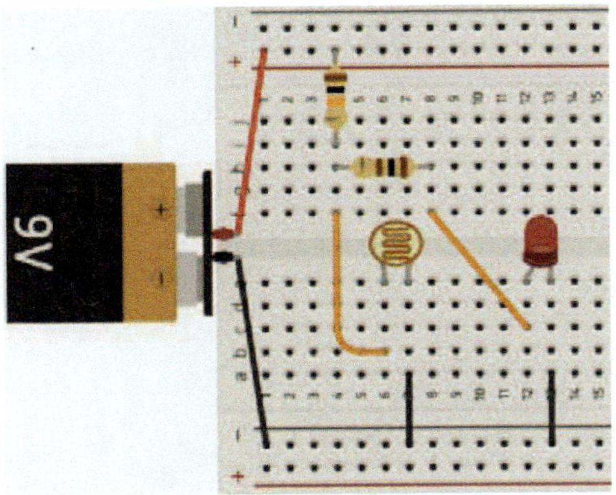

그림 3-97 어두울 때 점등하는 결선도

먼저 회로를 구성하기 전에 포토레지스터의 특성을 이해하기 위해 명암에 따른 저항을 측정해본다.

1. 포토레지스터에 플래시를 비춰 밝게 했을 때의 저항값을 측정한다.
2. 포토레지스터에 빛을 가려 어둡게 했을 때의 저항값을 측정한다.
3. 포토레지스터의 상태에 따라 측정한 포토레지스터의 저항값을 다음 표 3-4에 기록한다.

표 3-4 포토레지스터의 상태에 따른 포토레지스터의 저항값

포토레지스터의 상태	포토레지스터의 저항값
밝을 때	
어두울 때	

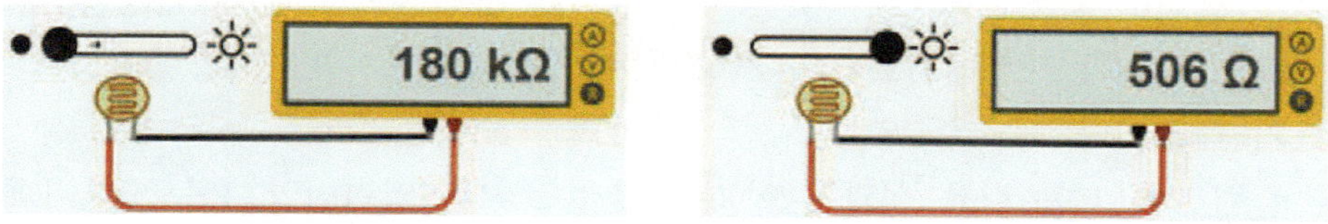

그림 3-98 빛의 밝기에 따른 포토레지스터의 저항 측정값(좌: 어두울 때, 우: 밝을 때)

회로구성하기

1. 전원 공급은 5~12V의 건전지나 어댑터 등의 어떠한 전원공급기라도 상관없다.
2. 포토레지스터는 LED와 달리 극성이 없으므로 +, − 단자를 신경 쓸 필요는 없다.
3. 10kΩ 저항의 한 쪽 단자는 전원의 '+'에 다른 쪽 단자는 포토레지스터 또는 100Ω 저항의 한 쪽 단자에 연결한다.
4. LED의 캐소드(−)는 전원의 '−'에 연결하고, LED의 애노드(+)는 100Ω 저항의 다른 쪽 단자에 연결한다.
5. 포토레지스터와 100Ω 저항을 포함한 LED는 결과적으로 병렬연결이다.

회로점검 및 작동상태 확인하기

1. 회로를 구성한 후 포토레지스터를 밝게 또는 어둡게 하면서 LED의 밝기를 확인한다.
2. 포토레지스터를 어둡게 하려면 빛이 들어가지 않게 손으로 가린다.
3. 다음 표에 포토레지스터의 상태에 따른 LED의 상태와 출력단의 전압을 측정하여 기록한다. 여기서, 출력단은 100Ω과 LED 양단이다.

공급전압(V)	포토레지스터	LED 상태	출력전압 V_o(V)	
			계산값	측정값
	밝을 때			
	어두울 때			

4. 이 실험에서 조도센서를 손으로 가렸을 때 출력단의 LED가 켜지는 것은 빛의 밝기에 따라 포토레지스터의 저항값 R_{LDR}이 변하면서 LED 양단의 전압도 바뀌기 때문이다.
5. 출력전압 V_o는 다음 식과 같이 계산할 수 있다. 입력전압 V_i는 9V, LED의 저항은 무시한 대략적인 계산이다. R_{LDR}의 저항값은 위 표 3-4를 참조하여 계산한다.

$$V_o = \frac{R_{LDR}}{R_1 + R_{LDR}} \times V_i = \frac{R_{LDR}}{10k\Omega + R_{LDR}} \times 9V$$

6. 어두워질수록 R_{LDR}이 커지므로 출력전압 V_o도 커짐을 알 수 있다.

✔ 결과 및 고찰

회로에서 10kΩ 저항과 포토레지스터의 저항값으로 전압분배가 된다. 포토레지스터의 저항값 R_{LDR}이 10kΩ이라면 LED에 걸리는 전압은 절반인 2.5V가된다. 이와 같이 고정 저항값의 선택에 따라 출력전압도 달라지는데, 고정 저항값은 출력전압의 범위가 최대가 될 수 있도록 선택되어야 한다. 예를 들어 포토레지스터의 저항값 R_{LDR}이 가장 밝은 곳에서 1kΩ, 가장 어두운 곳에서 1MΩ이라면 출력 전압의 범위는 다음 계산식에 따라 구할 수 있다. 고정 저항값 10kΩ에 따른 출력 전압의 범위는 0.82V ~ 8.91V로 양호하다.

$$V_o = \frac{1k\Omega}{10k\Omega + 1k\Omega} \times 9\,V = \frac{1}{11} \times 9\,V = 0.82\,V$$

$$V_o = \frac{1000k\Omega}{10k\Omega + 1000k\Omega} \times 9\,V = \frac{1000}{1010} \times 9\,V = 8.91\,V$$

출력이 높은 형태의 제대로 된 센서등 회로도를 구성하려면 다음 (실험 3.18-2) 처럼 트랜지스터와 함께 회로를 구성하여 사용해야한다.

포토레지스터의 저항값 R_{LDR}을 고정저항 R_1과 입출력 전압으로 표현하면 다음 식과 같다.

$$R_{LDR} = \frac{V_o}{V_i - V_o} \times R_1 \qquad \because V_o = \frac{R_{LDR}}{R_1 + R_{LDR}} \times V_i$$

자기평가

1. 빛의 밝기에 따라 포토레지스터의 저항값은 어떻게 바뀌는지 설명할 수 있다.
2. 빛의 밝기에 따라 포토레지스터에 걸리는 전압은 어떻게 되는지 설명할 수 있다.
3. 공급된 전압이 배분되는 것을 이해하고 설명할 수 있다.

(실험 3.18-2[T]) 포터레지스터와 트랜지스터를 사용한 야간 자동 조명(다크 센서)

(실험 목표)

- 트랜지스터의 특성과 기능을 설명할 수 있다.
- 포토레지스터와 트랜지스터를 사용하여 어두울 때 LED가 켜지는 야간 자동 조명을 구현하고 설명할 수 있다.

(실험 준비물)

1. 5~12V 어댑터 또는 건전지 1개
2. 브레드보드와 여러 개의 점퍼선
3. 포토레지스터(LDR) 1개
4. LED 1개
5. 저항 1kΩ, 47kΩ 각 1개
6. NPN(2N2222A) 트랜지스터 1개

(실험 방법)

다음 그림 3-99는 앞선 (실험 3.18-1)의 회로에 트랜지스터를 추가한 회로이다. 포토레지스터와 트랜지스터로 구성한 야간 자동 조명등 실험을 한다.

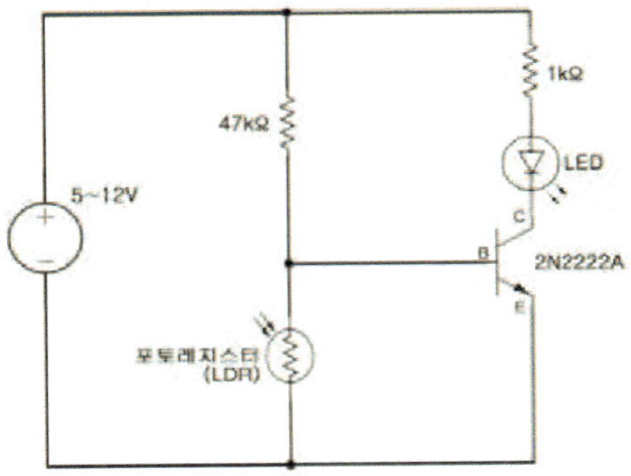

그림 3-99 어두울 때 점등하는 회로도(트랜지스터 사용)

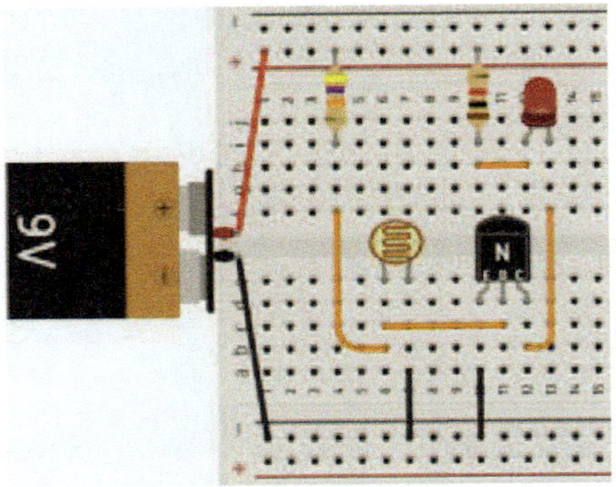

그림 3-100 어두울 때 점등하는 결선도(트랜지스터 사용)

회로구성하기

1. 전원 공급은 5~12V의 건전지 또는 어댑터 등의 어떠한 전원공급기라도 상관없다.
2. 포토레지스터는 LED와 달리 극성이 없으므로 +, - 단자를 신경 쓸 필요는 없다.
3. 47kΩ 저항의 한 쪽 단자는 전원의 '+'에 연결하고, 다른 쪽 단자는 포토레지스터의 한 쪽 단자 또는 트랜지스터의 베이스(B) 단자에 연결한다.
4. 1kΩ 저항의 한 쪽 단자는 전원의 '+'에 연결하고, 다른 한 쪽 단자는 LED의 애노드(+)에 연결한다.
5. LED의 캐소드(-)는 트랜지스터의 컬렉터(C) 단자에 연결한다.
6. 트랜지스터의 이미터(E)는 포토레지스터의 다른 한 쪽 단자와 함께 전원의 '-'에 연결한다.

회로점검 및 작동상태 확인하기

1. 포토레지스터를 인위적으로 밝게 또는 어둡게 하면서 LED의 상태와 출력단의 전압을 측정하고 기록한다. 여기서, 출력단은 1kΩ과 LED 양단이다.

공급전압(V)	포토레지스터	LED 상태	출력전압 V_o(V)	
			계산값	측정값
	밝을 때			
	어두울 때			

2. 트랜지스터를 사용하지 않은 앞선 실험과 비교하여 LED 상태와 작동상태를 관찰한다.

✔ 결과 및 고찰

앞선 트랜지스터를 사용하지 않은 실험과 비교하여 트랜지스터를 사용하면 회로를 구성하기도 수월하고 LED 상태와 작동상태가 상대적으로 양호함을 알 수 있다.

자기평가

실험방법 1과 2를 통해 트랜지스터의 사용유무에 따른 차이를 설명할 수 있다.

(실험 3.18–3[T]) 포터레지스터와 트랜지스터를 사용한 라이트 센서(Light Sensor)

(실험 목표)

- 포토레지스터와 트랜지스터를 사용하여 밝을 때 LED가 켜지는 라이트 센서를 구현하고 설명할 수 있다.

(실험 준비물)

1. 5~12V 어댑터 또는 건전지 1개
2. 브레드보드와 여러 개의 점퍼선
3. 포토레지스터(LDR) 1개
4. LED 1개
5. 저항 1kΩ, 330Ω 각 1개
6. NPN(2N2222A) 트랜지스터 1개

(실험 방법)

다음 그림 3-101은 앞선 다크 센서 실험과는 반대로 포토레지스터와 트랜지스터를 사용하여 밝아지면 LED가 켜지는 기본적인 회로이다. 포토레지스터와 저항의 위치에 따른 전압분배의 특성을 이해하면서 실험을 한다.

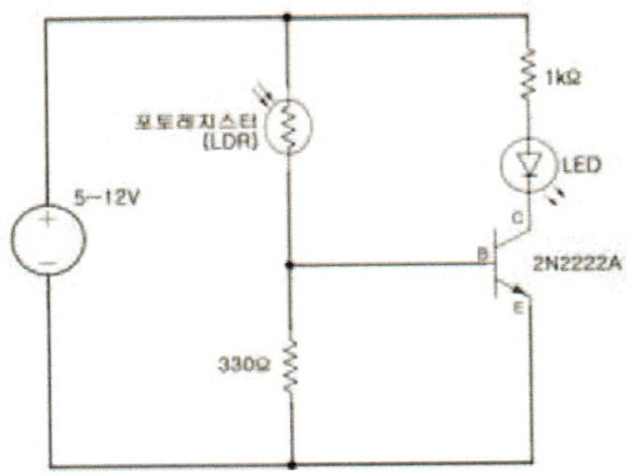

그림 3-101 밝을 때 점등하는 회로도(트랜지스터 사용)

그림 3-102 밝을 때 점등하는 결선도(트랜지스터 사용)

회로구성하기

1. 전원 공급은 5~12V의 건전지 또는 어댑터 등의 어떠한 전원공급기라도 상관없다.
2. 포토레지스터는 LED와 달리 극성이 없으므로 +, - 단자를 신경 쓸 필요는 없다.
3. 앞서 실험한 야간 자동 조명과 포토레지스터의 위치가 반대이다.
4. 포토레지스터의 한 쪽 단자는 전원의 '+'에 연결하고, 다른 쪽 단자는 330Ω 저항의 한 쪽 단자 또는 트랜지스터의 베이스(B)에 연결한다.
5. 1kΩ 저항의 한 쪽 단자는 전원의 '+'에 연결하고, 다른 한 쪽 단자는 LED의 애노드(+)에 연결한다.
6. LED의 캐소드(-)는 트랜지스터의 컬렉터(C) 단자에 연결한다.
7. 트랜지스터의 이미터(E)는 330Ω 저항의 다른 한 쪽 단자와 함께 전원의 '-'에 연결한다.

회로점검 및 작동상태 확인하기

1. 포토레지스터를 인위적으로 밝게 또는 어둡게 하면서 LED의 상태와 출력단의 전압을 측정하고 기록한다. 여기서, 출력단은 1kΩ과 LED 양단이다.

공급전압(V)	포토레지스터	LED 상태	출력전압 V_o(V)	
			계산값	측정값
	밝을 때			
	어두울 때			

2. 앞선 야간 자동 조명 실험과 비교하여 LED 상태와 작동상태를 관찰한다.

✔ 결과 및 고찰

앞선 야간 자동 조명 실험과 비교하여 포토레지스터와 저항의 위치가 서로 반대이므로 전압배분 또한 반대여서 어두울 때가 아닌 밝을 때 LED가 켜지는 라이트 센서로 작동함을 알 수 있었다. 포토레지스터 아래쪽에 설치되는 저항의 저항값은 전압 배분되는 정도를 파악하여 결정하면 된다.

자기평가

실험방법 2의 다크 센서와 실험방법 3의 라이트 센서의 회로에서 포토레지스터의 위치가 왜 바뀌는지를 설명할 수 있다.

3.12 직류전동기의 정/역회전

직류전동기의 일반적인 특성은 1.9절의 전동기를 참조한다. 이 절에서는 직류전동기를 정회전/역회전시키면서 직류전동기를 이해하고 다룰 수 있도록 한다. 이 책에서 직류전동기를 사용한 실험은 3장의 [(실험 3.20) 온도가 올라가면 쿨링팬을 작동하기], [(실험 3.22-1) 포토커플러의 비반전 모드로 전동기 구동하기], [(실험 3.22-2) 포토커플러의 반전 모드로 전동기 구동하기], [(실험 3.24-3) 타이머의 PWM 기능으로 직류전동기 속도 조절하기], 8장의 [(실험 8.8) ATtiny를 사용한 직류전동기 정/역회전 회로]이다.

(실험 3.19[T]) 직류전동기의 정/역회전(DPDT 스위치 사용)

(실험 목표)

- 직류전동기의 특성과 장단점을 설명할 수 있다.
- 직류전동기의 정회전과 역회전의 방법을 이해하고 설명할 수 있다.
- DPDT 스위치를 사용하여 직류전동기를 정/역회전 시킬 수 있다.

(실험 준비물)

1. DC 5~12V의 어댑터 또는 배터리 1개
2. 브레드보드와 여러 개의 점퍼선
3. 슬라이드스위치 2개(DPDT 스위치 대용)
4. DC모터 1개

(실험 방법)

직류전동기는 공급하는 전원의 극성만 바꿔주면 쉽게 역회전 시킬 수 있다는 사실을 바탕으로, 다음 그림 3-103은 DPDT스위치의 전환으로 직류전동기를 정회전, 역회전시키는 회로이다. DPDT 스위치와 직류전동기를 이해하고 활용할 수 있는 실험이다.

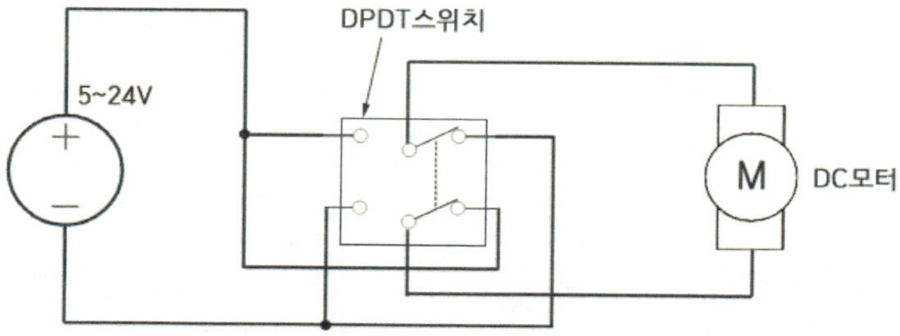

그림 3-103 직류전동기의 정/역회전 회로도(DPDT스위치 사용)

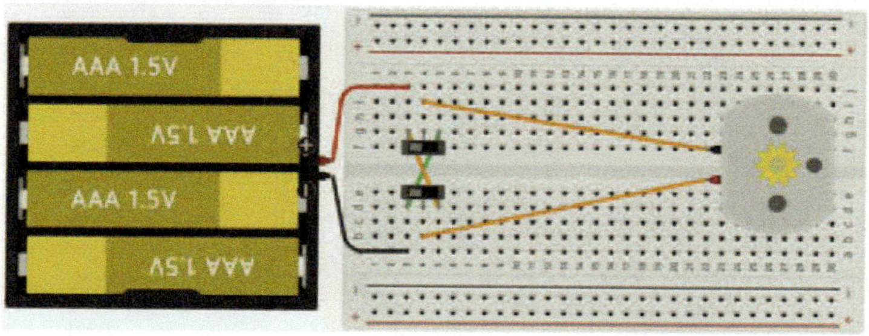

그림 3-104 직류전동기의 정/역회전 결선도(DPDT스위치 사용)

회로구성하기

1. 전원 공급은 직류전동기의 사양에 맞추어 5~12V의 건전지 또는 어댑터 등의 전원공급기를 사용한다.
2. DPDT 스위치를 구현하기 위하여 슬라이드스위치 2개를 사용한다. 슬라이드스위치 2개는 브레드보드 가운데를 기준으로 하나는 위쪽에 다른 하나는 아래쪽에 위치한다. 그리고 위쪽 슬라이드스위치의 맨 왼쪽 단자와 아래쪽 슬라이드스위치의 맨 오른쪽 단자를 연결한다. 또한 아래쪽 슬라이드스위치의 맨 왼쪽 단자와 위쪽 슬라이드스위치의 맨 오른쪽 단자를 연결한다.
3. 전원의 '+'와 '−'는 슬라이드스위치의 맨 왼쪽에 각각 연결한다.
4. 직류전동기의 단자는 슬라이드스위치의 가운데에 각각 연결한다.

회로점검 및 작동상태 확인하기

1. DPDT 스위치를 왼쪽 또는 오른쪽을 전환하면 반대로 회전한다. DPDT 스위치 대용으로 슬라이드스위치를 사용하였으므로 슬라이드스위치 두 개를 동시에 왼

쪽 또는 오른쪽을 전환하면서 작동상태를 확인한다.

2. DPDT의 스위치를 좌우로 전환하는 것은 다음 그림 3-105와 106같이 전원의 '+'와 '–' 선로를 서로 바꾸는 것과 같은 작용을 한다.

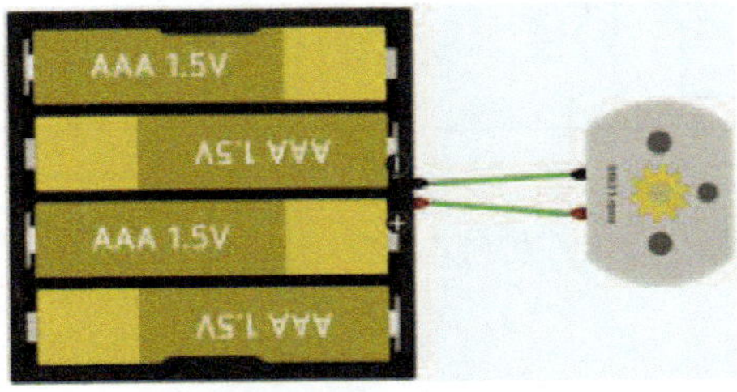

그림 3-105 직류전동기 정회전

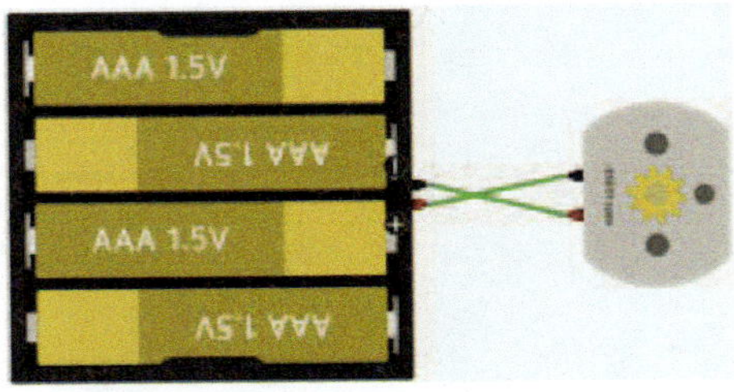

그림 3-106 직류전동기 역회전

✔ 결과 및 고찰

직류전동기는 전원의 극성을 바꾸면 회전방향을 반대로 함을 알 수 있다. 앞선 N채널과 P채널의 트랜지스터 실험에서 DPDT 스위치를 사용했을 때와 마찬가지로 DPDT 스위치를 사용하면 공급하는 전원의 극성을 바꿀 수 있다.

자기평가

1. 직류전동기의 특성과 장단점을 설명할 수 있다.
2. 직류전동기의 정회전과 역회전의 방법을 이해하고 설명할 수 있다.
3. DPDT 스위치를 사용하여 직류전동기를 정/역회전 시킬 수 있다.

3.13 서미스터

서미스터(Thermistor)는 열을 뜻하는 Thermal과 저항을 뜻하는 Resistor의 합성어이다. 이름에서 알 수 있듯이 서미스터는 온도에 따라 저항값이 변하는 열 저항기이다. 열적 신호를 전기적 신호로 바꾸어 주는 감지기 역할을 한다. 접촉식이고 열형의 온도센서이다. 온도가 높아지면 저항값이 증가하는 PTC(Positive Temperature Coefficient) 서미스터와 온도가 높아지면 저항값이 감소하는 NTC(Negative Temperature Coefficient) 서미스터가 있다.

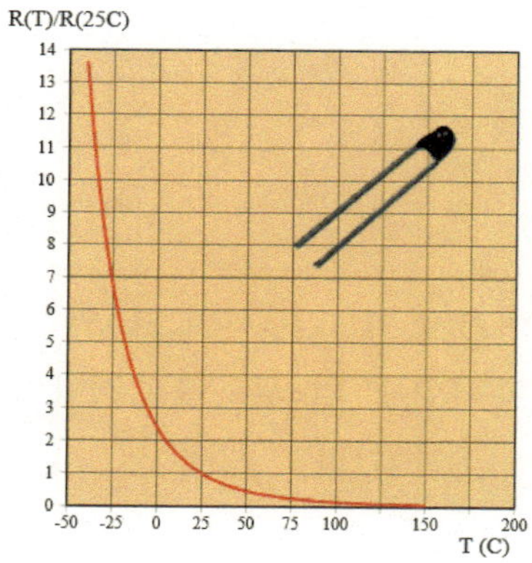

그림 3-107 NTC 유형의 RT 특성

대부분의 금속은 온도가 증가하면 저항값이 증가한다. PTC 서미스터가 '양의 온도계수' 특성을 가진다. 즉 온도가 올라가면 저항값이 커진다. 하지만 그림 3-107의 세라믹 소결형의 NTC 서미스터는 '음의 온도계수' 특성을 가진다. 즉 온도가 올라가면 저항값이 작아진다.[31)]

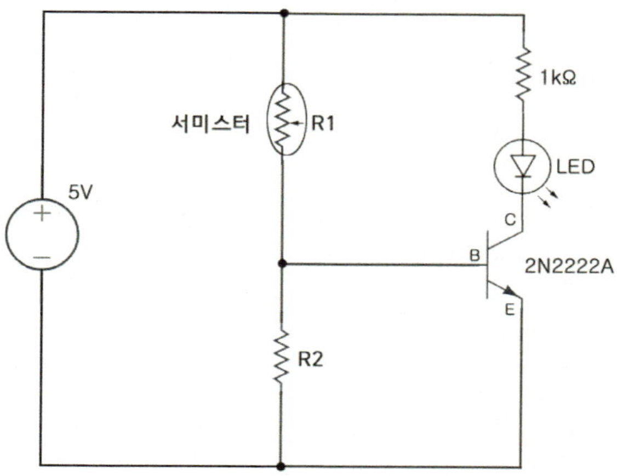

그림 3-108 온도가 오르면 점등하는 회로도(트랜지스터 사용)

서미스터를 분압기로 사용하여 측정한 저항을 스타인하트-하트 방정식(Steinhart Hart equation)으로 온도를 구할 수 있다. 그림 3-108의 회로도에서 서미스터 R1의

31) 이경훈, 『센서 응용 실무』, 문운당, 2022., p88,89

저항값 계산은 3.1.1절의 포토레지스터 실험과 마찬가지로 다음의 분압기 식으로 계산할 수 있다.

$$R1 = \frac{R2(V_i - V_o)}{V_o} \qquad \because V_o = \frac{R2}{R1 + R2} \times V_i$$

여기서, R1은 서미스터의 저항값, R2는 고정저항기의 값, V_i는 입력 전압 5V, V_o는 R2에 걸리는 출력전압이다. 온도를 구하는 스타인하트-하트 방정식은 다음 식 3.8과 같다.

$$\frac{1}{T} = \frac{1}{T0} + \frac{1}{B} ln(\frac{R1}{R0}) \tag{3.8}$$

여기서,

- T: 절대온도(절대온도를 섭씨온도로 바꾸려면 273.15를 뺀다)
- T0: 25℃(이 온도에서 서미스터의 기본 저항값을 설정했다)
- B: 서미스터의 감도를 결정하는 서미스터 상수(데이터시트 참조)
- R1: 온도가 T일 때 서미스터의 저항값
- R0: 25℃일 때 서미스터의 저항값(데이터시트 참조, 멀티미터로 측정가능)

이 책에서는 NTC 서미스터를 사용하여 실험해본다. NTC 서미스터는 온도 측정 또는 자동 온도 조절, 전류 제한[32] 등의 다양한 용도로 이용된다. 온도에 따른 저항 변화가 크기 때문에 미세한 온도 변화도 측정을 할 수 있다. 또한 NTC 서미스터를 전원 장치에 달아놓으면, 전원을 켜는 순간에는 낮은 온도의 큰 저항으로 갑자기 큰 전류가 흐르는 것을 막다가, 전류가 흘러 서미스터에 자체적으로 열이 발생하여 온도가 오르면 저항이 낮아져 적당한 전류가 흐르게 할 수 있다.

---

32) NTC 서미스터를 전원 장치에 달아놓으면 전원을 켜는 순간에는 낮은 온도의 큰 저항으로 갑자기 큰 전류가 흐르는 것을 막다가 전류가 흘러 서미스터에 자체적으로 열이 발생하면 온도가 오르면 저항이 낮아져 적당한 전류가 흐르게 할 수 있다.(출처:한국물리학협회, 「물리학백과」

(실험 3.20) 온도가 올라가면 쿨링팬을 작동하기(서미스터 사용)

(실험 목표)

- 서미스터의 특성과 기능을 이해하고 설명할 수 있다.
- 서미스터를 사용하여 온도가 올라가면 쿨링팬을 회전시키는 회로를 구현할 수 있다.

(실험 준비물)

1. 12V 어댑터 또는 건전지 1개
2. 브레드보드와 여러 개의 점퍼선
3. NTC 서미스터(그림 3-109 참조) 1개
4. DC 12V 쿨링팬(그림 3-110 참조) 1개
5. NPN(2N2222A) 트랜지스터(그림 3-111 참조) 1개
6. 저항 330Ω 1개
7. 퍼텐쇼미터 1kΩ 1개
8. 헤어드라이어 1개
9. 멀티미터 1대

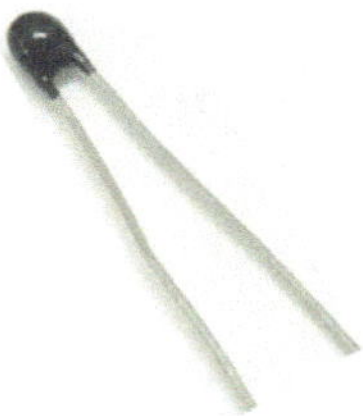

그림 3-109 서미스터

그림 3-110 DC 12V 쿨링팬

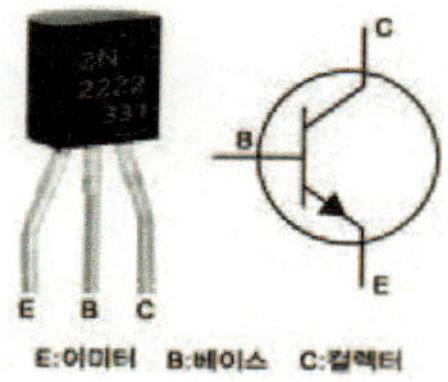

그림 3-111 2N2222A

(실험 방법)

1. 먼저 실험실의 기온에 따른 서미스터의 저항값을 멀티미터로 측정하여 기록한다. 저항값을 측정할 때 서미스터의 2 단자를 함께 손으로 잡지 않도록 한다. 저항값에 영향을 미칠 수 있다. 다음은 헤어드라이어로 서미스터 주위의 온도를 올리면서 서미스터의 저항값을 측정하여 기록한다.

서미스터의 상황	서미스터의 저항값(Ω)
(　　　　　　　)℃ 기온일 때	
헤어드라이어로 온도를 올릴 때	

2. 다음 그림 3-112의 회로도에서 R2 저항값을 330Ω으로 한다.

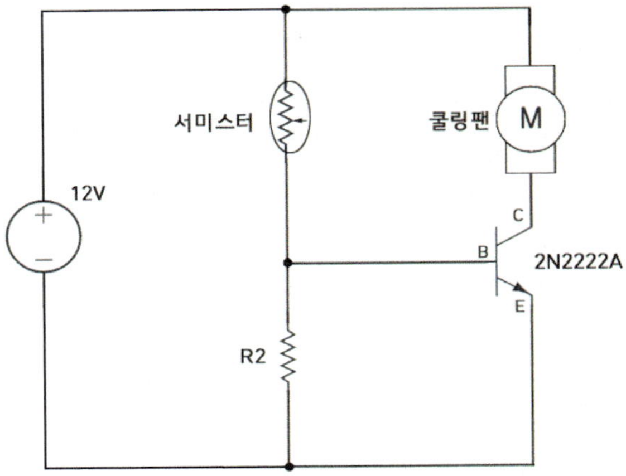

그림 3-112 온도가 올라가면 쿨링팬을 작동하기 회로도

그림 3-113 온도가 올라가면 쿨링팬을 작동하기 결선도

회로구성하기

1. 전원 공급은 12V의 건전지 또는 어댑터 등의 전원공급기를 사용한다.
2. 서미스터는 LED와 달리 극성이 없으므로 +, − 단자를 신경 쓸 필요는 없다.
3. 앞선 실험한 라이트 센서(밝을 때 점등)의 포토레지스터와 서미스터의 위치가 같다.
4. 서미스터의 한 쪽 단자는 전원의 '+'에 연결하고, 다른 쪽 단자는 R2 저항의 한 쪽 단자 또는 트랜지스터의 베이스(B)에 연결한다.
5. 쿨링팬의 '+'를 전원의 '+'에 연결하고, 쿨링팬의 '−'를 트랜지스터의 컬렉터(C) 단자에 연결한다.
6. 트랜지스터의 이미터(E)는 R2 저항의 다른 한 쪽 단자와 함께 전원의 '−'에 연결한다.

회로점검 및 작동상태 확인하기

1. 서미스터 가까이에서 헤어드라이어로 주위의 온도를 올린다.
2. 서미스터의 온도가 올라가면, 쿨링팬이 회전하는 것을 확인할 수 있다.
3. 다음은 회로의 330Ω 고정저항을 가변저항기인 1kΩ의 퍼텐쇼미터로 바꾼다. 1kΩ의 퍼텐쇼미터를 사용하여 저항을 가변하면서 쿨링팬의 작동을 관찰하여 최적의 상황을 찾는다. 최적의 상황이란 원하는 온도일 때 쿨링팬이 회전하는 것이다.
4. 최적의 상황에서 전원을 끄고 퍼텐쇼미터 두 단자의 저항값을 측정하여 기록한다.

   퍼텐쇼미터의 저항값(Ω) : ________________

결과 및 고찰

NTC 서미스터를 사용하여 온도에 따른 쿨링팬(전동기)을 작동시킬 수 있음을 알 수 있다.

자기평가

1. 서미스터의 특성과 기능을 이해하고 설명할 수 있다.
2. 서미스터를 사용하여 온도가 올라가면 쿨링팬을 회전시키는 회로를 구현할 수 있다.

3.14 비교기(LM393)

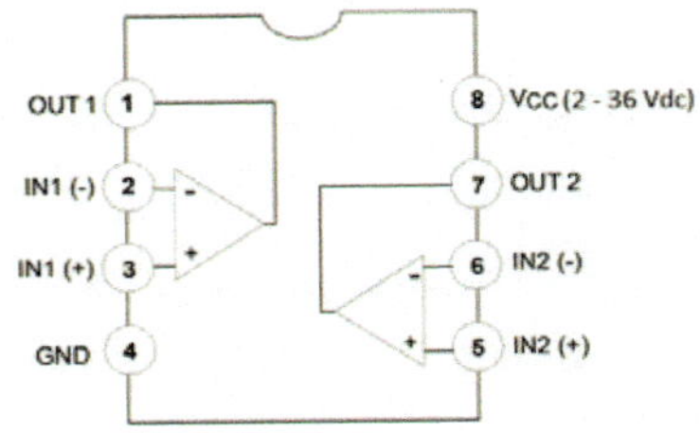

그림 3-114 LM393 핀 접속도

비교기는 두 전압을 비교해서 한쪽 전압이 기준 전압보다 높으면 부하를 온/오프할 수 있는 장치이다. 그림 3-114의 LM393 핀 접속도에서 보듯이 비교기에는 2개의 비교연산기가 있다. 1, 2, 3번 핀이 하나의 비교연산기이고, 5, 6, 7번 핀이 또 하나의 비교연산기이다. 핀1과 핀7이 출력이고, 핀2,3과 핀5,6이 입력이다. 비교연산기 두 개의 기능은 같으므로 왼쪽의 핀1,2,3 비교기를 예를 들어 설명한다. 비교연산기 입력에 '+'가 붙은 핀3이 '-'가 붙은 핀2보다 크다면 출력 핀1은 HIGH가 된다. 반대로 '-'가 붙은 입력 핀2가 상대 '+'입력 핀3보다 크다면 출력 핀1은 LOW가 된다. 센서로 감지되었을 때 HIGH 레벨로 출력시키는 **비반전** 출력으로 동작하고자 하면 'IN+'입력에 센서를 연결하고, 센서로 감지되었을 때 출력 레벨이 LOW로 출력되는 인버터 형태의 **반전**동작으로 작동하고 싶으면 센서를 'IN-'입력에 연결한다.

(실험 3.21-1[T]) 비교기를 사용한 야간 자동 조명

(실험 목표)

- LM393 비교기의 특성과 기능을 이해하고 설명할 수 있다.
- LM393 비교기의 비반전 및 반전 출력을 이해하고 회로를 구성할 수 있다.

(실험 준비물)

1. DC 5~12V 어댑터 또는 배터리 1개
2. 저항 1kΩ, 10kΩ 각 1개
3. 퍼텐쇼미터 10kΩ 1개
4. LED 1개
5. 포토레지스터 1개
6. LM393 비교기(그림 3-115 참조) 1개

(실험 방법)

다음 그림 3-116은 앞선 실험에서의 트랜지스터 대신에 LM393 비교기 칩을 사용한 자동 야간 조명등 회로도이다. 비교기의 비반전, 반전 출력을 이해하면서 회로를 구성하고 실험한다.

그림 3-115 LM393 비교기

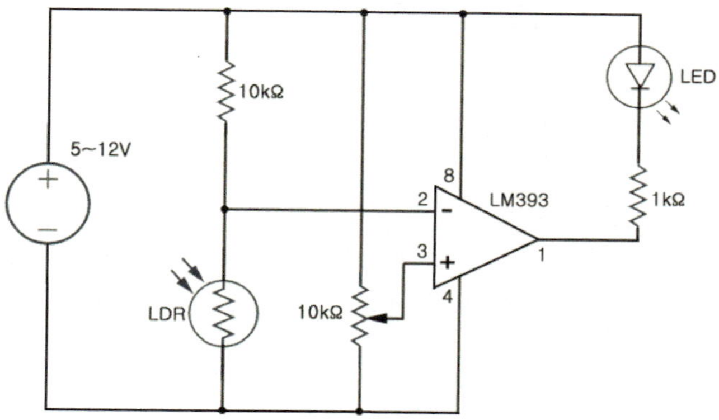

그림 3-116 LM393 비교기를 사용한 자동 야간 조명등 회로도

그림 3-117 LM393 비교기를 사용한 자동 야간 조명등 결선도

회로구성하기

1. 전원 공급은 5~12V의 건전지 또는 어댑터 등의 어떠한 전원공급기라도 상관없다.
2. LM393 비교기는 8핀 칩이다. 칩의 노치(딤플)[33]를 확인하고, 브레드보드의 가운데 홈을 따라 노치가 왼쪽 방향이 되도록 끼운다.
3. 노치를 기준으로 1번부터 반시계방향으로 핀 번호가 매겨진다. 회로도의 핀 번호를 잘 확인하고 결선한다.
4. 10kΩ 저항의 한 쪽 단자는 전원의 '+'에 연결하고, 다른 쪽 단자는 포토레지스터의 한 쪽 단자 또는 LM393의 2번 핀에 연결한다.
5. 포토레지스터의 다른 한 쪽 단자는 전원의 '–'에 연결하거나 퍼텐쇼미터의 맨 왼쪽 단자와 연결한다.
6. 퍼텐쇼미터의 가운데 단자는 LM393의 3번 핀에 연결하고 맨 오른쪽 단자는 전원의 '+'에 연결한다.
7. LM393의 8번 핀은 전원의 '+'에 연결하고, 4번 핀은 전원의 '–'에 연결한다.
8. LM393의 1번 핀은 1kΩ 저항의 한 쪽 단자에 연결하고, 1kΩ 저항의 다른 쪽 단자는 LED의 캐소드(–)에 연결한다.
9. LED의 애노드(+)는 전원의 '+'에 연결한다.

회로점검 및 작동상태 확인하기

1. 포토레지스터를 인위적으로 밝게 또는 어둡게 하면서 LED의 상태와 LM393의 입력핀인 2번 핀과 3번 핀의 전압을 측정하고 기록한다.

공급전압(V)	포토레지스터	LED의 상태	LM393 입력 핀 전압(V)	
			2번 핀	3번 핀
	밝을 때			
	어두울 때			

2. 포토레지스터를 인위적으로 밝게 또는 어둡게 하면서 LED의 상태와 LM393의 출력핀인 1번 핀의 전압을 측정하고 기록한다.

33) 칩에 반원으로 파인 부분을 '노치'라 하고, 작은 점으로 움푹 파인 부분을 '딤플'이라 한다.

공급전압(V)	포토레지스터	LED 상태	LM393의 1번 핀 전압(V)
	밝을 때		
	어두울 때		

3. 위 결과와 회로 구성을 고려할 때, LM393 비교기의 반전출력인지 비반전 출력인지를 검토하고 이유를 설명한다.

확인	그렇게 생각하는 이유
□ 반전동작 □ 비반전동작	

✔ 결과 및 고찰

LM393 비교기를 이용한 야간 자동 조명 실험에서 포토레지스터가 LM393의 2번 핀인 'IN-'에 연결되어있다. 그러므로 3번 핀에 연결된 퍼텐쇼미터의 저항값보다 커지게 되면 1번의 출력 핀은 LOW(0)가 된다. 결국 어두울 때 포토레지스터의 저항값이 증가하여 LM393의 2번 핀의 전압이 퍼텐쇼미터에 걸리는 전압보다 커져서 1번 핀의 출력이 LOW가 된다. 그러면 LED는 순방향이 되므로 불이 켜진다. 반대로 밝아지면 포토레지스터보다 퍼텐쇼미터의 저항값이 커지므로 LM393의 출력 1번 핀은 HIGH가되어 LED는 꺼진다. 결과적으로 이 실험은 빛의 밝기를 감지하는 포토레지스터에 걸리는 접압이 HIGH이면 LM393의 출력이 LOW가되는 반전동작 회로도이다. 앞선 트랜지스터를 사용한 실험과 마찬가지로 LM393 비교기를 사용한 실험에서도 빛의 밝기에 따른 LED의 작동상태가 양호함을 알 수 있다.

자기평가

1. LM393 비교기의 특성과 기능을 이해하고 설명할 수 있다.
2. LM393 비교기의 비반전 및 반전 출력을 이해하고 회로를 구성할 수 있다.

3.15 IR 수신기_리모컨

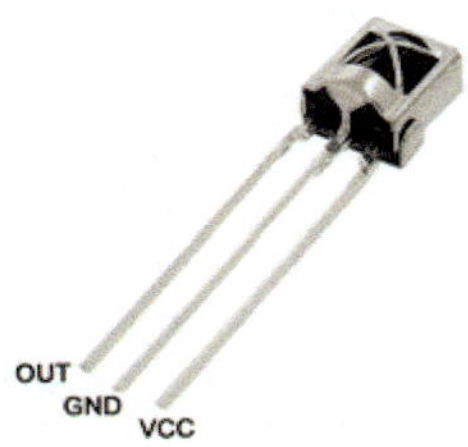

그림 3-118 IR 수신기

광통신에서는 가시광선을 이용하기도 하지만 이보다는 적외선을 전달매체로 이용하는 경우가 더 많다. 적외선은 가시광선에 비해 파장이 길기 때문에 공기 중에 떠도는 미립자를 원활히 통과할 수 있으며, 기기간의 거리가 짧다면 전파에 비해 넓은 대역폭을 쉽게 확보할 수 있어 고속으로 데이터 전송을 할 수 있다. 이러한 장점으로 현대에 사용하는 광통신 기반 기기들은 대부분 적외선 방식을 채용하고 있다. 적외선 통신의 가장 큰 단점은 통신할 수 있는 거리가 수 미터 정도로 짧고, 반드시 양쪽 기기의 송신부와 수신부가 서로 마주보고 있어야 한다는 점이다. 적외선 통신 기능이 적용된 대표적인 기기는 바로 TV 리모컨인데, 사용 시에 리모컨과 TV 사이의 거리가 너무 멀거나 리모컨 방향을 거꾸로 하면 조작이 제대로 되지 않는 것을 종종 경험하곤 한다. 다만 이러한 특성은 장점으로 작용하기도 한다. 가장 큰 장점은 바로 보안성이다. 가까운 거리, 그리고 정해진 각도에서만 통신이 가능하므로 원거리 무선 통신망처럼 외부에서 몰래 데이터를 빼가거나 변조하기가 어렵다. 또한 적외선 통신 모듈은 구조가 간단하고 생산단가가 낮아서 이를 탑재한 제품을 저렴하게 대량생산할 수 있다는 것도 장점이다.[34)]

그림 3-118은 적외선(IR) 수신기이다. 3개 핀의 맨 왼쪽이 OUT, 가운데가 GND, 맨 오른쪽이 VCC 핀이다. 리모컨이 송신한 적외선을 수신한다.

34)김영우, 「용어로 보는 IT」, TV 리모컨의 광 무선 통신 기술, 2012

(실험 3.21–2ᵀ) 비교기를 사용한 적외선 수신기

(실험 목표)

- IR 수신기의 특성과 기능을 이해하고 설명할 수 있다.
- LM393 비교기의 비반전 및 반전 출력을 이해하고 회로를 구성할 수 있다.

(실험 준비물)

1. DC 5~12V 어댑터 또는 배터리 1개
2. 저항 1kΩ, 10kΩ 각 1개
3. 퍼텐쇼미터 10kΩ 1개
4. LED 1개
5. LM393 비교기 1개
6. IR 수신기(그림 3–118 참조) 1개
7. IR 리모컨(그림 3–119 참조) 1개
8. 피에조부저(그림 3–120 참조) 1개

그림 3–119 IR 리모컨

그림 3–120 피에조부저

(실험 방법)

다음 그림 3–121은 LM393 비교기 칩을 사용한 IR 송수신 회로도이다. 비교기의 비반전, 반전 출력의 이해는 물론 IR 송수신기의 특성과 기능을 이해하면서 회로를 구성하고 실험한다.

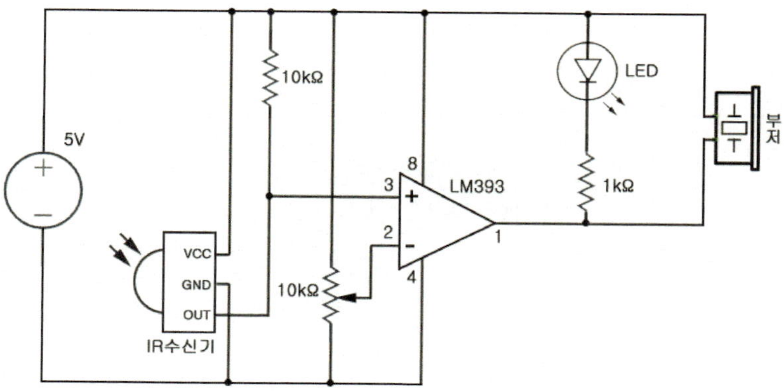

그림 3–121 LM393 비교기를 사용한 IR 송수신 회로도

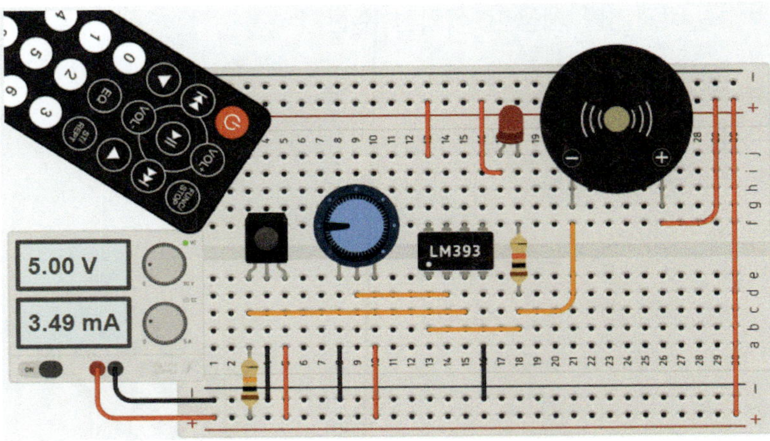

그림 3-122 LM393 비교기를 사용한 IR 송수신 결선도

회로구성하기

1. 전원 공급은 5~12V의 건전지 또는 어댑터 등의 어떠한 전원공급기라도 상관없다.
2. IR수신기의 가운데 GND 단자는 전원의 '−'에 연결하고, IR수신기의 맨 오른쪽 VCC 단자는 전원의 '+'에 연결한다.
3. IR수신기의 맨 왼쪽 OUT단자는 10kΩ 저항의 한 쪽 단자 또는 LM393의 3번 핀에 연결한다.
4. 포토레지스터의 다른 한 쪽 단자는 전원의 '−'에 연결하거나 퍼텐쇼미터의 맨 왼쪽 단자와 연결한다.
5. LM393의 2번 핀은 퍼텐쇼미터의 가운데 단자에 연결하고, 퍼텐쇼미터의 맨 왼쪽 단자는 전원의 '−'에 연결하고, 퍼텐쇼미터의 맨 오른쪽 단자는 전원의 '+'에 연결한다.
6. LM393의 8번 핀은 전원의 '+'에 연결하고, 4번 핀은 전원의 '−'에 연결한다.
7. LM393의 1번 핀은 1kΩ 저항의 한 쪽 단자에 연결하고, 1kΩ 저항의 다른 쪽 단자는 LED의 캐소드(−)에 연결한다.
8. LED의 애노드(+)는 전원의 '+'에 연결한다.
9. 피에조부저의 '+' 단자는 전원의 '+'에 연결하고, 다른 쪽 단자는 LM393의 1번 핀에 연결한다.

회로점검 및 작동상태 확인하기

1. IR 송신기 리모컨의 여러 버튼들을 누르면서 LED의 상태와 부저의 상태를 확인하고 기록한다.

공급전압(V)	IR 리모컨	LED의 상태	부저의 상태
	누르지 않을 때		
	누를 때		

2. 위 결과와 회로 구성을 고려할 때, LM393 비교기의 반전출력인지 비반전 출력인지를 검토하고 이유를 설명한다.

확인	그렇게 생각하는 이유
□ 반전동작 □ 비반전동작	

✔ 결과 및 고찰

이번 실험의 그림 3-121의 LM393을 이용한 IR수신기는 앞선 포토레지스터 실험과는 반대이다. IR수신기의 회로도를 보면 IR수신기의 OUT 단자가 비교연산기의 'IN+'입력에 연결되어있다. 리모컨을 누르지 않는 평상시에는 'IN+'입력에 연결되어있는 IR수신기의 값이 퍼텐쇼미터의 값보다 커서 LED의 음극(캐소드)이 연결된 LM393의 출력이 HIGH이므로 LED는 꺼진 상태이다. 그러나 IR수신기에 리모컨의 적외선(IR)이 송신되면 센서의 저항값보다 'IN-' 입력에 연결되어 있는 퍼텐쇼미터의 저항값이 커지게 되어 출력은 LOW가 된다. 그러면 LED가 켜지고 부저가 울린다.

앞선 LM393 비교기를 사용한 실험의 LDR이나 IR수신기 이외에 서미스터, 기울기(Tilt Switch), 진동(충격), 사운드(마이크), 리드스위치, 자기 홀(Hall), 가스, 포토인터럽터, 포토다이오드, 수분(빗물), 습도 등의 스위치(센서)를 사용할 수도 있다.

자기평가

1. IR 수신기의 특성과 기능을 이해하고 설명할 수 있다.
2. LM393 비교기의 비반전 및 반전 출력을 이해하고 회로를 구성할 수 있다.

(실험 3.21-3) 비교기를 사용한 자동차단 배터리 충전기

(실험 목표)

- 비교기를 사용하여 배터리가 완충되면 전원 공급을 자동 차단하는 회로를 이해하고 설명할 수 있다.

(실험 준비물)

1. DC 5V 전원공급기(어댑터) 1개
2. 18650 배터리 1개
3. 저항 1kΩ 2개, 470Ω, 220Ω 각 1개
4. 퍼텐쇼미터 5kΩ 1개
5. 빨간색, 초록색 LED 각 1개
6. LM393 비교기 1개
7. 1N4727 제너다이오드(그림 3-123 참조) 1개
8. 1N4001 다이오드(그림 3-124 참조) 1개
9. BC547 NPN(그림 3-125 참조) 1개
10. BC557 PNP(그림 3-125 참조) 1개

그림 3-123 1N4727 제너다이오드

그림 3-124 1N4001

그림 3-125 BC547과 BC557

(실험 방법)

다음 그림 3-126은 LM393 비교기 칩을 사용한 자동차단 배터리 충전기 회로도이다. 조금 회로구성이 복잡하다. 일반 정류용 다이오드와 제너다이오드의 역할을 이해하면서 회로를 구성하고 실험한다.

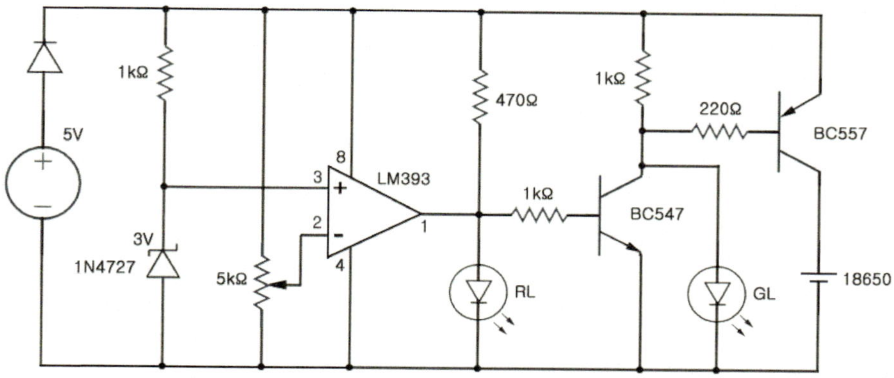

그림 3-126 배터리(3.7V) 자동차단 배터리 충전기 회로도

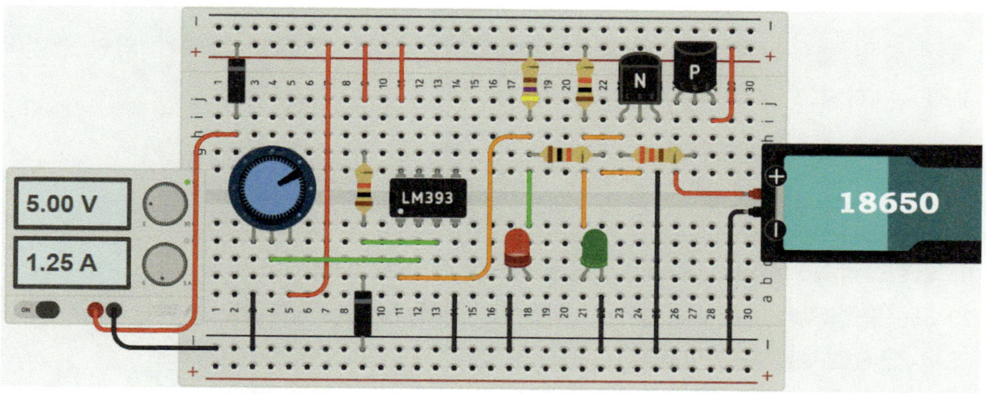

그림 3-127 배터리(3.7V) 자동차단 배터리 충전기 결선도

회로구성하기

1. 정류용 일반 다이오드(1N4001)의 애노드(+)는 전원의 '+'에 연결한다.
2. 반면에 제너다이오드(1N4727)의 애노드(+)는 전원의 '−'에 연결해야함을 주의한다.
3. 다음 그림 3-128의 NPN(BC547) 트랜지스터와 PNP(BC557) 트랜지스터의 핀 구조를 자세히 살핀 후 결선한다.

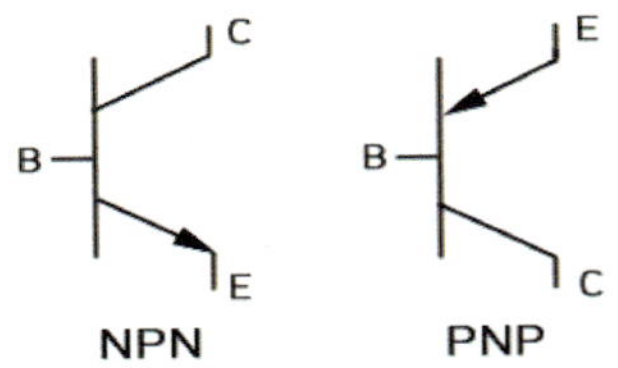

그림 3-128 트랜지스터 핀 구조

회로점검 및 작동상태 확인하기

1. 퍼텐쇼미터의 손잡이를 돌리면서 두 개의 LED 상태를 보면서 적절한 위치를 찾는다.
2. 충전 중일 경우는 빨간색 LED가 켜져 있고, 충전이 완료된 상태가 되면 빨간색 LED는 꺼지고 초록색 LED는 켜진다.

18650 배터리

1. 공칭전압(Norminal voltage) : 평균적으로 3.6V로 사용되어진다.
2. 표준충전(Standard charge) : 1.25A로 최대 전류를 제한하고, 충전 전압은 4.2±0.05V로 제한한다.
3. 방전 종지전압(Discharge cut-off voltage) : 2.5V 이하로 전지 전압이 떨어지면 정상적으로 작동되지 않는다.

결과 및 고찰

충전지(18650)가 완충되었을 때 전원 공급이 자동 차단됨을 알 수 있다.

자기평가

비교기를 사용하여 배터리가 완충되면 전원 공급을 자동 차단하는 회로를 이해하고 설명할 수 있다.

3.16 포토커플러(옵토커플러)

포토커플러(photocoupler)는 송신기인 발광다이오드와 수신기인 포토트랜지스터를 하나의 패키지에 조합한 광전소자이다. 입출력 사이가 전기적으로 절연되어 있기 때문에 전기적인 잡음 제거에 널리 사용된다. 송신부와 수신부는 투명수지를 매개하여 광학적으로 결합하는데, 외부의 빛을 차단하고 기계적인 강도를 더하기 위해 그 둘레를 검은색 수지로 두껍게 덮었다. 이 때문에 입력과 출력 간의 내압(耐壓)이 수 kV나 크다. 포토커플러는 빛을 이용하기 때문에 잡음에 강하고, 시스템을 구성하는 장치 간의 전류를 절연할 수 있으며, 각 장치마다 접지가 가능하다. 또 장치 간의 결합용량이 작기 때문에 출력 쪽의 신호가 입력 쪽으로 되돌아가는 일이 없는 등의 장점이 있다. 이 때문에 전기회로와 단말기 등을 포토커플러를 매개해서 결합하면, 전원전압의 차이나 기계부에서 발생하는 잡음에 신경을 쓸 필요가 없어 회로 설계가 쉬워진다. 컴퓨터의 주변기기, 자동판매기, 고체릴레이, 전원제어용 등에 쓰이고 있다. 수광부와 집적회로를 조합한 것과 직접 전력계통을 제어하기 위해서 포토사이리스터와 조합한 것도 있다.[35] 포토인터럽터와 마찬가지로 발광부와 수광부를 조합하여 하나의 소자로 만든 것이지만, 포토인터럽터와는 달리 빛이 통과하지 못하는 검은색 수지로 패키징하여 외부광의 영향을 받지 않는 점이 다르다.

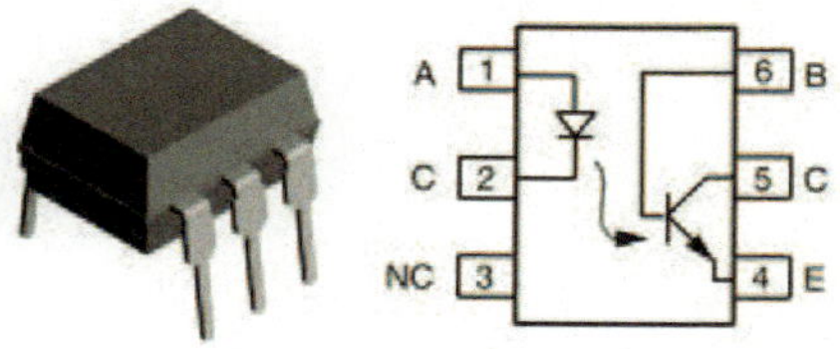

그림 3-129 포토커플러(4N35) 내부 핀 구조

포토커플러는 4핀 또는 6핀 칩으로 구성되어있다. 4N35 포토커플러는 6핀이다. 그림 3-129의 내부 핀 구조에서 보듯이 1, 2번 핀에 연결된 내부의 LED를 켤 수 있을 정도의 전압과 전류만 인가하면, 내부의 포토트랜지스터에 빛이 도달해서 전기신호가 전달되는 구조이다. 포토커플러의 컬렉터(C) 쪽을 출력으로 사용하면 입력단의 애노드(A)와는 반전 형태(HIGH 입력이면 LOW

35) 참조: 두산백과

출력)로 기기를 작동하게 되고, 포토커플러(4N35)의 이미터(E) 쪽을 출력으로 사용하면 입력단의 애노드(A)와 같은 형태로(HIGH 입력이면 HIGH 출력) 기기를 제어할 수 있다. 다시 말해서, 입력단의 애노드(A)의 값이 HIGH일 때 장치를 멈추려면 포토커플러의 컬렉터(C)를 출력으로 사용하고, 입력단의 애노드(A)의 값이 HIGH일 때 장치를 작동시키려면 포토커플러의 이미터(E)를 출력으로 사용한다. 포토커플러의 1번 핀인 애노드 단자가 HIGH가 되면, 포토커플러의 5번 핀인 컬렉터에서 4번 핀인 이미터로 전류가 흐르게 되어 두 핀은 하나의 핀처럼 스위치 ON 상태가 됨을 기억하면 포토커플러의 작동을 이해하기가 쉬울 것이다.

(실험 3.22-1[T]) 포토커플러의 비반전 모드로 전동기 구동하기

(실험 목표)

- 포토커플러의 특성과 기능을 이해하고 설명할 수 있다.
- 포토커플러의 비반전 작동으로 회로를 구성하여 실행시킬 수 있다.

(실험 준비물)

1. DC 5V와 DC 24V의 전원공급기(어댑터) 또는 배터리 1개
2. 저항 1kΩ 2개
3. 포토레지스터(LDR) 1개
4. 다이오드(1N4001) 1개
5. 포토커플러 4N35(그림 3-130 참조) 1개
6. NMOS 2N7000(그림 3-131 참조) 1개
7. 24V 직류전동기(또는 경종) (그림 3-132, 133 참조)1개

그림 3-130 4N35

그림 3-131 2N7000

그림 3-132 직류전동기

그림 3-133 경종

(실험 방법)

다음 그림 3-134는 포토커플러의 비반전 모드를 사용한 직류전동기 구동 회로도이다. 포토커플러 비반전 특성과 기능을 이해하면서 회로를 구성하고 실험한다.

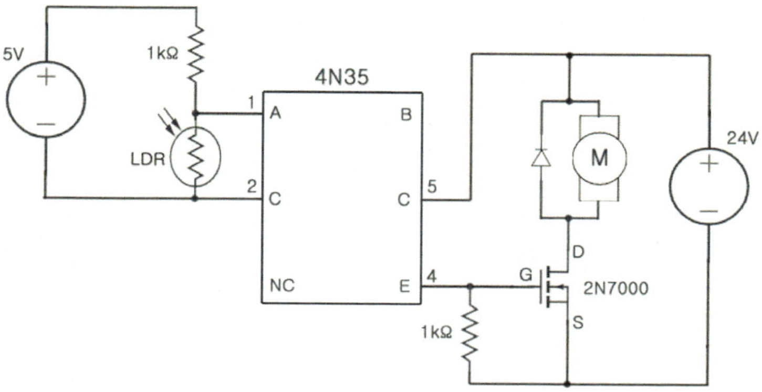

그림 3-134 포토커플러 비반전 회로도

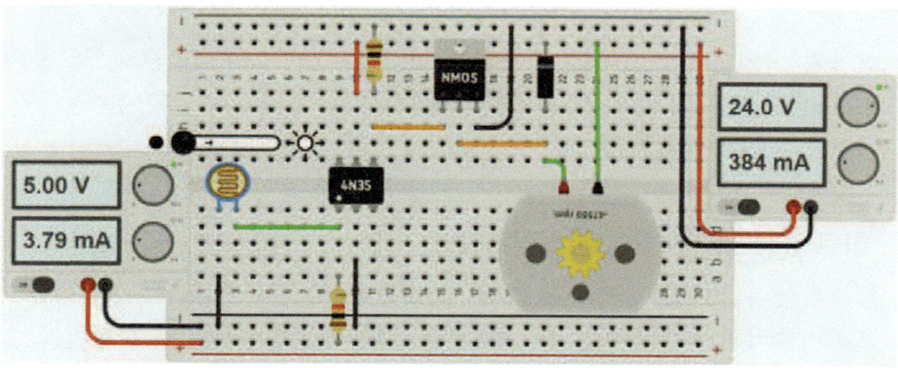

그림 3-135 포토커플러 비반전 결선도

회로구성하기

1. 5V 전원이 들어가는 입력단에서 포토레지스터는 야간 자동 조명 형태로 구성한다.
2. 포토커플러를 브레드보드의 가운데 홈을 따라 노치(딤플)[36]의 방향이 왼쪽으로 향하도록 끼운다.
3. 노치를 기준으로 1번부터 반시계방향으로 핀 번호가 매겨진다. 회로도의 핀 번호를 잘 확인하고 결선한다.

36) 칩에 반원으로 파인 부분을 '노치'라 하고, 작은 점으로 움푹 파인 부분을 딤플이라 한다.

4. 포토커플러의 3번 핀은 연결하지 않는 핀이다. 그리고 이 실험에서는 포토커플러의 6번 핀인 베이스(B)를 사용하지 않는다.
5. 포토커플러의 1, 2번 핀은 5V 전원을 공급하고, 포토커플러의 4, 5번 핀은 24V 전원을 공급한다.
6. NMOS인 2N7000은 다음 그림 3-136의 핀 배치도를 보면서 연결한다. 게이트(G)는 포토커플러의 4번 핀에, 드레인(D)은 전동기의 한 단자에, 소스(S)는 24V 전원의 '-'에 연결한다. 24V 전원의 '+'에 포토커플러의 5번 핀인 컬렉터(C)를 연결한다.

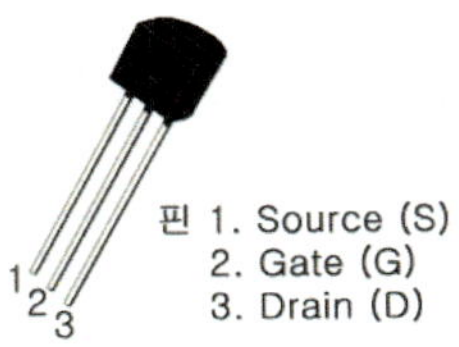

그림 3-136 2N7000 핀 배치도

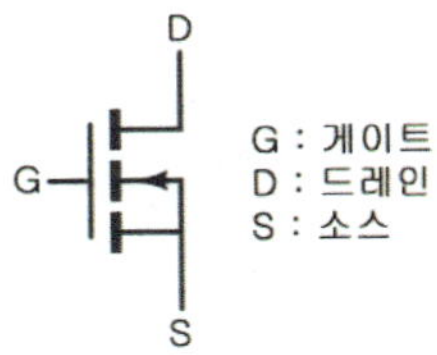

그림 3-137 NMOS 기호

7. 전동기는 24V에 작동하는 걸 사용한다. 화재 경보용의 경종도 DC 24V 전동기를 사용하므로 이 실험에 사용해도 된다. 경종을 사용할 경우는 전동기 옆의 다이오드는 생략가능하다.

회로점검 및 작동상태 확인하기

1. 포토커플러의 4번 핀이 NMOS의 게이트에 연결되었는지를 점검한다.
2. 포토커플러의 5번 핀이 24V 전원의 '+'에 연결되었는지를 점검한다.
3. 포토레지스터(LDR)에 빛의 밝기를 달리하면서 전동기의 작동 상태를 확인하여 기록한다.

포토레지스터의 상태	전동기의 작동 상태
어두울 때	
밝을 때	

✔ 결과 및 고찰

이 실험은 포토커플러(4N35)의 이미터(E) 쪽을 출력으로 사용하였으므로 비반전 회로이다. 그러므로 어두울 때 전동기가 회전하고, 밝을 때 전동기가 멈추는 것을 볼 수 있다. 포토커플러의 1번 핀 애노드(A)가 HIGH 입력이면, 4번 핀도 HIGH로 출력된다. 1번 핀이 HIGH인 경우는 포토레지스터가 어두움을 감지했을 때이다. 포토레지스터의 위치를 앞서 실험한 야간 자동 조명으로 구성했기 때문이다. 포토레지스터와 저항의 위치를 서로 바꿔 라이트 센서로 구성하면 전동기가 밝을 때 회전하고, 어두울 때 멈추었을 것이다. 포토커플러 입력단과 출력단의 전원을 달리 할 수 있음을 기억한다.

자기평가

1. 포토커플러의 특성과 기능을 이해하고 설명할 수 있다.
2. 포토커플러의 비반전 작동으로 회로를 구성하여 실행시킬 수 있다.

(실험 3.22–2[T]) 포토커플러의 반전 모드로 전동기 구동하기

(실험 목표)

- 포토커플러의 반전 작동으로 회로를 구성하여 실행시킬 수 있다.

(실험 준비물)

1. DC 5V의 어댑터 또는 배터리 1개
2. DC 24V의 어댑터 또는 배터리 1개
3. 저항 1kΩ, 10kΩ 각 1개
4. 포토레지스터 1개
5. 다이오드(1N4001) 1개
6. 포토커플러 4N35 1개
7. NMOS 2N7000 1개
8. DC 24V 전동기(또는 경종) 1개

(실험 방법)

다음 그림 3-138은 포토커플러의 반전 모드를 사용한 직류전동기 구동 회로도이다. 포토커플러 반전 특성과 기능을 이해하면서 회로를 구성하고 실험한다.

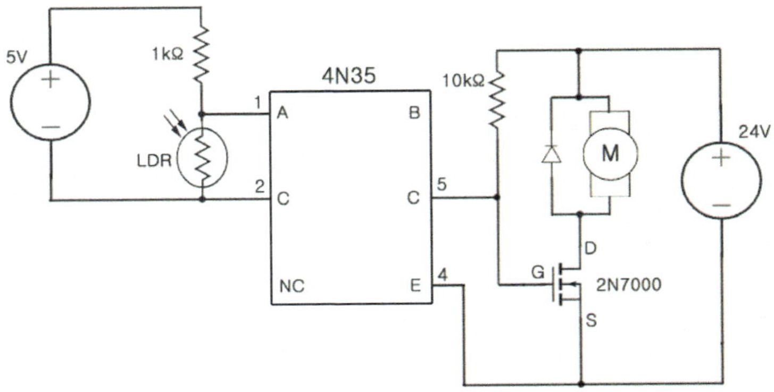

그림 3-138 **포토커플러 반전 회로도**

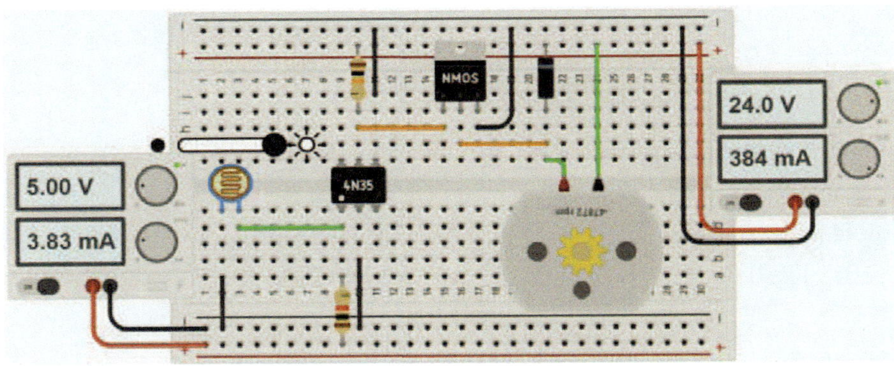

그림 3-139 **포토커플러 반전 결선도**

회로구성하기

1. 회로 구성이 앞선 비반전 실험과 다른 점은 NMOS인 2N7000의 게이트로 연결되는 포토커플러의 출력 핀 4번과 5번이 서로 바뀐다는 것뿐이다. 비반전에서는 게이트(G)에 포토커플러의 4번 핀을 연결하였는데, 반전 모드의 이번 실험에서는 G에 포토커플러의 5번 핀인 컬렉터(C)를 연결한다.
2. 포토커플러의 남은 출력 핀 4번은 24V 전원의 '−'에 연결한다. 참고로 앞선 비반전 실험에서는 5번 핀을 24V 전원의 '+'에 연결했었다.

회로점검 및 작동상태 확인하기

1. 포토커플러의 5번 핀이 NMOS의 G에 연결되었는지를 점검한다.
2. 포토커플러의 4번 핀이 24V 전원의 '–'에 연결되었는지를 점검한다.
3. 포토레지스터(LDR)에 빛의 밝기를 달리하면서 전동기의 작동 상태를 확인하여 기록한다.

포토레지스터의 상태	전동기의 작동 상태
어두울 때	
밝을 때	

✔ 결과 및 고찰

이 실험은 포토커플러(4N35)의 컬렉터(C) 쪽을 출력으로 사용하였으므로 반전 회로이다. 그러므로 밝을 때 전동기가 회전하고, 어두울 때 전동기가 멈추는 것을 볼 수 있다. 포토커플러의 1번 핀 애노드(A)가 HIGH 입력이면, 4번 핀은 거꾸로 LOW로 출력된다. 결국 1번 핀이 LOW일 경우 출력단이 HIGH가되어 전동기가 작동한다는 것이다. 그러므로 포토레지스터가 밝음을 감지했을 때 전동기가 작동함을 알 수 있다.

자기평가

1. 포토커플러의 반전과 비반전의 회로 구성과 작동을 비교 설명할 수 있다.
2. 포토커플러의 반전 작동으로 회로를 구성하여 실행시킬 수 있다.

3.17 역극성 보호회로

다음 그림 3-140은 이상적인 배터리 방전 곡선이다. 이 그래프의 x축은 사용량이고, y축은 전압이다. 배터리를 사용함에 따라 전압은 지속적으로 떨어짐을 알 수 있다. 처음 a지점까지 급격한 전압 하강이 이루어지다가 크게 전압이 떨어지지 않는 구간(a~b구간)이 있다. 그리고 거의 방전된 b 지점 이후 다시 급격하게 전압이 떨어진다. a~b 구간의 전압(Vn)이 공칭전압(nominal voltage)이다. 배터리의 잔량은 a~b구간의 전압을 측정하여 구할 수 있다.

그림 3-140 이상적인 배터리 방전 곡선

배터리를 잘못 연결하더라도 회로에 손상을 입히지 않기 위한 역극성 보호회로에 대해서 알아보자. 다음 4가지 형태의 회로에 대하여 살펴본다.

1. 다이오드를 사용한 배터리 역극성 보호회로
2. PMOS 트랜지스터를 사용한 배터리 역극성 보호회로
3. NMOS 트랜지스터를 사용한 배터리 역극성 보호회로
4. 휘스톤브리지 형태로 4개의 다이오드로 구성한 배터리 역극성 보호회로

(실험 3.23-1T) 다이오드를 사용한 배터리 역극성 보호회로

(실험 목표)

- 다이오드를 사용하여 배터리 역극성 보호회로를 구성할 수 있다.

(실험 준비물)

1. DC 9V의 배터리 1개
2. 브레드보드와 여러 개의 점퍼선
3. 정류 범용 다이오드(1N4001) 1개
4. 쇼트키 다이오드(1N5817~1N5819) 1개
5. DC 5V의 어댑터 또는 배터리 1개
6. DC 24V의 어댑터 또는 배터리 1개
7. 저항 1kΩ, 10kΩ 각 1개
8. 포토레지스터 1개
9. 다이오드(1N4001) 1개
10. 포토커플러 4N35 1개
11. NMOS 2N7000 1개
12. DC 24V 전동기(또는 경종) 1개

(실험 방법)

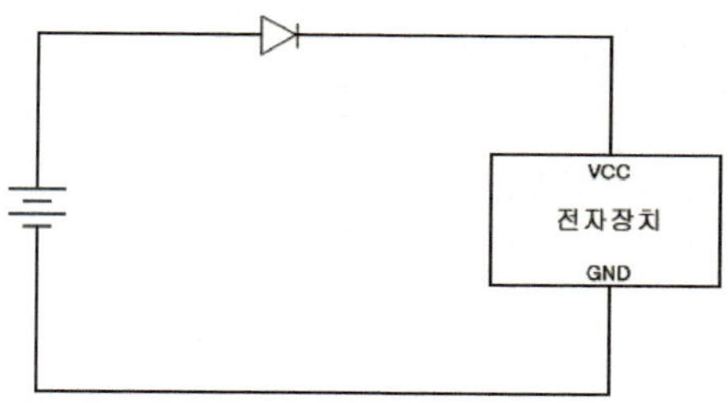

그림 3-141 다이오드를 사용한 역극성 보호회로

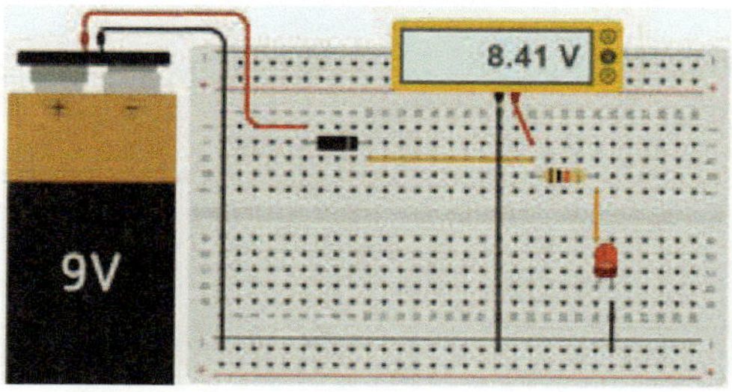

그림 3-142 배터리를 바로 끼운 경우

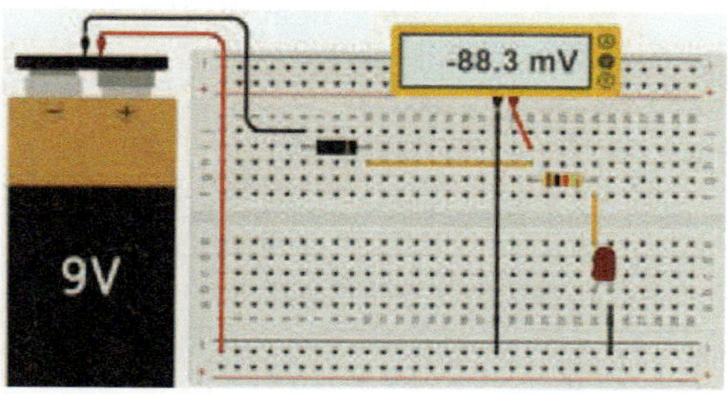

그림 3-143 배터리를 거꾸로 끼운 경우

회로구성하기

1. 배터리는 맨 마지막에 회로점검 및 작동상태 확인할 때 연결한다.
2. 회로상의 다이오드는 정류 범용 다이이오드와 쇼트키 다이오드 둘 다 사용해 본다. 먼저 정류 범용 다이이오드(1N4001)를 연결한다.
3. 다이오드의 캐소드(−) 단자가 저항 1kΩ의 한 쪽 단자에 연결됨에 유의한다.
4. 나머지 저항과 LED의 극성에 유의하여 그림 3−142의 결선도와 같이 직렬로 연결한다.

회로점검 및 작동상태 확인하기

1. 그림 3−142처럼 배터리를 올바르게 끼우고, 부하(1kΩ과 LED 양단)에 걸리는 전압을 측정하고 기록한다.
2. 배터리를 거꾸로 끼운 것과 같도록 그림 3−143처럼 '+'와 '−' 전원선을 거꾸로 연결한다. 부하(1kΩ과 LED 양단)에 걸리는 전압을 측정하고 기록한다.

정류 범용 다이오드 회로	부하(1kΩ과 LED 양단)에 걸리는 전압
배터리를 바로 끼운 경우	
배터리를 거꾸로 끼운 경우	

3. 정류 범용 다이이오드(1N4001)를 쇼트키 다이오드(1N5817~1N5819)로 바꿔 연결한 다음 위 1, 2번 단계를 실행한다.

쇼트키 다이오드 회로	부하(1kΩ과 LED 양단)에 걸리는 전압
배터리를 바로 끼운 경우	
배터리를 거꾸로 끼운 경우	

✔ 결과 및 고찰

배터리를 바로 끼워 연결한 경우는 부하에 제대로 정상 전원을 공급하고, 거꾸로 잘못 끼워 연결한 경우에는 부하에 전원 공급을 하지 않아 회로를 보호함을 알 수 있다. 다이오드를 사용한 회로는 간단하다는 장점이 있다. 공급하려는 전압이 1V정도까지 떨어져도 상관이 없다면 정류 범용 다이오드를 사용하고, 그렇지 않다면 쇼트키 다이오드를 사용하면 0.3V정도만 떨어지게 된다. 0.3V정도가 떨어지는 것도 허용이 안 되면 다음 (실험 3.23-2)의 P채널 MOSFET이나 (실험 3.23-3)의 N채널 MOSFET을 사용하면 된다.

자기평가

1. 한 개의 다이오드를 사용하여 배터리를 거꾸로 끼워도 전자장치가 안전하도록 회로를 구성할 수 있다.
2. 정류 범용 다이오드와 쇼트키 다이오드의 차이점을 설명할 수 있다.

(실험 3.23-2^{T}) PMOS 트랜지스터를 사용한 배터리 역극성 보호회로

(실험 목표)

- PMOS 트랜지스터를 사용하여 배터리 역극성 보호회로를 구성할 수 있다.
- 다이오드를 사용한 역극성 보호회로와 비교 설명할 수 있다.

(실험 준비물)

1. DC 9V의 배터리 1개
2. 브레드보드와 여러 개의 점퍼선
3. MOSFET P채널(IRF9Z24N) 1개
4. 1kΩ 저항 1개
5. LED 1개
6. 멀티미터 1대

그림 3-144
IRF9Z24N의 핀 구조

(실험 방법)

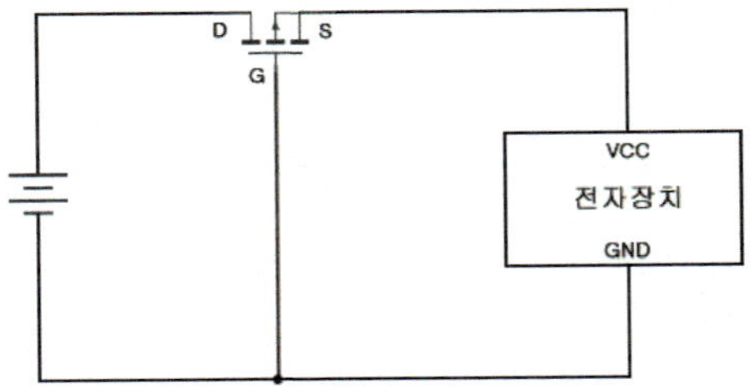

그림 3-145 PMOS를 사용한 역극성 보호회로

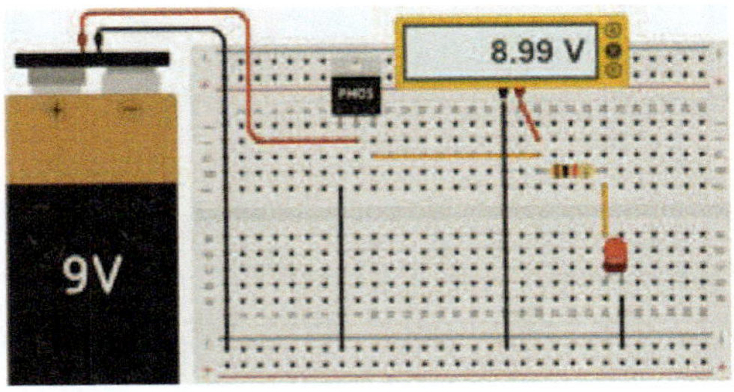

그림 3-146 배터리를 바로 끼운 경우

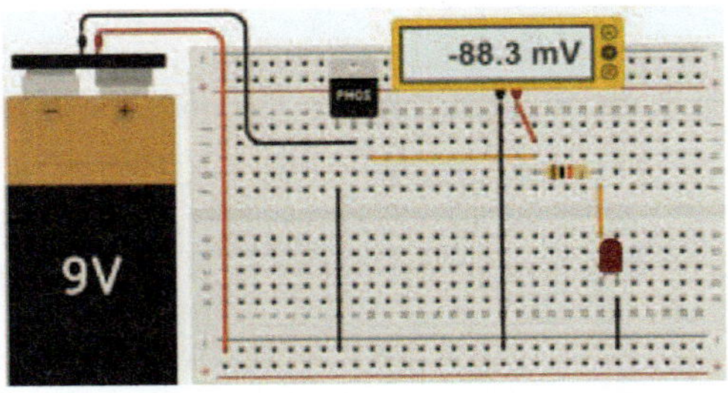

그림 3-147 배터리를 거꾸로 끼운 경우

회로구성하기

1. 배터리는 맨 마지막에 회로점검 및 작동상태 확인할 때 연결한다.
2. PMOS(IRF9Z24N)의 소스(S) 단자가 저항 1kΩ의 한 쪽 단자에 연결한다.
3. PMOS의 게이트(G) 단자는 '–' 전원으로 지정한 곳에 연결한다.
4. 나머지 저항과 LED는 극성에 유의하여 그림 3-146의 결선도와 같이 직렬로 연결한다.

회로점검 및 작동상태 확인하기

1. 그림 3-146처럼 배터리를 올바르게 끼운 다음, 배터리의 '+' 전원을 PMOS의 드레인(D)에 연결하고, 배터리의 '–' 전원은 '–' 전원으로 지정한 곳에 연결한다. 부하(1kΩ과 LED 양단)에 걸리는 전압을 측정하고 기록한다.
2. 배터리를 거꾸로 끼운 것과 같도록 그림 3-147처럼 '+'와 '–' 전원선을 거꾸로 연결한다. 부하에 걸리는 전압을 측정하고 기록한다.

구분	부하(1kΩ과 LED 양단)에 걸리는 전압
배터리를 바로 끼운 경우	
배터리를 거꾸로 끼운 경우	

✔ 결과 및 고찰

배터리를 바로 끼워 연결한 경우는 부하에 제대로 정상 전원을 공급하고, 거꾸로 잘못 끼워 연결한 경우에는 부하에 전원 공급을 하지 않아 회로를 보호한다. 다이오드로 구성한 역극성 보호회로보다 입력 전압강하가 거의 없음을 알 수 있다.

자기평가

1. PMOS를 사용하여 배터리를 거꾸로 끼워도 전자장치가 안전하도록 회로를 구성할 수 있다.
2. 다이오드를 사용한 역극성 보호회로와 비교 설명할 수 있다.

(실험 3.23-3ᵀ) NMOS 트랜지스터를 사용한 배터리 역극성 보호회로

(실험 목표)

- NMOS 트랜지스터를 사용하여 배터리 역극성 보호회로를 구성할 수 있다.
- PMOS를 사용한 역극성 보호회로와 연결이 다른 부분을 알 수 있다.

(실험 준비물)

1. DC 9V의 배터리 1개
2. 브레드보드와 여러 개의 점퍼선
3. NMOS(IRFZ44N) 1개
4. 1kΩ 저항 1개
5. LED 1개
6. 멀티미터 1대

(실험 방법)

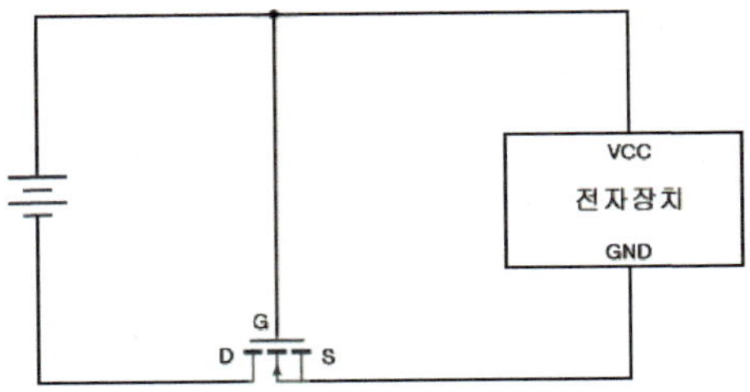

그림 3-149 NMOS를 사용한 역극성 보호회로

그림 3-148 IRFZ44N의 핀 구조

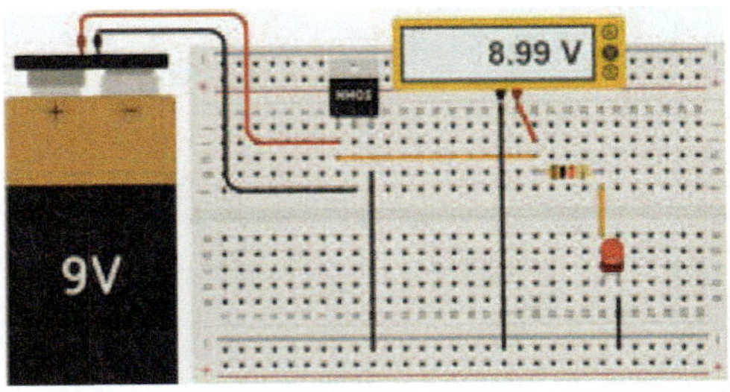

그림 3-150 배터리를 바로 끼운 경우

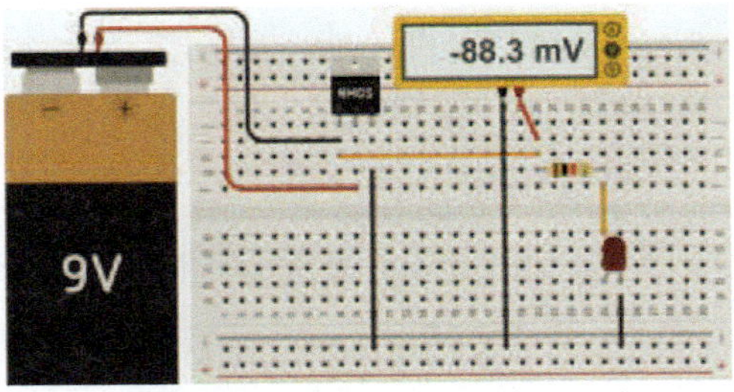

그림 3-151 배터리를 거꾸로 끼운 경우

회로구성하기

1. 배터리는 맨 마지막에 회로점검 및 작동상태 확인할 때 연결한다.
2. NMOS(IRFZ44N)의 게이트(G) 단자가 저항 1kΩ의 한 쪽 단자에 연결한다.
3. NMOS의 소스(S) 단자는 '–' 전원으로 지정한 곳에 연결한다.
4. 나머지 저항과 LED는 극성에 유의하여 그림 3-150의 결선도와 같이 직렬로 연결한다.

회로점검 및 작동상태 확인하기

1. 그림 3-150처럼 올바르게 끼운 배터리의 '+' 전원을 NMOS의 게이트(G)에 연결하고, 배터리의 '–' 전원은 NMOS의 드레인(D)에 연결한다. 부하(1kΩ과 LED 양단)에 걸리는 전압을 측정하고 기록한다.
2. 배터리를 거꾸로 끼운 것과 같도록 그림 3-151처럼 '+'와 '–' 전원선을 거꾸로 연결한다. 부하에 걸리는 전압을 측정하고 기록한다.

구분	부하(1kΩ과 LED 양단)에 걸리는 전압
배터리를 바로 끼운 경우	
배터리를 거꾸로 끼운 경우	

✔ 결과 및 고찰

배터리를 바로 끼워 연결한 경우는 부하에 제대로 정상 전원을 공급하고, 거꾸로 잘못 끼워 연결한 경우에는 부하에 전원 공급을 하지 않아 회로를 보호한다. 다이오드로 구성한 역극성 보호회로보다 앞선 (실험 3.23-2)의 P채널 MOSFET과 마찬가지로 입력 전압강하가 거의 없다. 역극성 보호회로에서 MOSFET을 사용하는 경우, PMOS와 NMOS는 회로 연결이 다를 뿐 기능과 성능이 같음을 알 수 있다.

자기평가

1. NMOS를 사용하여 배터리를 거꾸로 끼워도 전자장치가 안전하도록 회로를 구성할 수 있다.
2. PMOS를 사용한 역극성 보호회로와 연결이 다른 부분을 알 수 있다.

(실험 3.23-4T) 배터리 역극성 보호회로(휘스톤브릿지 형태로 다이오드를 구성)

(실험 목표)

- 휘스톤브리지 형태로 다이오드를 구성하여 배터리 역극성 보호회로를 구성할 수 있다.
- 한 개의 다이오드 또는 MOSFET으로 구성한 회로와 비교하여 휘스톤브리지 형태의 역극성 보호회로의 장단점을 설명할 수 있다.

(실험 준비물)

1. DC 9V의 배터리 1개
2. 브레드보드와 여러 개의 점퍼선
3. 정류용 다이오드(1N4001) 4개
4. 1kΩ 저항 1개
5. LED 1개
6. 멀티미터 1대

(실험 방법)

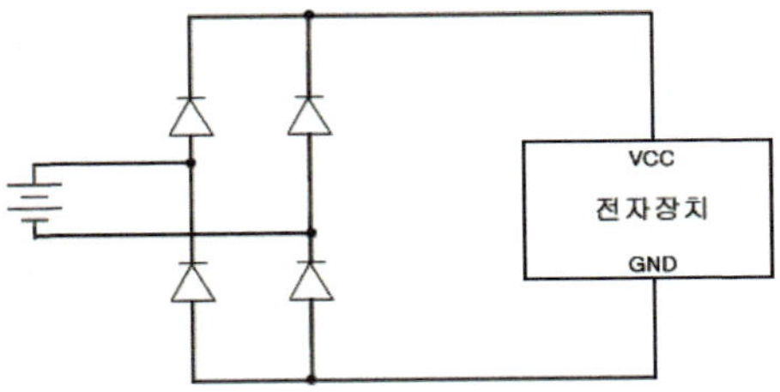

그림 3-152 4개의 다이오드를 사용한 역극성 보호회로

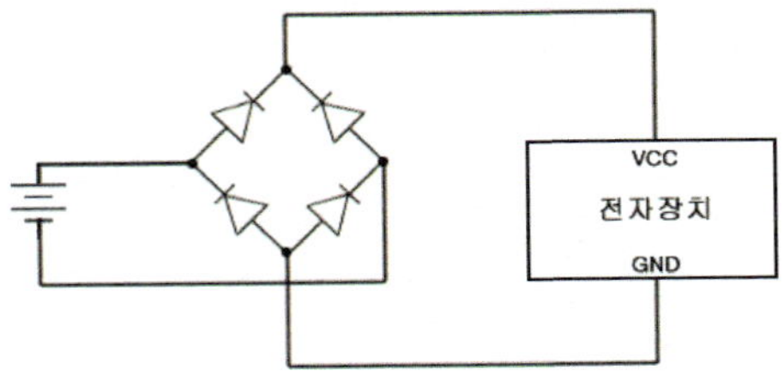

그림 3-153 휘스톤브리지 형태로 표현한 좌측과 동일한 회로

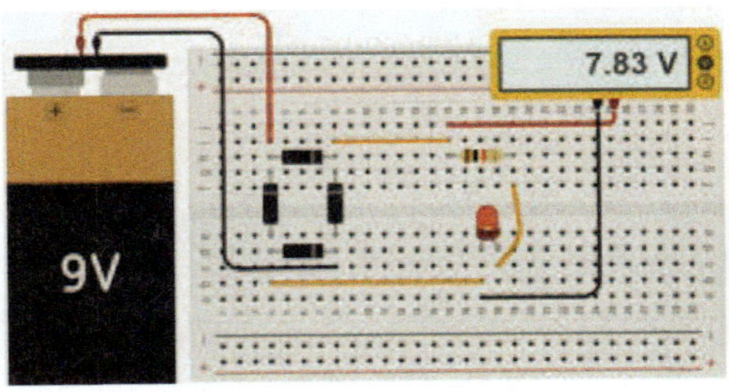

그림 3-154 배터리를 바로 끼운 경우

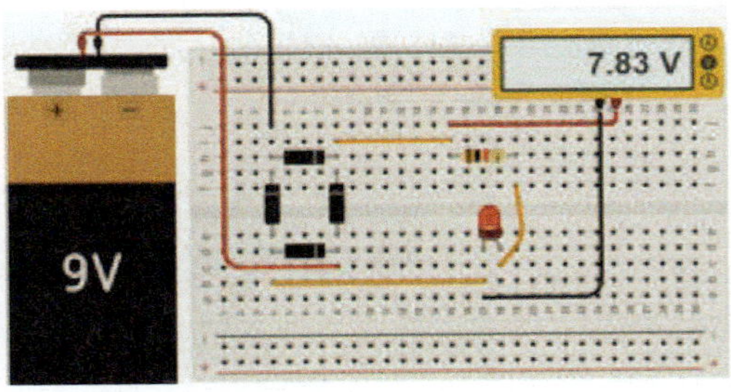

그림 3-155 배터리를 거꾸로 끼운 경우

회로구성하기

1. 그림 3-154와 같이 다이오드 4개를 브레드보드 가운데를 기준으로 휘스톤브리지 형태로 배치한다.
2. 다이오드 우측 상단의 2개 다이오드를 캐소드끼리 서로 연결한다. 비슷하게 좌측 하단의 2개 다이오드를 애노드끼리 서로 연결한다. 그림 3-154처럼 배치하면 브레드보드의 특성상 서로 연결된 상태이다.

3. 캐소드끼리 서로 연결된 다이오드 단자와 1kΩ 저항의 한 쪽 단자를 연결한다. 비슷하게 애노드끼리 서로 연결된 다이오드 단자와 LED의 음극단자와 연결한다.
4. LED의 양극단자는 저항이 다른 한 쪽 단자와 연결한다.

회로점검 및 작동상태 확인하기

1. 그림 3-154처럼 다이오드의 좌측 상단에서 애노드와 캐소드가 연결된 부분에 제대로 끼운 배터리의 '+' 전원을 연결한다. 배터리의 '−' 전원은 우측 하단에서 애노드와 캐소드가 연결된 부분에 연결한다. 부하(1kΩ과 LED 양단)에 걸리는 전압을 측정하고 기록한다.
2. 배터리를 거꾸로 끼운 것과 같도록 그림 3-155처럼 '+'와 '−' 전원선을 거꾸로 연결한다. 부하에 걸리는 전압을 측정하고 기록한다.

구분	부하(1kΩ과 LED 양단)에 걸리는 전압
배터리를 바로 끼운 경우	
배터리를 거꾸로 끼운 경우	

✔ 결과 및 고찰

배터리를 바로 끼워 연결한 경우는 부하에 제대로 정상 전원을 공급하고, 거꾸로 잘못 끼워 연결한 경우에도 부하에 정상적으로 전원을 공급함을 알 수 있다. 앞선 회로와 마찬가지로 회로를 보호하면서도 거꾸로 끼워도 전원을 공급 할 수 있다. 단지 공급되는 전원이 휘스톤브리지 형태로 인한 전압강하로 공급되는 전압이 상대적으로 낮다.

자기평가

1. 휘스톤브리지 형태로 다이오드를 구성하여 배터리 역극성 보호회로를 구성할 수 있다.
2. 한 개의 다이오드 또는 MOSFET으로 구성한 회로와 비교하여 휘스톤브리지 형태의 역극성 보호회로의 장단점을 설명할 수 있다.

3.18 타이머 LM555(NE555)

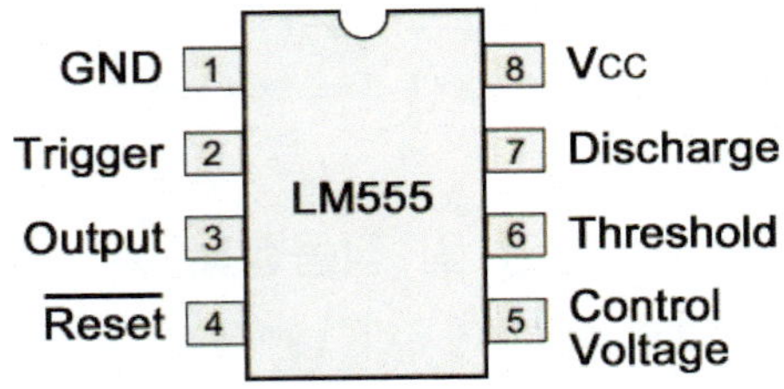

그림 3-156 555 타이머

555 타이머는 다양한 용도로 사용할 수 있는 장치이다. 555 칩의 1번 핀은 0V로 접지하고, 8번 핀에 전압을 공급한다. 거꾸로 연결하면 칩에 손상을 줄 수 있으므로 주의한다. 표 3-5에서 555칩의 공급전압은 5.5~16V이고, 공급 전류는 7.5mA이다. 이 책의 실험에서 555 타이머는 발진기(oscillator) 역할로 사용한다. 그림 3-159의 타이머로 LED 깜박이기 회로도에서 555칩의 트리거 핀2에 연결된 저항과 커패시터 값에 따라 주파수가 결정된다. 저주파 LED의 깜박임에는 1μ ~10μF의 커패시터를 사용하고, kHz의 높은 주파수에는 10nF의 커패시터를 사용한다.

표 3-5 555 타이머 핀 기능

핀 명	핀 번호	유 형	설 명
VCC	8	Power	바이폴라 타이머 공급 전압(4.5~16V) CMOS 타이머 공급 전압(2~15V)
GND	1	Power	접지 (0V)
Trigger	2	Input	Control 전압의 1/2 아래로 떨어지면 Output은 HIGH가되고 타이밍이 시작. 계속 LOW 전압이면 Output은 HIGH 상태 유지
Output	3	Output	HIGH와 LOW 상태로 구동되는 푸시풀 출력 핀. 바이폴라 타이머의 경우 200mA를 구동할 수 있지만 CMOS 타이머는 칩에 따라 더 적게 구동할 수 있다. 바이폴라 타이머의 경우 디지털회로에 입력될 경우 이중 트리거링을 방지하기 위해 100~1000pF 디커플링 커패시터를 (이 핀과 GND사이)추가해야 할 수도 있다.
$\overline{Reset}$	4	Input	LOW(GND)로 타이밍 재설정. 이 핀을 사용하지 않을 경우는 잡음으로 리셋되지 않도록 VCC에 연결해야 한다.
Control	5	Input	내부 분압기에 접근할 수 있다(기본적으로 2/3 VCC). 전압을 인가하면 타이밍 특성을 변경할 수 있다. 이 핀을 사용하지 않는 경우는 잡음이 내부 분압기에 영향을

			주지 않도록 10nF 디커플링 커패시터(이핀과 GND사이)를 연결해야 한다.
Threshold	6	Input	이 핀의 전압이 Control의 전압보다 크면 Output의 HIGH 상태가 종료되어 LOW상태가 된다.
Discharge	7	Output	바이폴라 타이머의 경우 이 핀은 오픈 컬렉터 출력이고 CMOS 타이머는 오픈 드레인이다. 이 핀은 Output과 위상이 일치할 때 커패시터를 방번하는데 사용할 수 있다. 쌍안정 모드 및 슈미트 트리거 모드에서 이 핀은 사용되지 않으므로 대체 출력으로 사용할 수 있다.

(실험 3.24-1[T]) 타이머로 LED 깜박이기

(실험 목표)

- 타이머와 가변저항기를 사용하여 LED를 깜박임을 조절할 수 있다.
- 듀티비를 이해하고 설명할 수 있다.

(실험 준비물)

1. DC 5~12V의 어댑터 또는 배터리 1개
2. 전해 커패시터 10μF(그림 3-157 참조) 1개
3. 555 타이머(그림 3-158 참조) 1개
4. 브레드보드와 여러 개의 점퍼선
5. 저항 1kΩ 2개
6. 퍼텐쇼미터(가변저항기) 100kΩ 1개
7. LED 1개
8. 오실로스코프 1대

그림 3-157 전해 커패시터

그림 3-158 555 타이머

(실험 방법)

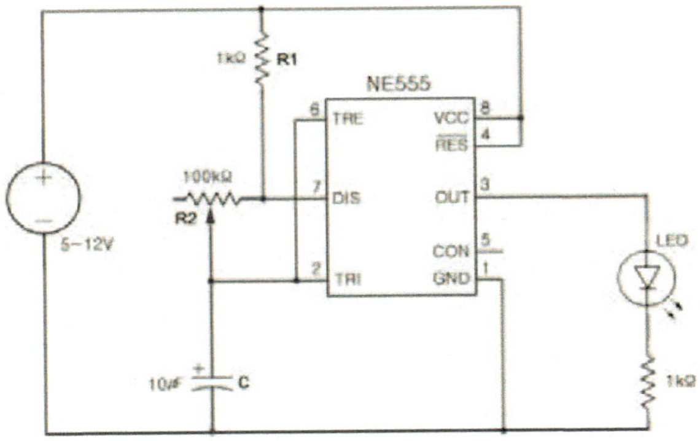

그림 3-159 555 타이머로 LED 깜박이기 회로도

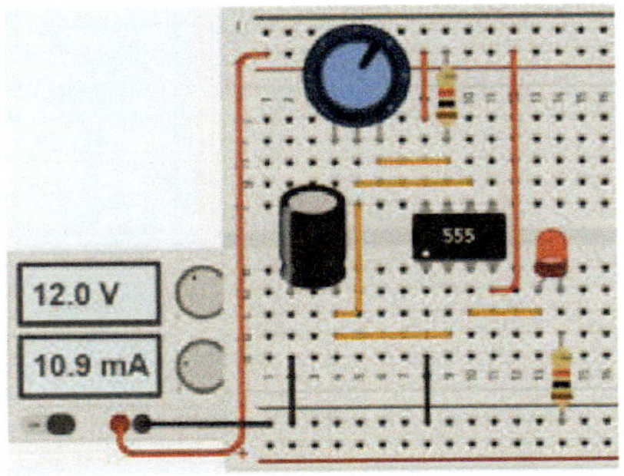

그림 3-160 555 타이머로 LED 깜박이기 결선도

회로구성하기

1. 555 타이머는 8핀 칩이다. 555 타이머를 브레드보드의 가운데 홈을 따라 노치(딤플)[37]의 방향이 왼쪽으로 향하도록 끼운다.
2. 노치를 기준으로 1번부터 반시계방향으로 핀 번호가 매겨진다. 회로도의 핀 번호를 잘 확인하고 결선한다. 타이머의 3번 핀이 출력이다. 다이오드로 연결한다.
3. 10μF 전해커패시터를 사용할 경우는 극성을 잘 확인하고 연결한다.

회로점검 및 작동상태 확인하기

1. 퍼텐쇼미터 R2의 저항값을 바꾸면서 LED의 깜박이는 정도를 확인하고 기록한다.

   R2의 저항값이 클수록 LED의 깜박이는 정도가 ______________.

2. 타이머의 3번 OUT핀의 출력을 오실로스코프로 측정하면 다음 그림 3-161과 같은 구형펄스가 나타난다.

37) 칩에 반원으로 파인 부분을 '노치'라 하고, 작은 점으로 움푹 파인 부분을 딤플이라 한다.

그림 3-161 타이머의 출력핀을 오실로스코프로 측정한 이미지

✔ 결과 및 고찰

이 실험의 회로는 타이머 출력에서 보듯이 구형 펄스발생기이다. 이 펄스발생기는 다음 (실험 3.24-2) ~ (실험 3.24-5)에서 클록(CLK) 입력단으로 사용한다. 펄스발생기의 원리를 알아보기 위하여 다음의 PWM(펄스폭변조)에서 듀티비(Duty ratio)에 대해서 살펴보자.

PWM(펄스폭변조;(Pulse Width Modulation)

PWM은 일정한 주기 내에서 듀티비를 변화시켜서 부하에 평균전압의 크기를 조절하는 제어 방법이다. 다시 말해 스위칭 주파수를 일정하게 유지하면서, 온/오프 시간을 달리하여 부하 전력의 크기를 제어하는 방법이다. 주로 LED 조명제품의 광량 조절(디밍)이나 직류전동기의 속도 제어에 많이 사용된다. 듀티비는 듀티사이클이라고도 한다. 듀티비는 다음 그림 3-162와 같이 주기(T)에 대해 출력이 HIGH가되는 시간(T_{ON})의 비율($\frac{T_{ON}}{T}$)이다.

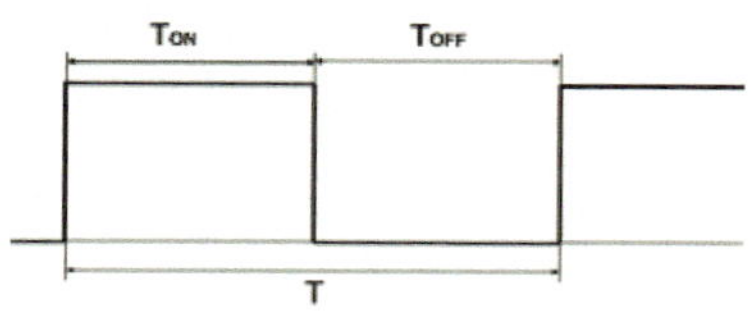

그림 3-162 듀티비 설명을 위한 펄스파형

$$D = \frac{T_{ON}}{T} = \frac{T_{ON}}{T_{ON} + T_{OFF}} = T_{ON} f$$

여기서, D는 듀티비, T는 주기, f는 주파수, T_{ON}은 on되는 동안의 시간인 펄스 폭, T_{OFF}는 off되는 동안의 시간이다. 예를 들어, 펄스 폭(T_{ON})이 2[㎲]이고 주기(T)가 20[㎲]일 때의 듀티비는 다음 식처럼 계산하면 10%가 된다[38].

$$D = \frac{T_{ON}}{T} = \frac{2}{20} = 0.1 = 10\%$$

그림 3-159의 회로에서 C, R1, R2의 값에 따라 듀티비가 결정된다. 각 주기에서 출력이 HIGH일 때의 시간(T_{ON})과 LOW일 때의 시간(T_{Off})은 다음과 같다.

$$T_{On} = 0.693(R1 + R2)C$$

$$T_{Off} = 0.693\,R2\,C$$

듀티비(D)는 다음과 같이 계산할 수 있다.

$$D = \frac{T_{On}}{T} = \frac{T_{On}}{T_{On} + T_{Off}} = \frac{0.693(R1 + R2)C}{0.693(R1 + R2)C + 0.693\,R2\,C}$$

R1보다 R2의 값이 상당히 크면 듀티비는 50%에 가깝게 된다.

자기평가

1. 타이머와 가변저항기를 사용하여 LED를 깜박임을 조절할 수 있다.
2. 듀티비를 이해하고 설명할 수 있다.

---

38) 이경훈, 『센서 응용 실무』, 문운당, 2022., p32

(실험 3.24-2T) 타이머의 PWM기능으로 LED 밝기 조절하기

(실험 목표)

- 타이머와 가변저항기를 사용하여 LED 밝기를 조절할 수 있다.
- 듀티비에 따라 밝기가 바뀌는 것을 이해하고 설명할 수 있다.

(실험 준비물)

1. DC 5~12V의 전원공급기 또는 배터리 1개
2. 555 타이머 1개
3. 저항 1kΩ 2개
4. LED 1개
5. 오실로스코프 1대
6. 세라믹 커패시터 100nF 1개
7. 다이오드 1N4001 2개
8. 퍼텐쇼미터(가변저항기) 100kΩ 1개
9. 브레드보드와 여러 개의 점퍼선

그림 3-163 세라믹 커패시터

세라믹 커패시터의 용량은 세 자리 숫자로 표시하는데 왼쪽의 두 숫자는 피코패럿(pF) 단위의 값을 나타낸다. 맨 오른쪽에 있는 세 번째 숫자는 10의 거듭제곱 즉, 숫자 오른쪽에 추가할 '0'의 개수이다. 100nF을 찾으려면 먼저 나노(n)를 피코(p) 단위로 환산한다. 단위 p는 10^{-12}, n는 10^{-9}이므로 100nF은 100,000pF (10×10^4pF)이다. 그러므로 세라믹 커패시터에 '104'로 표기된 걸 찾으면 된다.

(실험 방법)

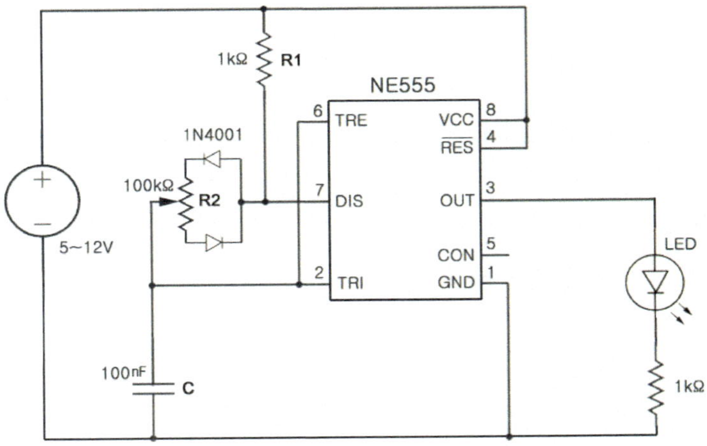

그림 3-164 555 타이머로 LED 밝기 조절하기 회로도

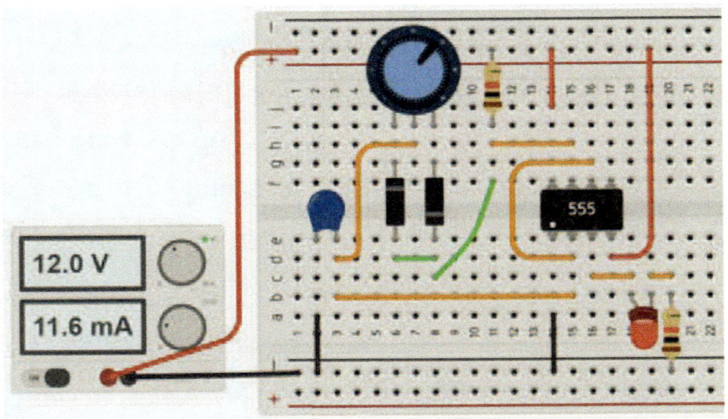

그림 3-165 555 타이머로 LED 밝기 조절하기 결선도

회로구성하기

1. 555 타이머는 8핀 칩이다. 555 타이머를 브레드보드의 가운데 홈을 따라 노치(딤플)[39]의 방향이 왼쪽으로 향하도록 끼운다.
2. 노치를 기준으로 1번부터 반시계방향으로 핀 번호가 매겨진다. 회로도의 핀 번호를 잘 확인하고 결선한다. 타이머의 3번 핀이 출력이다. 다이오드로 연결한다.
3. 세라믹 커피시터는 앞선 실험의 전해 커패시터와 달리 무극성이므로 '+', '–' 단자는 신경 쓸 필요 없이 연결하면 된다.

39) 칩에 반원으로 파인 부분을 '노치'라 하고, 작은 점으로 움푹 파인 부분을 딤플이라 한다.

회로점검 및 작동상태 확인하기

1. 퍼텐쇼미터 R2의 저항값을 바꾸면서 LED의 밝기를 확인하고 기록한다.
   R2의 저항값이 클수록 LED의 밝기는 ________________.

2. 타이머의 3번 OUT핀의 출력을 오실로스코프로 확인한다.

✔ 결과 및 고찰

퍼텐쇼미터 R2의 저항값을 바꾸면 LED의 밝기가 달라짐을 알 수 있다. LED의 밝기는 PWM 기능으로 듀티비에 따라 바뀌는데, 이 회로의 듀티비는 R1과 R2의 비에 따라 결정된다. 듀티비를 최소화하려면 R1값이 R2의 값보다 상당히 낮아야하지만 0Ω이 되면 안 된다. 0Ω이면 발진이 멈춘다. R1과 R2의 비가 40:1이면 듀티비가 3~4% 정도 된다.

자기평가

1. 타이머와 가변저항기를 사용하여 LED 밝기를 조절할 수 있다.
2. 듀티비에 따라 밝기가 바뀌는 것을 이해하고 설명할 수 있다.

(실험 3.24–3[T]) 타이머의 PWM기능으로 직류전동기 속도 조절하기

(실험 목표)

- 타이머와 가변저항기를 사용하여 직류전동기의 속도를 조절할 수 있다.
- 듀티비에 따라 전동기 속도가 바뀌는 것을 이해하고 설명할 수 있다.

(실험 준비물)

1. DC 5~12V의 전원공급기(어댑터) 또는 배터리 1개
2. 브레드보드와 여러 개의 점퍼선
3. 저항 1kΩ 2개
4. 퍼텐쇼미터(가변저항기) 100kΩ 또는 250kΩ 1개
5. 세라믹 커패시터 100nF 1개

6. 다이오드 1N4001 3개
7. 555 타이머 1개
8. 직류전동기 1개
9. NMOS 2N7000 또는 IRFZ44N(그림 3-166, 167 참조) 1개
10. 오실로스코프 1대

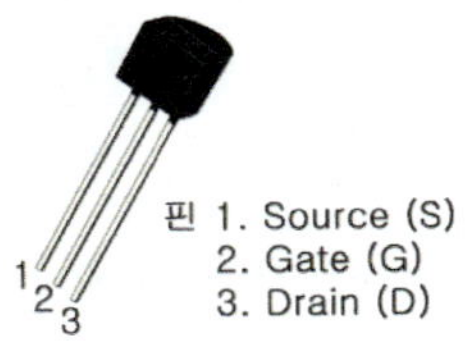

그림 3-166 2N7000 핀 배치도

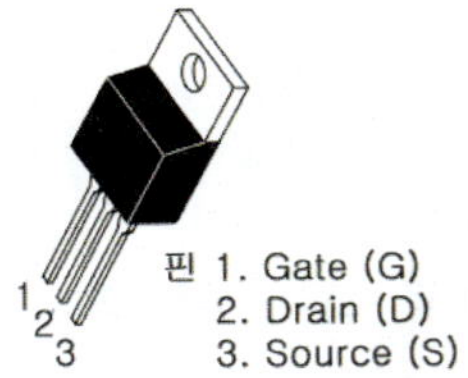

그림 3-167 IRFZ44N 핀 배치도

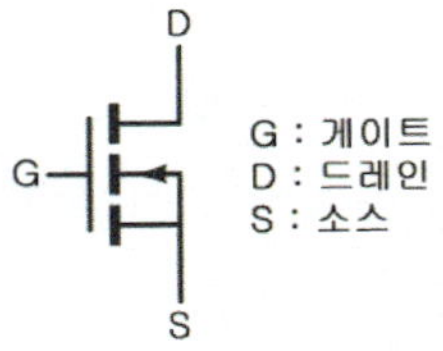

그림 3-168 NMOS 기호

(실험 방법)

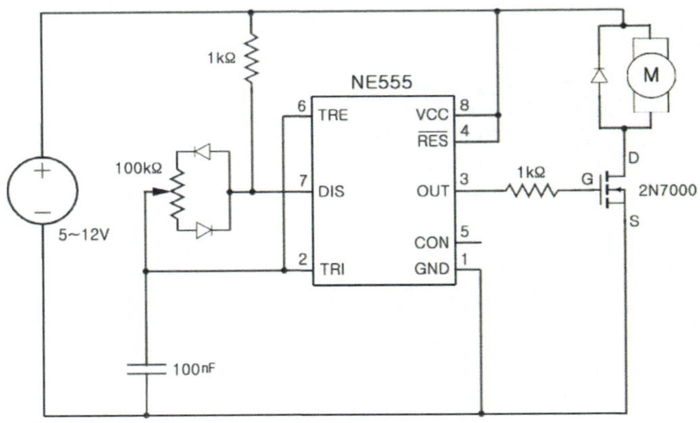

그림 3-169 타이머의 PWM기능으로 직류전동기 속도 조절하기 회로도

그림 3-170 타이머의 PWM기능으로 직류전동기 속도 조절하기 결선도(2N7000 사용)

그림 3-170 타이머의 PWM기능으로 직류전동기 속도 조절하기 결선도(IRFZ44N 사용)

회로구성하기

1. 2N7000 또는 IRFZ44N의 NMOS를 그림 3-166 또는 그림 3-167의 핀 배치도를 참고하여 드레인(D)을 전동기와 연결한다. 타이머의 3번 핀이 출력이다. 트랜지스터의 드레인으로 연결한다.
2. 전동기에는 병렬로 다이오드를 연결한다.

유의사항

위 그림 3-170에서 전동기 옆에 병렬로 연결된 다이오드처럼 릴레이, 솔레노이드, 전동기와 같이 코일을 사용하는 장치에는 다이오드를 반드시 사용해야한다. 이런 장치들은 전원이 차단 될 때 수백 볼트에 이르는 역전압(reverse voltage)이 순간적으로 발생하여 트랜지스터를 파손한다. 역전압이 발생할 때 다이오드가 연결되어있으면, 역전압을 코일로 되돌려 보내 트랜지스터를 보호한다.

회로점검 및 작동상태 확인하기

1. 퍼텐쇼미터의 저항값을 바꾸면서 전동기의 속도를 확인하고 기록한다.
   퍼텐쇼미터의 저항값이 클수록 전동기의 속도는 ____________________.

2. 타이머의 3번 OUT핀의 출력을 오실로스코프로 확인한다.

✔ 결과 및 고찰

앞선 실험 (실험 3.24-2)에서 부하로 LED를 사용하였고 이번 실험은 타이머의 3번 OUT핀에 전동기를 연결하였다. 앞선 실험의 밝기조절과 마찬가지로 퍼텐쇼미터의 저항값을 바꾸면서 PWM 기능으로 전동기의 속도를 조절하는 것이다.

자기평가

1. 타이머와 가변저항기를 사용하여 직류전동기의 속도를 조절할 수 있다.
2. 듀티비에 따라 전동기 속도가 바뀌는 것을 이해하고 설명할 수 있다.

서보모터

서보모터는 전동기, 기어박스 및 제어회로로 구성되어있다. 서보모터는 무한정 회전이 가능한 직류전동기와 달리 회전 반경이 정해져 있는 경우가 대부분이다. 그림 3-171의 서보모터 SG-90은 약 180도(각 방향으로 90도씩) 범위로 회전한다. 손으로 억지로 180도 이상으로 돌리려고 무리한 힘을 가하게 되면 서보모터가 손상된다. 표 3-6 SG-90의 기본사양에서 보듯이 작고 가벼우면서도 고출력인 SG-90 서보모터에는 3개의 연결선이 있다. 3개의 연결선은 적색(빨강), 갈색, 주황색(노랑)이다. 적색선은 + 전원, 갈색선이 -접지 연결이며, 주황색선이 서보모터의 동작을 제어하는 신호용이다.

그림 3-171 서보모터 SG-90

표 3-6 서보모터 SG-90의 기본사양

항목	사양
동작 전압	4.8V~6.0V
동작 속도	0.12sec/60 degree(4.8V); 0.11sec/60degree(6V)
출력 토크	1.2kg/cm(4.8V); 1.6kg/cm(6V)
크기	21.5 x 11.8 x 22.7mm
무게	9g

(실험 3.24-4[T]) 타이머의 PWM기능으로 서보모터 정/역회전하기

(실험 목표)

- 타이머와 가변저항기를 사용하여 서보모터 정/역회전할 수 있다.

(실험 준비물)

1. DC 5~6V 어댑터 또는 배터리 1개
2. 저항 1kΩ 2개
3. 퍼텐쇼미터(가변저항기) 100kΩ 1개
4. 세라믹 커패시터 100nF 1개
5. 다이오드 1N4001 1개
6. 555 타이머 1개
7. 마이크로 서보모터(SG-90) 1개

(실험 방법)

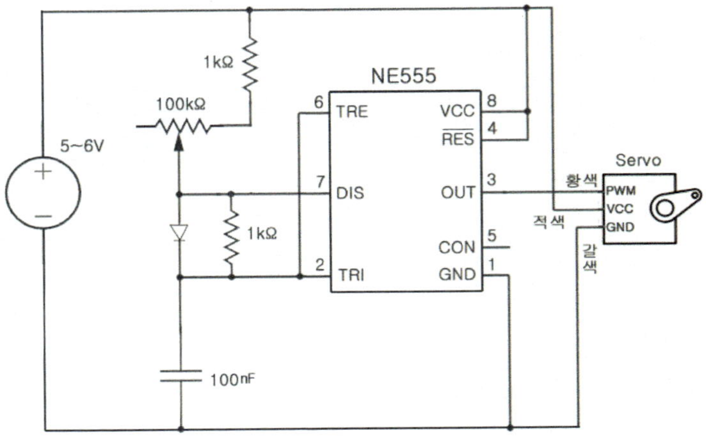

그림 3-172 타이머의 PWM기능으로 서보모터 정/역회전하기 회로도

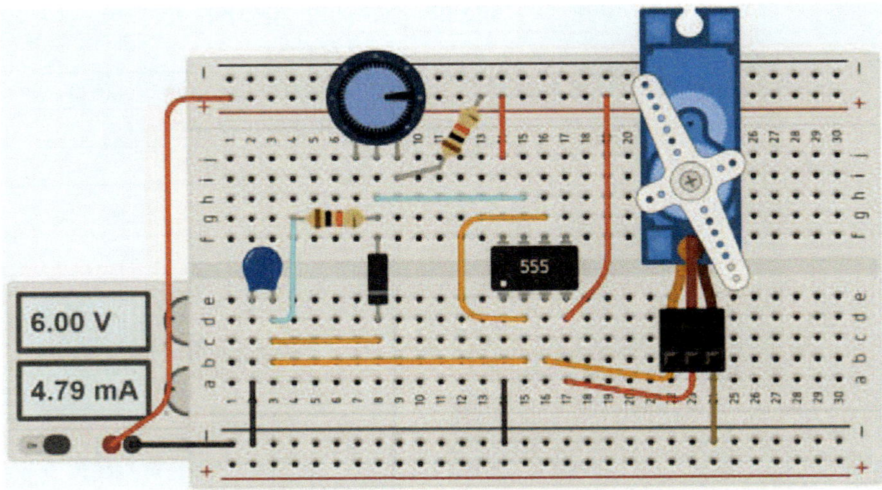

그림 3-173 타이머의 PWM기능으로 서보모터 정/역회전하기 결선도

회로구성하기

1. 타이머의 출력 3번 핀과 서보모터의 황색선(PWM)을 연결한다.

회로점검 및 작동상태 확인하기

1. 퍼텐쇼미터의 손잡이를 돌리면서 서보모터의 회전방향을 확인하고 기록한다.

퍼텐쇼미터	서보모터의 회전방향
시계방향으로 돌릴 경우	
반시계방향으로 돌릴 경우	

2. 타이머의 3번 OUT핀의 출력을 오실로스코프로 확인한다.

✔ 결과 및 고찰

앞선 실험 (실험 3.24-3)에서 타이머의 3번 OUT핀에 전동기를 연결하여 전동기의 속도를 조절하였다. 이번 실험에서는 타이머의 3번 OUT핀에 서보모터를 연결하였다. 퍼텐쇼미터의 저항값을 바꿀 때마다 서보모터의 회전각도가 달라져서 서보모터 날개 위치가 바뀐다. PWM 기능으로 전동기의 속도를 조절한 것처럼 서보모터의 회전각도를 달리한 것이다. 퍼텐쇼미터의 손잡이를 돌리면 서보모터의 날개도 같은 방향으로 회전함을 알 수 있다.

자기평가

타이머와 가변저항기를 사용하여 서보모터 정/역회전할 수 있다.

(실험 3.24-5[T]) 타이머로 푸시버튼을 토글버튼처럼 사용하기

(실험 목표)

- 타이머를 사용하여 푸시버튼을 토글버튼처럼 작동시키는 것을 이해하고 설명할 수 있다.

(실험 준비물)

1. DC 5~6V의 전원공급기(어댑터) 또는 배터리 1개
2. 브레드보드와 여러 개의 점퍼선
3. 저항 1kΩ 1개, 10kΩ 2개, 100kΩ 1개
4. LED 1개
5. 세라믹 커패시터 100nF 1개
6. 555 타이머 1개
7. 택트스위치(푸시버튼) 1개

(실험 방법)

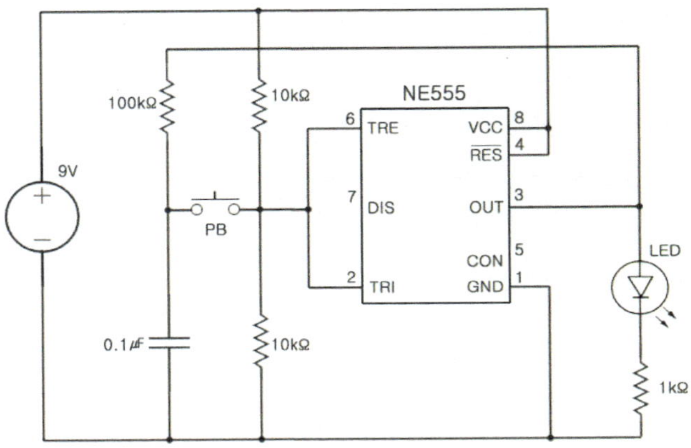

그림 3-174 푸시버튼을 토글버튼처럼 사용하기 회로도

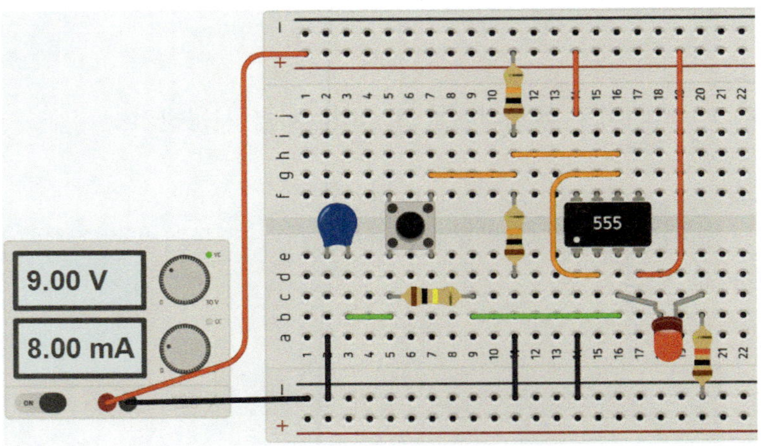

그림 3-175 푸시버튼을 토글버튼처럼 사용하기 결선도

회로구성하기

1. 택트스위치와 555타이머를 브레드보드의 가운데 홈을 따라 끼운다.
2. 노치를 기준으로 1번부터 반시계방향으로 핀 번호가 매겨진다. 회로도의 핀 번호를 잘 확인하고 결선한다.
3. 세라믹 커피시터는 앞선 실험의 전해 커패시터와 달리 무극성이므로 '+', '−' 단자는 신경 쓸 필요 없이 연결하면 된다.

회로점검 및 작동상태 확인하기

1. 택트스위치를 눌러 푸시버튼이 아니라, 누르면 LED가 켜지고, 또 누르면 LED가 꺼지는 식으로 토글버튼처럼 작동함을 확인한다.

결과 및 고찰

택트스위치는 누르고 있는 동안 LED가 켜지고 손을 떼면 꺼지는 푸시버튼형 스위치이다. 타이머를 사용하여 푸시버튼형의 택트스위치를 누르면 켜지고, 또 누르면 꺼짐을 반복하는 토글스위치처럼 만들 수 있음을 알 수 있다.

자기평가

타이머를 사용하여 푸시버튼을 토글버튼처럼 작동시키는 것을 이해하고 설명할 수 있다.

풀업/풀다운 저항[40)]

풀업(PULL-UP)/풀다운(PULL-DOWN) 저항은 수 kΩ ~ 수백 kΩ 정도로 높은 저항을 건다. 저항이 너무 높으면 플로팅 상태나 마찬가지가 되고 너무 낮다면 과전류로 소비 전력이 높아지고 부품 파손의 위험이 있다. 그러므로 공급전압과 수 mA 정도의 목표 전류를 옴의 법칙에 대입시켜 적절한 값의 저항을 사용해야한다. 풀업/풀다운 저항을 사용하는 이유는 크게 두 가지이다. ① 플로팅 현상을 방지한다. 플로팅이란 '떠있다'의 의미로, 신호가 Low(0)과 High(1)사이의 애매한 위치에 떠있는 상태를 말한다. ② 회로를 과전류에서 보호한다.

풀업 저항 : 저항을 VCC쪽에 붙여서 플로팅 현상을 해결하는 방식이다. 그림 3-176의 스위치가 오프이면 전류는 전원에서 입출력 핀으로 흘러 입출력 핀의 값은 1(HIGH)이 되고, 스위치가 온이면 입출력 핀의 전위는 LOW가된다.

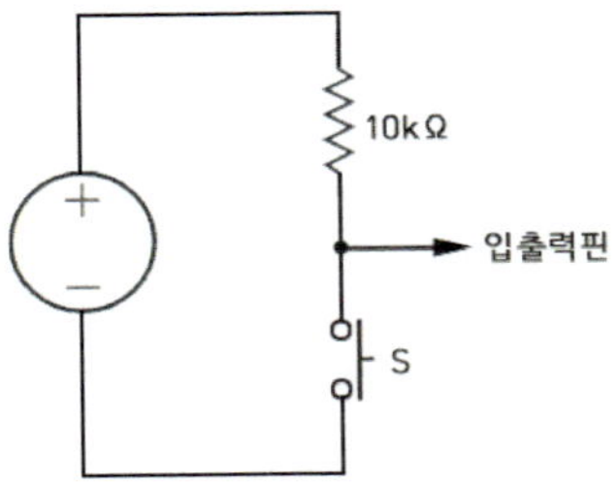

그림 3-176 풀업 저항

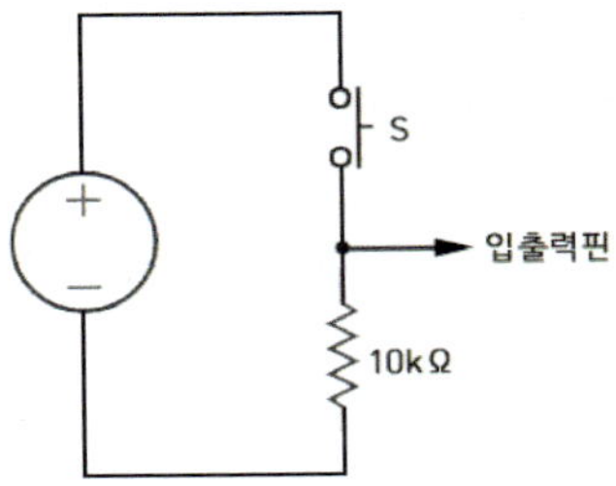

그림 3-177 풀다운 저항

풀다운 저항 : 저항을 GND쪽에 붙여서 플로팅 현상을 해결하는 방식이다. 그림 3-177의 스위치가 오프이면 전류는 입출력 핀에서 GND로 흐르고 입출력 핀의 값은 0(LOW)이 되고, 스위치가 온이면 입출력 핀의 전위는 HIGH가된다.

다음 그림 3-178, 179는 팅커캐드에서 택트스위치(누름 버튼)에 10kΩ 풀업 저항을 연결하고, 택트스위치를 온/오프할 때 입출력핀에 전달된 전압을 멀티미터로 측정한 것이다. 스위치 ON일 때 0V이고 OFF일 때 9V가 측정된다. 이처럼 풀업 저항일 경우 스위치를 누르면 OFF, 손을 떼면 ON으로 작동하게 된다(NC; b접점; 상시닫힘).

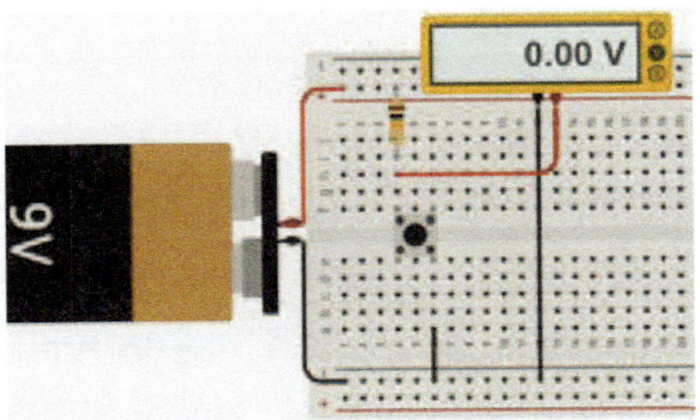

그림 3-178 풀업 저항일 경우 택트스위치 ON

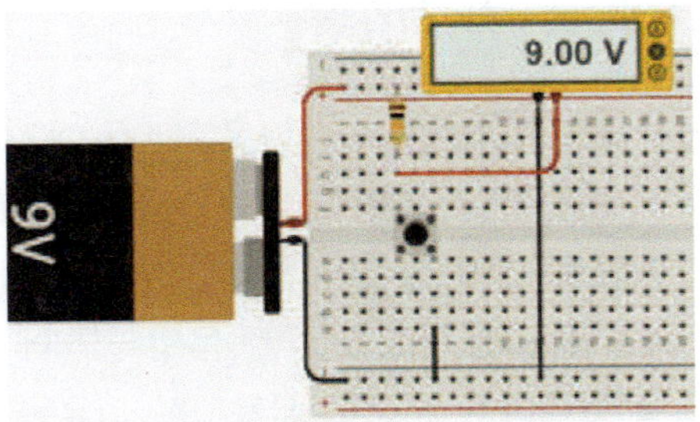

그림 3-179 풀업 저항일 경우 택트스위치 OFF

다음 그림 3-180, 181은 팅커캐드에서 택트스위치(누름 버튼)에 10kΩ 풀다운 저항을 연결하고, 택트스위치를 온/오프할 때 입출력 핀에 전달된 전압을 멀티미터로 측정한 것이다. 풀업 저항 형태일 때와는 반대로 스위치 ON일 때 9V이고 OFF일 때 0V가 측정된다. 이처럼 풀다운 저항일 경우 스위치를 누르면 ON, 손을 떼면 OFF로 작동하게 된다(NO; a접점; 상시열림). 이 책에서 택트스위치를 사용할 경우는 직관적인 형태인 스위치를 누를 때 ON이 되는 풀다운 형태를 사용한다.

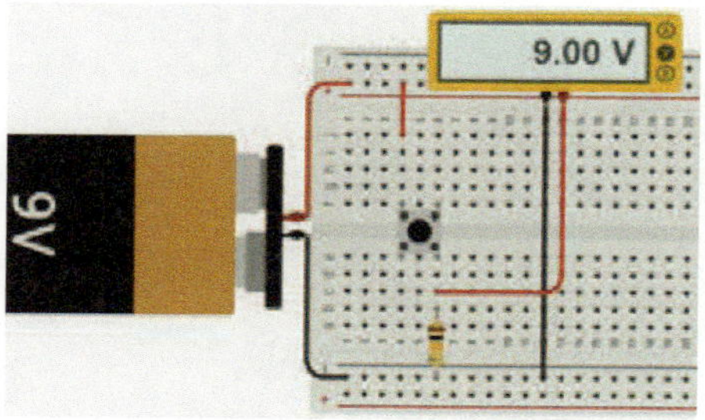

그림 3-180 풀다운 저항일 경우 택트스위치 ON

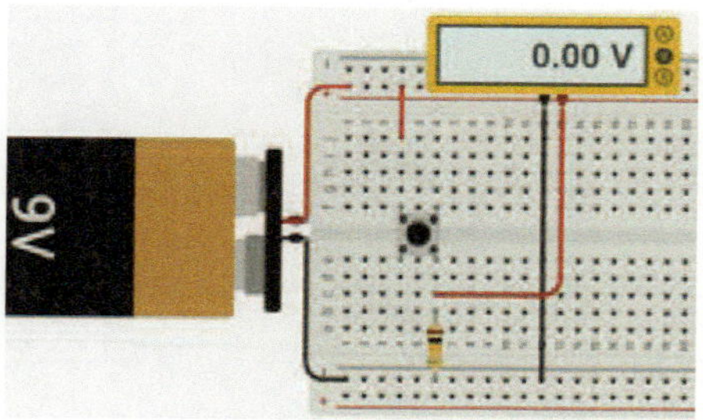

그림 3-181 풀다운 저항일 경우 택트스위치 OFF

(실험 3.24-6[T]) 설정시간동안 출력을 유지하기

(실험 목표)

- 타이머를 사용하여 얼마동안 꺼지는 것을 지연시켜 보고 원리를 이해하고 설명할 수 있다.

(실험 준비물)

1. DC 5~12V의 어댑터 또는 배터리 1개
2. 브레드보드와 여러 개의 점퍼선
3. 저항 1kΩ 4개
4. 퍼텐쇼미터(가변저항기) 100kΩ 1개
5. LED 1개

40) 이경훈, 『센서 응용 실무』, 문운당, 2022., p113

6. 전해 커패시터 100μF 1개
7. 택트스위치 2개
8. 555 타이머 1개

(실험 방법)

그림 3-182 타이머로 설정시간동안 출력을 유지하기 결선도

회로구성하기

1. 택트스위치 2개와 555타이머를 브레드보드의 가운데 홈을 따라 끼운다.
2. 왼쪽 택트스위치를 시작하는 ON스위치로 사용한다. 'ON 택트스위치'를 1kΩ 풀업 저항을 사용하여 2번 트리거 핀에 연결한다.
3. 오른쪽 택트스위치를 초기화하는 OFF스위치로 사용한다. 'OFF 택트스위치'를 1kΩ 풀업 저항을 사용하여 4번 리셋($\overline{Reset}$) 핀에 연결한다.
4. 100μF의 전해 커패시터를 극성에 유의하여 연결한다.

회로점검 및 작동상태 확인하기

1. 'OFF 택트스위치'를 눌러 초기화한다.
2. 'ON 택트스위치'를 눌러 LED가 얼마동안 켜져 있음을 확인한다. 퍼텐쇼미터의 저항값을 바꾸면서 켜져 있는 시간을 조정해보고 기록한다.

   R2의 저항값이 클수록 LED의 켜져있는 시간은 ____________________.

3. LED가 켜져 있을 때 'OFF 택트스위치'를 누르면 타이머를 취소하여 LED를 도중에 끌 수 있음을 확인한다.

✔ 결과 및 고찰

ON 스위치를 작동시키면 설정시간동안 LED가 계속 켜져 있도록 할 수 있다. 물론 설정시간 이전에 OFF 스위치를 누르면 LED를 끌 수 있다. 555 타이머를 사용하여 설정시간동안 꺼지는 것을 지연시켜 보고 원리를 이해할 수 있다. 지연 시간을 좀 더 길게 하려면 전해 커패시터의 용량이 큰 걸로 교체한다.

자기평가

타이머를 사용하여 얼마동안 꺼지는 것을 지연시켜 보고 원리를 이해하고 설명할 수 있다.

(실험 3.25[T]) IR 수신기_리모컨으로 LED와 버저 제어

(실험 목표)

- 적외선 송수신을 IR 리모컨과 수신기로 작동시켜 보고 적외선 송수신의 원리를 이해하고 설명할 수 있다.

(실험 준비물)

1. DC 5V의 전원공급기(어댑터) 또는 배터리 1개
2. 저항 330Ω 1개
3. LED 1개
4. IR 리모컨과 수신기(그림 3-183, 184 참조) 각 1개
5. 피에조부저(그림 3-185 참조) 1개

그림 3-183 IR 리모컨

그림 3-184 IR 수신기

그림 3-185 피에조부저

(실험 방법)

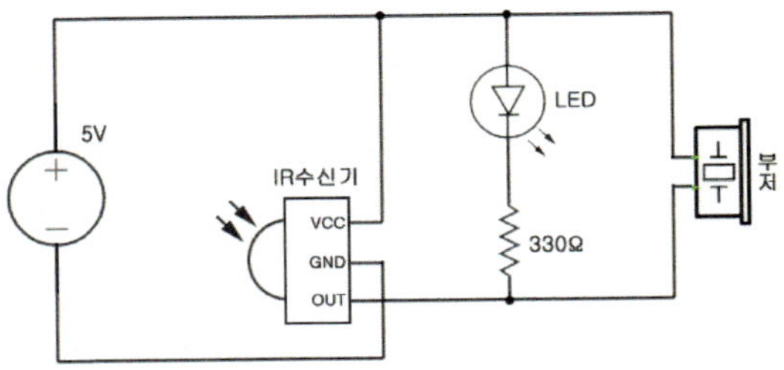

그림 3-186 IR 리모컨으로 LED와 부저 제어하기 회로도

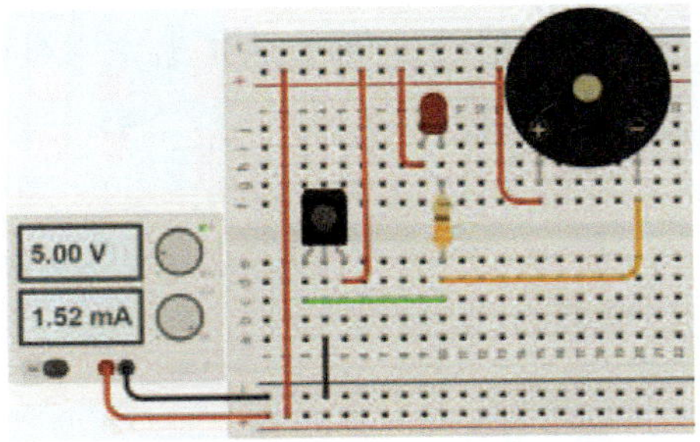

그림 3-187 IR 리모컨으로 LED와 부저 제어하기

회로구성하기

1. 전원 공급은 5V의 건전지 또는 어댑터를 사용한다.
2. IR수신기의 가운데 GND 단자는 전원의 '–'에 연결하고, IR수신기의 맨 오른쪽 VCC 단자는 전원의 '+'에 연결한다.
3. IR수신기의 맨 왼쪽 OUT단자는 330Ω 저항의 한 쪽 단자 또는 피에조부저의 '–'핀에 연결한다. 330Ω 저항의 다른 쪽 단자는 LED의 캐소드(–)에 연결한다.
4. LED의 애노드(+)와 피에조부저의 '+'는 전원의 '+'에 연결한다.

회로점검 및 작동상태 확인하기

1. IR 송신기 리모컨의 여러 버튼들을 누르면서 LED의 상태와 부저의 상태를 확인하고 기록한다.

IR 리모컨	LED의 상태	부저의 상태
누르지 않을 때		
누를 때		

2. 리모컨을 누를 때 수신기의 OUT 핀을 오실로스코프로 측정해본다. 다음 그림 3-188은 IR 리모컨의 신호를 수신한 OUT 핀의 측정한 출력 파형이다.

그림 3-188 IR 리모컨의 신호를 수신한 출력을 측정한 파형

✔ 결과 및 고찰

적외선 리모컨으로 신호를 보내면 적외선 수신기(IR 수신기)의 OUT 핀에 출력파형이 측정되었다.

자기평가

적외선 송수신을 IR 리모컨과 수신기로 작동시켜 보고 적외선 송수신의 원리를 이해하고 설명할 수 있다.

3.19 태양광 충전

태양광 패널은 '태양전지(솔라셀)'로 이루어진다. 태양전지는 n형과 p형의 반도체를 결합하여 만들어진다. 태양광 패널의 작동 원리는 태양전지가 빛을 받으면, 반도체 내부의 전자가 활성화되어 전류를 생성하게 된다. 이런 현상을 '광전효과'라고 한다. 태양광 패널에서 생성된 전력은 직류이다. 배터리에 충전했다가 사용할 수 있다. 교류 전원으로 사용하려면 DC를 AC로 변환해주는 인버터가 필요하다.

(실험 3.26) 야간에 LED가 자동 켜지는 태양광 충전시스템 구성하기

(실험 목표)

- 태양광 충전시스템을 이해하고 설명할 수 있다.
- 배터리에 따라 충전 가능한 태양광 패널의 적정 용량을 산정할 수 있다.
- 광센서 없이 야간에 자동으로 LED를 켤 수 있는 원리를 이해하고 설명할 수 있다.

(실험 준비물)

1. 5V 5W 태양광 패널(그림 3-189 참조) 1개
2. 18650 배터리 1개
3. 스위칭 다이오드(1N4148) 1개
4. 저항 100kΩ, 200kΩ, 1MΩ 각 1개
5. LED 1개
6. NPN(2N2222A) 트랜지스터(그림 3-190 참조) 1개
7. NMOS(2N7000; 그림 3-191 참조) 1개
8. 멀티미터 1대

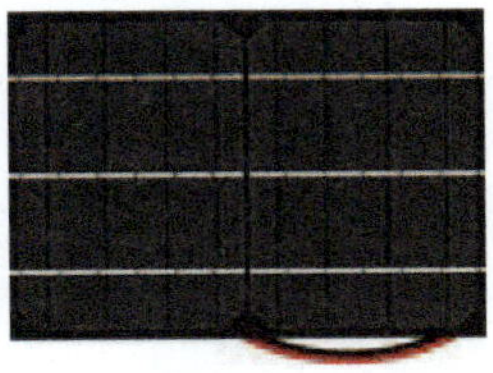

그림 3-189 태양광 패널

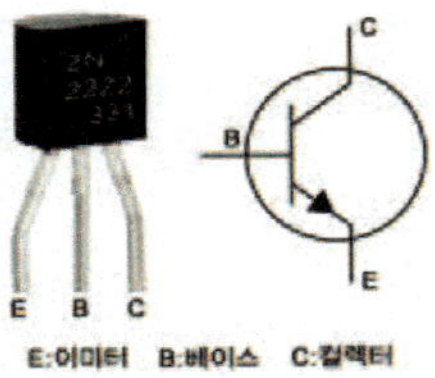

그림 3-190 2N2222

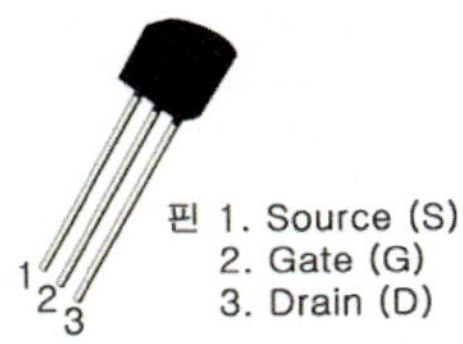

그림 3-191 2N7000

(실험 방법)

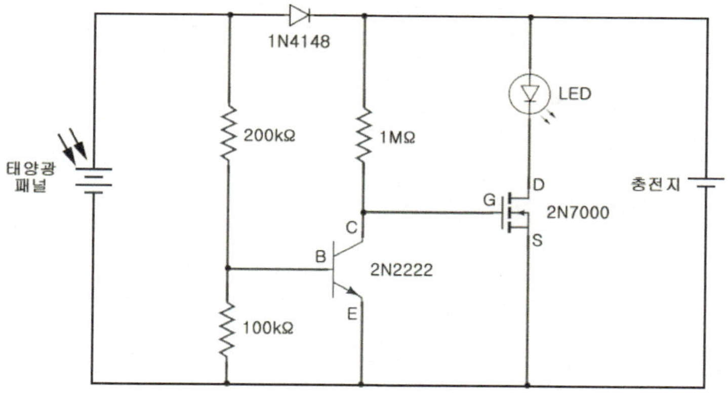

그림 3-192 야간에 LED가 자동 켜지는 태양광 충전 회로도

그림 3-193 야간에 LED가 자동 켜지는 태양광 충전 결선도

회로구성하기

1. 그림 3-192의 회로도대로 부품끼리 연결한다. NPN 트랜지스터와 NMOS는 핀 구조를 다시 확인 후 연결한다.
2. 스위칭 다이오드(1N4148)의 극성에 주의하여 연결한다.
3. 마지막으로 태양광 패널과 충전지를 연결하여 회로구성을 마무리한다.

회로점검 및 작동상태 확인하기

1. 밤인 것처럼 태양광 패널을 완전히 가려 LED가 켜지는지를 확인한다.
2. LED가 켜진 상태에서 태양광 패널의 전압을 측정하여 기록한다. 또한 태양광

패널에 햇빛이 비치도록 하여 태양광 패널의 전압을 측정하여 기록한다.

구분	태양광 패널 전압(V)
완전히 가린 경우	
실내에서	
실외에서	

3. 이제 충전이 제대로 되는지를 확인하기 위하여 스위칭 다이오드의 캐소드(-)와 배터리의 '+' 사이에 흐르는 전류를 측정하여 기록한다.

배터리로 흐르는 전류 : ______________________________

✔ 결과 및 고찰

태양광 패널을 완전히 가려 야간처럼 했을 때 자동으로 LED가 켜짐을 알 수 있다. 반대로 햇빛이 비칠 때는 태양광 패널의 양단에 전압이 형성되고, NPN(2N2222A) 트랜지스터는 ON되고, NMOS(2N7000)는 OFF되어 LED 회로가 끊어져 불이 꺼진다.

주간에는 태양광 패널의 전압이 배터리 전압보다 높아진다. 그러면서 전류가 스위칭 다이오드를 통과하여 배터리 쪽으로 흐르게 되고 배터리를 충전시킨다. 이제 반대로 어두워지기 시작하면 태양광 패널의 전압은 점점 낮아져 '0'이 된다. 어두워지면서 NPN은 OFF되고, NMOS는 ON이 되어 LED 회로가 폐회로가 되면서 불이 들어온다. 그리고 태양광 패널은 전압이 오히려 배터리 전압보다 낮아지므로 당연히 배터리를 충전시킬 수 없다. 오히려 배터리 전압이 상대적으로 높아 배터리의 전류가 태양광 패널 쪽으로 흐르는 것을 막기 위하여, 스위칭 다이오드의 캐소드가 배터리 방향으로 향하도록 배치했다.

자기평가

1. 태양광 충전시스템을 이해하고 설명할 수 있다.
2. 배터리에 따라 충전 가능한 태양광 패널의 적정 용량을 산정할 수 있다.
3. 광센서 없이 야간에 자동으로 LED를 켤 수 있는 원리를 이해하고 설명할 수 있다.

4장 교류회로

이 장에서는 교류의 기본 개념에서부터 일상생활에서의 벽스위치 및 3상전동기와 변압기의 구조와 특성에 기반한 제어 응용 실험을 해본다. 대표적인 실험으로는 두 지점에서 ON/OFF할 수 있는 3로 벽스위치, 릴레이를 사용한 자기유지회로, 3상전동기를 정회전/역회전시키기 위한 인터록회로 등이다.

- AC 220V 교류전원을 ON/OFF하는 단로 벽스위치를 이해하고 설명할 수 있다.
- 두 지점에서 ON/OFF할 수 있는 3로 벽스위치를 이해하고 설명할 수 있다.
- 푸시버튼의 접점(a접점, b접점, c접점)을 이해하고 설명할 수 있다.
- 릴레이의 특성과 기능 및 자기유지회로를 이해하고 설명할 수 있고, 릴레이를 사용한 자기유지회로의 푸시버튼으로 표시등을 켜거나 끌 수 있다.
- 푸시버튼을 사용하여 두 지점에서 전동기를 구동하는 방법을 이해하고 설명할 수 있다.
- 3상전동기의 회로 구성을 단상전동기와 비교 설명할 수 있다.
- 3상전동기를 정회전/역회전시키기 위한 인터록회로를 이해하고 설명할 수 있다.
- 변압기의 구조와 특성을 설명할 수 있고, 2차 코일의 전압을 측정하여 권수비를 계산할 수 있다.

4.1 교류

시간에 관계없이 전류의 세기와 방향이 일정한 전류를 직류라 하고 시간에 따라 전류의 방향과 세기가 달라지는 전류를 교류라고 한다. 그림 4-1처럼 전원플러그를 콘센트에 꽂아 전등을 켠다면 전류는 크기와 방향이 바뀌게 된다. 이처럼 그림 4-2의 ①과 같이 시간에 따라 크기와 방향이 변하는 전류를 교류(Alternating Current)라 하고, 줄여서 보통 AC로 쓴다. 방향이 일정한 직류와는 다르게 교류는 전하의 방향, 크기가 계속 바뀌기 때문에 +, - 단자를 구별하지 않는다. 즉, 전기 기구의 전원플러그를 콘센트에 아무렇게 꽂아도 된다. 교류전원의 기호는 그림 4-2의 ②와 같다.

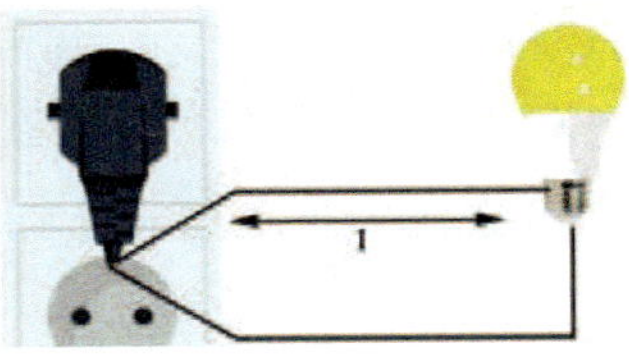

그림 4-1 **교류를 사용한 예**

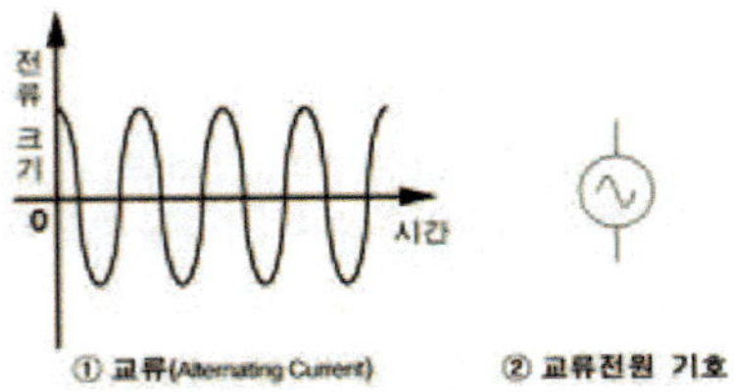

그림 4-2 **교류**

1초 사이에 전류의 극성이 변하는 횟수를 주파수라고 하며, 단위는 Hz로 표시한다. 주파수는 나라마다 다양한데 대부분 50Hz나 60Hz의 교류를 배전한다. 우리나라와 미국은 60Hz이다.

교류는 변압기를 이용하여 간단히 전압을 변경할 수 있으며, 전류가 자연스레 0으로 되는 점이 한 주기에 두 번 있어서, 회로의 차단이 용이하다. 그러나 같은 값의 실효값[41]에 대해 파고값이 높아서, 절연내력[42]을 크게 해야 하고, 큰 순시전류 용량이 필요하다.

41) 시간에 따라 변하는 전력을 평균하여 일정한 시간을 주었을 때 같은 일을 하는 직류로 환산했을 때의 값.
42) 절연물이 절연 파괴를 일으키지 않고, 견딜 수 있는 최대의 전압

4.2 전선

(1) 전선의 종류

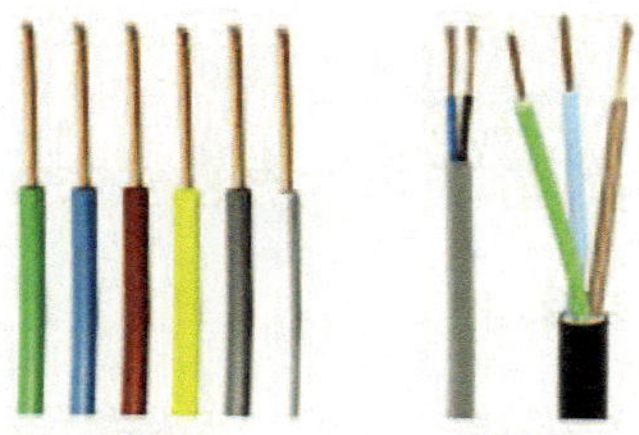

그림 4-3 전선의 종류

- 단선 : 그림 4-3(a)처럼 피복을 벗기면 단단하고 튼튼한 구리 도체 한 가닥으로 구성된 전선이다. 주로 벽콘센트, 벽스위치, 천정의 조명등의 연결에 사용한다. 쉽게 구부려지지 않기 때문에 고정되어 있는 곳에 설치한다.
- 연선(꼬임선) : 그림 4-3(b)처럼 피복을 벗기면 여러 가닥의 소선[43)]이 꼬여있다. 전기제품을 이리 저리 옮겨도 전선에 무리가 가지 않도록 잘 구부려지고 펴지는 연한 선이다.

(2) 전선의 굵기

전선의 굵기는 한국전력공사에서 제공하는 전기 공급약관 별표5 적정 전선 환산표 기준에 따라 전선의 굵기를 정하게 되어 있다. 이 책의 실험에서는 다음 표 4-1에서 보듯이 1.5SQ를 사용한다. 전선 굵기에 표기된 SQ(스퀘어)는 전선의 단면적 굵기로서 전선의 피복 속에 있는 도체(구리)의 단면적 굵기이다. SQ의 단위는 mm^2(미리미터제곱)이다. 사용 전력량보다 굵은 전선을 선택해야 과열로 인한 화재발생을 예방할 수 있다.

표 4-1 전선 굵기에 따른 최대 허용전류

도체단면적(SQ)	온도허용계수를 적용한 최대 허용전류(A)			
	10	20	30	50
1.5	30	28	25	18
2.5	41	38	34	24
4	55	50	45	32

43) 소선(strand, 素線): 꼬은선을 구성하는 한 가닥의 단선.

(3) 전선의 굵기 선정

전선의 굵기를 선정할 때 고려해야 할 요소는 허용전류[44], 전압강하, 전력손실 등의 전기적 특성과 기계적 강도[45], 중량 등의 기계적 특성 및 내부식성, 시공상의 난이도, 경제성 등이 있다. 이러한 요소 중에서 전선의 굵기를 선정할 때 가장 중점을 두는 것은 **허용전류**이다.

4.3 차단기

차단기는 과부하가 걸리거나 단락으로 인해 전기 회로가 손상을 입지 않도록 설계된 전기 안전장치이다. 기본 기능은 전류의 흐름을 차단하여 장비를 보호하고 화재를 방지하는 것이다. 한 번 작동하면 교체해야 하는 퓨즈와 달리 차단기는 수동(또는 자동)으로 재설정하여 작동을 재개할 수 있다. 배선용 차단기(과부하 차단기)와 누전 차단기로 구분한다.

그림 4-4와 같이 차단기의 전원측과 부하측의 단자가 2개인 것은 단상용이고, 그림 4-5와 같이 단자가 3개 또는 4개인 것은 3상용 차단기이다. 차단기 명판에 그림 4-4와 같이 '10A'라고 적혀있다면, 10A 이상의 전류가 흐르면 자동을 차단하겠다는 뜻으로 허용전류를 표시한 것이다. 너무 작은 용량을 쓰면 전기를 조금만 사용해도 차단기가 떨어질 것이고, 함부로 너무 큰 용량을 쓰면 웬만한 과전류가 흘러도 차단기가 작동하지 않으므로 주의를 기울여야한다. 차단기의 허용전류는 전선의 허용전류보다 작게 설치해야한다.

그림 4-5와 4-6과 같이 빨간색 또는 노란색의 버튼이 있는데, 차단기의 정상작동 유무를 판단하기 위한 동작시험 버튼이다. 동작시험 버튼을 눌렀을 때 차단기가 OFF되면 정상작동을 기대할 수 있다. 그림 4-4와 같이 소형의 배선용차단기에는 동작시험 버튼이 없을 수도 있다. 누전차단기에는 크기와 상관없이 모든 것에 있다. 누전차단기의 목적은 누전으로 인한 감전 사고를 막기 위한 장치이므로 배선용 차단기의 모든 기능에 추가적으로 누전 감지 기능이 있다. 인체 보호용이다. 표 4-2는 배선용차단기와 누전차단기의 비교사항이다.

---

44) 전선에 흐를 수 있는 최대전류

45) 전선의 튼튼함 정도

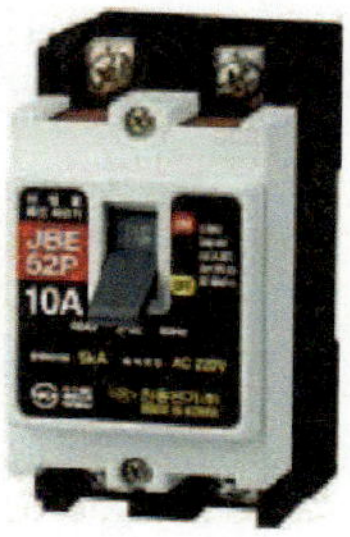

그림 4-4 단상 배선용차단기

그림 4-5 삼상 배선용차단기

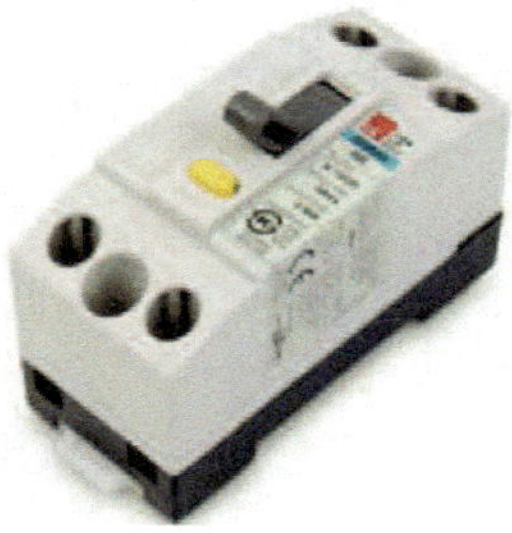

그림 4-6 단상 누전차단기

(1) 배선용차단기(MCCB)

배선차단기는 그림 4-4, 4-5와 같이 교류 600[V], 직류 750[V] 이하의 전선로 보호에 사용하는 과전류 차단기로서 배전선로의 단락, 과부하, 아크에 의한 과전류를 검출하여 선로를 차단하는 기능을 갖는다. 그림 4-7은 배선차단기의 구조를 나타낸다.

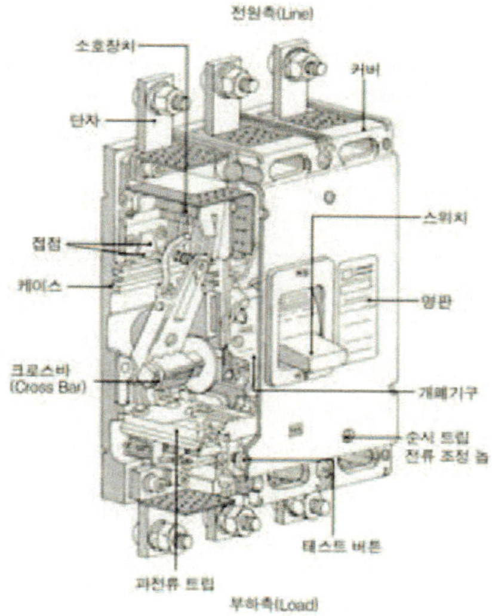

그림 4-7 배선용차단기 구조

배선용 차단기의 첫 번째 용도는 전원공급을 수동으로 ON/OFF하는 것이다. ON 시키면 전원측(LINE) 단자와 부하측(LOAD) 단자가 서로 연결되어 전류가 흐르게 된다. OFF 시키면 전원측(LINE) 단자와 부하측(LOAD) 단자의 연결이 끊어져 전류가 흐르지 않게 된다. 배선용 차단기의 두 번째 용도는 과전류로부터 회로를 보호하는 기능을 한다. 단락사고나 과부하로 큰 전류가 흐를 때 연결을 자동으로 끊어주는 역할을 한다.

(2) 누전차단기(ELB)

누전차단기는 누전에 의한 감전위험을 방지하기 위해 사용되는 기기이다. 이 장치는 전선로의 정격에 적합하고, 감도가 양호하며, 확실하게 작동하도록 되어 있어야 한다. 누전차단기의 내부구조는 지락검출장치, 차단(Trip)장치, 개폐기구로 구성되어 있으며, 지락검출장치로 사용되는 영상변류기(ZCT)는 고정밀 제작되어, 그 신뢰성이 우수하여 저압 배선계통에서 정격감도전류가 15[mA] 또는 30[mA]로 정해져 사용된다.

누전차단기는 보통 과부하를 검출하여 차단하는 배선차단기와 결합되어 과부하 겸용 누전차단기 ELBO로 사용된다. 이러한 차단기들은 전기화재의 위험요소인 순간단락사고 또는 아크에 대해서는 그 발생 주기가 매우 짧아 30[ms]의 차단동작시간으로 규정된 기존의 ELB, MCCB, ELBO로는 차단기능을 발휘하지 못하는 문제점이 있다.

표 4-2 배선용차단기와 누전차단기의 비교

구분	배선용차단기	누전차단기
목적	회로 보호	인체 보호
용도	과전류 차단 선로분리 기기보호 작용	과전류 차단 선로분리 기기보호 작용 누전감지 작용
동작시험 버튼	소형은 없는 것도 있음	모든 것에 있음
사용 기준	교류 600V이하, 직류 250V이하의 저압 옥내전로	교류 600V이하의 저압전로

4.4 퓨즈

기본적으로 퓨즈는 가느다란 금속 와이어로 과전류가 흐르면 녹아서 전류의 흐름을 차단한다. 그림 4-8은 유리관 퓨즈이다. 퓨즈는 금속이 녹아서 금속의 연결이 끊어지는 것이기 때문에 퓨즈는 한 번 사용하고 나면 대부분 재사용이 불가능하므로 새것으로 교체해 주어야 한다. 주로 녹는점이 낮은 납과 주석 또는 아연과 주석의 합금을 재료로 사용한다. 하지만 녹는점이 매우 높은 텅스텐의 경우, 정밀한 가공을 통하여 실처럼 가는 텅스텐선을 만들어 미소전류용 퓨즈로 사용하기도 한다.

용도와 모양에 따라 여러 가지로 분류한다. 얇은 실 모양의 실퓨즈는 5A 이하의 낮은 전류에 사용한다. 고리퓨즈는 양 끝이 고리 모양으로 되어 있고, 통형퓨즈는 절연통 안에 들어 있다. 한류(限流)퓨즈는 높은 아크 저항을 발생하여 전압강하에 의해 과전류의 상승을 제한한다. 이 중 실퓨즈와 고리퓨즈는 비교적 낮은 전류에 사용되며, 통형퓨즈, 한류퓨즈는 높은 전류에 사용된다.[46]

그림 4-8 유리관 퓨즈

4.5 감전[47]

전기는 눈에 보이지 않고 소리도 들리지 않고, 냄새도 맡을 수 없을 뿐만 아니라 손으로 확인할 수도 없기 때문에 매우 위험하다. 또한 전기의 속도는 빛의 속도와 같이 엄청 빠르므로 사고 발생 또는 접촉 시에 대피 또는 판단할 시간적 여유가 없어 매우 위험하다.

4.5.1 감전재해의 종류

감전재해는 다른 재해에 비하여 발생률이 낮으나, 일단 재해가 발생하면 호흡정지, 심장마비, 근육수축 등의 신체기능 장해와 고소작업 시 떨어짐 등으로 인한 2차재해가 발생하기 때문에 치명적인 경우가 많다. 전기에 관한 전반적인 재해를 일으키는 형태를 종류별로 분류하면 사용 전기에 의한 전기재해, 정전기에 의한 정전기재해, 낙뢰재해가 있다.

(1) 감전

사람체내의 일부 또는 대부분에 전기가 흘렀기 때문에 충격을 받은 현상이며 상해를 입지 않는 경우도 있으나, 상해를 입었을 때에는 사망률이 높아 매우 위험시 되고 있다.

- 직접접촉 : 충전부에 인체의 일부가 접촉하여 전압이 인가되는 형태로 활선작업 중 부주의 또는 정전작업 중 타인이 전원스위치를 투입하였을 때 발생
- 간접접촉 : 전선피복의 절연손상 또는 아크 발생에 의하여, 평상 시 충전되지

46) 두산백과 두피디아
47) 대한산업안전협회

않는 기기의 금속제 외함 등에 누전이 되어 있는 상태에서 인체의 일부가 이 외함과 접촉하여 감전되는 형태

(2) 아크의 복사열에 의한 화상

전기가 흐르고 있는 전기회로를 개폐할 때 아크(Arc)[48] 가 발생하는데 큰 전류가 흐르거나 고전압이 가압된 회로에서 단락 또는 지락사고가 발생할 때에는 강열한 아크가 발생되며, 이때 작업자가 근처에 있을 경우 아크의 복사열에 화상을 입게 된다.

(3) 전기화재

전류는 발열, 방전 등의 현상을 수반하는 것이며 전기 에너지는 1Kwh가 약 860Kcal로 환산되므로 그것이 열량을 발생하기 때문에 전기가 화재원이 될 수 있다.

– 전기기기 사용상의 부주의로 인한 발화
- ◆ 전기다리미, 전열기구 등의 통전방치에 의한 것
- ◆ 전구나 전열기구에 가연성 물질의 접근 또는 접촉에 의한 것

– 전기설비의 단락, 합선, 소손에 의한 발열
- ◆ 단락 또는 과부하에 의한 발열
- ◆ 접촉 및 접촉 불량에 의한 발열

– 전기설비로부터의 누설전류에 의한 발화(누전화재)
- ◆ 누전화재는 전기기구의 파손, 불량배선 등이 금속체와 접촉 또는 전선피복 등의 손상으로 누설전류가 발생되어 장기간 누설전류가 형성, 열의 축적으로 발화

– 스파크에 의한 발화, 폭발
- ◆ 스파크는 전기회로를 개폐기로 개폐할 때 전기기구의 접속 불량 등에 의해 발생되어 공기중의 분진이나 유증기 등에 의한 발화

– 전기설비의 손괴, 기능의 일시정지(정전사고)
- ◆ 천재지변에 의한 것, 인위적이고 우발적인 것, 시설의 노후, 노화에 의한 것, 동식물의 활동에 의한 것

---

48) 아크(Arc) : 두 개의 전극 사이에 전압을 건 경우에 발생하는 강한 빛을 아크(Arc)라 하며, 이 아크(Arc)가 발생하는 중에는 기체를 통하여 양전극 사이에 전류가 흐르고 있는 상태이므로, 전류가 흐름으로써 도전성이 유지된다.

4.5.2 전기 안전 수칙

① 일반사항

전기 스위치 부근에 인화성, 가연성 물질 등을 놓아서는 안 된다.

- 스위치함(분전반) 내부에 불필요한 물건을 보관해서는 안 된다.
- 분전반 설치 시 충전부 접촉을 방지하기 위하여 폐쇄형(덮개)으로 설치한다.
- 전기기계 · 기구 등에 전기불꽃이나 연기가 나면 즉시 전원을 차단하고 관계자에게 연락한다.
- 모든 스위치는 사용처, 이름을 명기해야 한다.
- 전기 수리 또는 점검할 때에는 "수리중", "점검중" 표시를 하고 관계자 이외는 출입을 금지시켜야 한다.
- 모든 전기기계 · 기구에는 접지를 올바른 방식으로 확실하게 접속해야 한다.
- 스위치, 배전반, 전동기 등 전기기계 · 기구에 가연성 물질이 닿지 않도록 한다.
- 스위치 개폐는 접속 부분의 안전을 확인하고 확실하게 접속한 다음 개폐해야 한다.
- 허가없이 임의로 전기 배선을 접속 사용하지 않는다.
- 전원으로부터 플러그를 뽑을 때에는 선을 잡아당기지 말고 플러그 전체를 잡아 당겨야 한다.

② 전기기계 · 기구의 일상 점검 요령

- 습기나 물기가 많은 곳에서 전기를 사용할 때에는 전기기계 · 기구에 접지 시설이 되어 있어야 하고 점검자는 보호구(절연화,절연장갑 등) 를 착용해야 한다.
- 전기기계 · 기구 사용을 위한 코드나 배선 기구는 용량과 규격에 맞는 것을 사용한다.
- 누전으로 인한 화재나 감전사고 예방의 기본 장치인 누전차단기는월 1회 이상 시험 버튼으로 정상작동 여부를 확인한다.
- 이상이 감지된 전기기계 · 기구는 누전, 합선, 감전사고의 위험이 매우 높으므로 반드시 보수하여 사용한다.
- 무자격자에게 전기 설비의 보수를 의뢰하는 경우 더 위험한 결과를 불러올 수 있으므로 반드시 유자격자(전기담당)에게 의뢰한다.

③ 전기 안전 작업 요령

- 장비를 점검하기 전에 전원 차단, 플러그가 있는 장비는 플러그를 뽑는다.
- 전원차단 시 가급적 절연장갑을 착용하고 얼굴을 스위치 상자로 향하지 않게 하고 손잡이를 내린다.
- 전기 설비를 작업할 때 공구나 비품의 손잡이는 절연체로 된 것을 사용한다.
- 전기기계 · 기구의 충전부(전기가 흐르는 부분)는 절연을 한다.
- 전원에 연결된 회로배선은 임의로 변경하지 않는다.
- 작업공간은 충분히 확보하고 항상 청결하게 유지한다.
- 플러그를 전원에 연결한 채 회로 변경 작업을 하지 않는다.
- 회로가 확실하게 연결되어 있지 않으면 플러그를 전원에 꼽지 않는다.
- 젖은 손이나 물건으로 회로에 접촉하면 안 된다.
- 전기 설비에 연결된 접지선의 접속을 확인한다.
- 전원 연장선은 최소한으로 가능한 짧게 사용한다.
- 전기 설비 근처에서는 가연성 용재를 사용하지 않는다.
- 다중 콘센트는 가능한 한 사용하지 않도록 한다. 만일 추가 콘센트가 필요하다면 관계자에게 의뢰해서 설치해야 한다.
- 분전반의 진입로와 스위치 앞에는 장애물이 없도록 한다.

4.5.3 감전사고

2016~2020년, 5년간 발생했던 감전사고로 인한 사상자 수 2,509명 중 1,883명이 산업재해 사상자였다. 전류가 신체를 관통하면 화상과 피부조직이 파괴될 수 있으며, 근육 수축 및 심정지를 일으킬 수 있다. 감전 사고로 인한 이런 생리적인 현상으로 현장에서는 떨어짐, 넘어짐 등 2차 재해까지 발생할 우려가 높은 것으로 나타났다.

(1) 감전사고의 원인

- 충전부에 직접 접촉하거나 안전거리 이내 접근 시
- 절연열화, 손상, 파손 등에 의해 누전된 전기기기 등에 접촉 시
- 잔류전하가 충전된 콘덴서, 고압케이블 등에 접촉 시
- 전기기기 등의 외함과 권선사이 또는 외함과 대지간의 정전용량에 의한 전압이 인가된 경우

- 지락전류 등이 흐르고 있는 도체부근에 발생하는 전위경사도 (전위차)에 의한 경우
- 고전압 송전선의 정전유도 또는 유도전압에 의한 경우
- 정전회로에 오조작 또는 자가용 발전기 운전으로 인한 역송전에 의한 가압의 경우
- 낙뢰의 진행파에 의한 경우

(2) 감전사고의 특징

전기작업과 직접관련이 없는 일반작업자에게 많이 발생되고, 일반작업자의 경우에는 생산설비인 저압전동기의 누전에 의해서, 전기작업자의 경우에는 정전 또는 활선, 활선근접 작업시의 안전수칙의 미준수로 발생되며, 일반적으로 고압이 상대적으로 더 위험하나 실제 재해 발생은 고압보다 저압에서 훨씬 많이 발생되고 있는 것으로 나타나고 있다.

전격(전류에 의한 인체의 충격)	심실세동[49]
맥박이 점점 빨라졌다가 급격히 약해짐. 피부가 거칠어지고 윤기가 없어짐.	심장 수축 기능의 소실 체내 혈액공급 저하로 급격한 혈압감소 및 실신

(3) 감전사고의 위험요소

감전은 인체의 일부 또는 전부에 전기가 흘렀을 때 인체 내에서 일어나는 생리적인 현상이다. 인체의 반응 및 사망의 한계는 그 속성상 인체실험이 어렵고 재해당시의 상황변수 등으로 인하여 획일적으로 정하기는 어렵지만, 인체감전 시 그 위험도가 비교적 일치하고 있는 사항은 통전전류의 크기, 통전시간, 통전경로, 전원의 종류 등이다.

49) 심장근육이 불규칙적이고 조화롭지 않게 수축하는 현상 즉, 심장박동이 비정상적인 상태

① 통전전류

통전전류의 크기	1mA	7~8mA	10~15mA	20~50mA	50~100mA
증 상	약간 느낄 정도	경련유발	통증유발	강렬한 경련초래	사망
	최소 감지전류	고통 한계전류	이탈(가수)전류 남자:9mA, 여자:6mA	이탈불능 (불수)전류	심실세동 (치사)전류

※ 감전에 의한 사망의 위험성은 보통 통전전류의 크기에 의해 결정된다.

② 통전시간

통전시간(초)	0.05	0.10	0.20	1.00	2.00	5.00
한계전류(mA)	518	367	260	116	82	52

※ 같은 크기의 전류에 인체가 감전되더라도 통전시간이 길수록 더욱 치명적이다.

③ 전원의 종류

전원의 종류에는 교류와 직류가 있으며, 교류는 직류와 다르게 파형을 가지기 때문에 직류에 비해 더 높은 전압을 사용해야 같은 전기에 너지가 된다. 그리고 교류는 시간에 따라 극성(방향)이 바뀌어 감전 시 근육을 빠르게 수축, 이완시켜 심장이 정상적으로 뛰지 못하게 하여 심장마비가 발생하게 한다. 즉, 같은 전압일 경우 교류가 직류에 비해 더욱 위험하다는 것을 알 수 있다.

④ 통전경로

통전경로	위험도	통전경로	위험도	통전경로	위험도
왼손→가슴	1.5	양손→양발	1.0	한손 또는 양손 →앉아있는 자리	0.7
오른손→가슴	1.3	오른손 →한발 또는 양발	0.8	왼손→오른손	0.4
왼손 →한발 또는 양발	1.0	왼손→등	0.7	오른손→등	0.3

4.5.4 감전사고 방지대책

(1) 절연

전기가 통하고 있는 전로가 대지 또는 기타 주변의 물질과 전기적으로 연결되지 않도록 하는 것을 절연이라 부르며, 절연에는 기본절연, 이중절연, 강화절연이 있다.

① 기본절연 : 충전부위를 단일의 절연체로 밀폐하는 가장 기본이 되는 절연 방식으로 열 또는 충격으로 인한 절연파괴가 발생할 위험이 높다.

② 이중절연 : 열과 충격으로 인한 절연파괴를 방지하기 위해 기본절연 후 한번 더 절연체로 밀폐하는 방식으로 이동식 전기기계기구에 많이 사용된다.

③ 강화절연 : 이중절연 방식에 준하는 절연 보호 수준을 가지는 단일 절연 방식이다.

(2) 접지

감전 등의 전기사고 예방을 목적으로 전기기기와 대지를 도선으로 연결하여 기기의 전위를 "0"으로 유지하는 것으로 기기접지(보호접지), 계통접지, 기타접지가 있다.

① 접지 목적

접지의 목적은 여러 종류의 전기·전자·통신설비 기기를 대지와 전기적으로 접속하여 지락사고 발생 시 전위 상승으로 인한 장해를 없애는 것이다. 접지는 위험전압으로 상승된 전위를 저감시켜 인체 감전위험을 줄이고, 사고전로를 크게 하여 차단기 등 각종 보호장치의 동작을 확실히 할 수 있도록 한다. 접지는 계통접지, 기기접지, 피뢰용 접지 등 안전을 위한 보호용 접지와 노이즈 방지접지, 전위기준용 접지 등 기능용 접지로 나눈다. 보호용 접지는 대전류, 저주파 영역이고 기능용 접지는 소전류, 고주파 영역의 특성을 갖는다.

② 보호용 접지의 필요성

전기설비에 누전이 발생하면 외함의 전위가 위험전압으로 상승되어 감전의 위험이 있으며, 이를 저감하기 위해 보호접지가 필요하다. 보호접지는 사람과 전기 설비 기기의 안전을 확보하기 위한 접지로 지락사고나 뇌격전류가 접지극을 통해 대지로 흐른다. 만약 지락사고가 발생하게 되면 지락사고 전류가 기기접지에 의해 대지로 흘러 접지급의 전위를 상승시킨다. 이때 사람이 기기에 접촉되면, 인체에 접촉전압이 인가되고, 감전전류가 흐르게 된다. 이것은 접촉전압의 함수로서 인체의 임피던스, 전류의 크기, 인체에 흐르는 시간 등과 관계가 있으며 이때 심실세동이 발생하지 않고 감전사를 일으키지 않도록 전압이나 전류를 억제하기 위한 접지가 필요하다. ※ 산업안전측면에서의 접지는 일반적으로 감전재해를 예방하는데 주목적이 있으므로 기기접지(보호접지)를 말한다.

③ 기능용 접지의 필요성

전자기기의 안정적인 작동을 위해 필수적인 기술이다. 대지는 일정한 저항을 가진 저항체로 전위차가 발생하여 전류가 흐르기 때문에 전기적인 기준 전위점을 설치하여야 한다.

(3) 누전차단기

교류 600V 이하의 저압전로에서 누전에 의한 감전, 전기화재 및 전기기계 · 기구의 손상을 방지하기 위하여 사용되며, 동작원리는 차단기 안에 내장된 영상변류기에 의해 누전되는 전류치를 검출하여 정격감도 이상일 경우 자동으로 선로를 차단한다.

① 누전차단기 설치기준

정격감도전류	작동시간
30mA 이하	0.03초 이내

다만, 정격전부하전류가 50암페어 이상인 전기기계 · 기구에 접속되는 누전차단기는 오작동을 방지하기 위하여 정격감도전류는 200밀리암페어 이하로, 작동시간은 0.1초 이내로 할 수 있다.

② 누전차단기 설치대상

- 대지전압이 150볼트를 초과하는 이동형 또는 휴대형 전기기계 · 기구
- 물 등 도전성이 높은 액체가 있는 습윤장소에서 사용하는 저압(1.5천볼트 이하 직류전압이나 1천볼트 이하의 교류전압을 말한다)용 전기기계 · 기구
- 철판 · 철골 위 등 도전성이 높은 장소에서 사용하는 이동형 또는 휴대형 전기기계 · 기구

- 임시배선의 전로가 설치되는 장소에서 사용하는 이동형 또는 휴대형 전기기계 · 기구

③ 누전차단기 종류

누전차단기의 종류는 '일반형 누전차단기', '콘센트형 누전차단기', '플러그형 누전차단기' 그리고 '방수형 누전차단기'가 있다.

(4) 절연 보호구

절연 보호구란, 활선작업 또는 활선근접작업에서 감전을 방지하기 위하여 작업자가 신체에 착용하는 절연 안전모, 절연 고무장갑, 절연 화, 절연장화, 절연복 등을 말한다.

① 절연 안전모 : 물체의 낙하 · 비래, 추락 등에 의한 위험을 방지 또는 경감하고, 머리 부위의 감전에 의한 위험을 방지하기 위한 것으로 내전압성이다. (내전압성이란 7,000V 이하의 전압에 견디는 것을 말한다.) (※ 절연 안전모에는 AE형, ABE형 두 종류가 있으며 E가 절연을 나타내는 표시이다.)

② 절연 장갑 : 전선로나 전기기계 · 기구의 충전부에 손이 접촉되어 감전되는 것을 방지하기 위하여 착용한다.

표 4-3 내전압용절연장갑의 등급

등급	최대사용전압		등급별 색상
	교류(V, 실효값)	직류(V)	
00	500	750	갈색
0	1,000	1,500	빨강색
1	7,500	11,250	흰색
2	17,000	25,500	노랑색
3	26,500	39,750	녹색
4	36,000	54,000	등색

③ 절연화 : 물체의 낙하, 충격 또는 날카로운 물체에 의한 찔림 위험으로부터 발을 보호하고 저압(직류750V이하 또는 교류 600V 이하의 전극을 말한다.)의 전기에 의한 감전을 방지한다.

④ 절연장화 : 고압(직류750V이상 또는 교류 600V초과하는 7,000V이하의 전압을 말한다.)에 의한 감전을 방지 및 방수를 겸한 것이다.

⑤ 절연복 : 고압활선작업 또는 고압활선근접작업 시 감전사고로부터 작업자의 상체를 보호하기 위하여 착용하며, 절연성이 있는 표면 시트와 내면필름으로 구성되어 있다.

절대로 하면 안 되는 것
1. 콘센트에 금속 막대를 집어넣기. 2. 물이 담긴 곳에 전기기구 넣기(헤어드라이기, 충전 중인 스마트폰 등)

4.6 벽스위치

(1) 단로 벽스위치

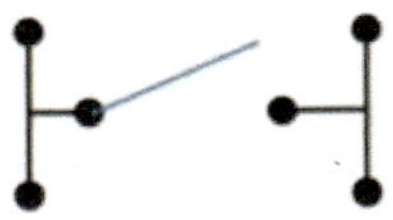

그림 4-9
단로스위치

그림 4-9처럼 전선을 꽂을 수 있는 곳이 좌우에 두 개씩 있는데, 두 개씩 어느 한쪽에만 연결하면 된다. 그림 4-10은 전등을 2개까지 제어할 수 있는 2구 단로 벽스위치의 안쪽 면이다. 단선을 사용하면 쉽게 꽂아 연결할 수 있다. 2구 단로 스위치의 경우 활성선[50]은 그림 4-10의 왼쪽 두 개씩 4개가 있는 곳의 어느 한 쪽에만 꽂는다. 그리고 스위치끼리는 서로 연결해주면 2개의 스위치에 같은 활성선을 통해 전기가 공급된다. 단선을 뽑을 때는 일자드라이버로 구멍 옆쪽의 버튼을 누르고 단선을 당기면 된다.

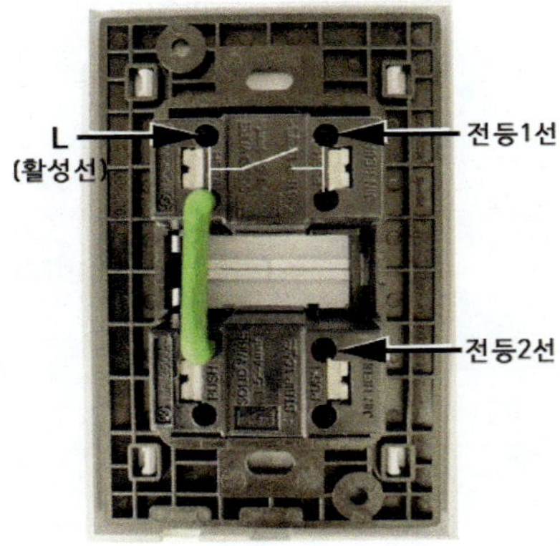

그림 4-10 2구 단로스위치 안쪽 면

(2) 3로 벽스위치

두세 군데에서 전등을 점멸할 수 있는 스위치이다. 그림 4-12는 선을 연결할 수 있는 3로 벽스위치의 뒷면이다. 주로 출입문이 2개인 곳이나 계단용 스위치로 많이

50) 전기가 공급되는 전선. 하트선(Hot Line)이라고도 한다. 3상4선식에서 R, S, T 선로중의 하나이다.

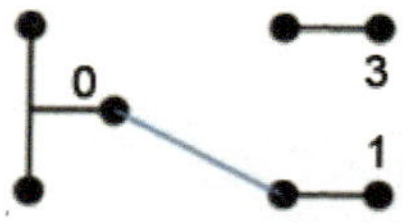

그림 4-11
3로스위치

사용된다. 일반 단로스위치와 3로스위치의 가장 큰 차이점은 3로스위치는 ON/OFF의 개념이 없다는 것이다. 단로스위치는 켜짐과 꺼짐이 구분되는 반면 3로스위치는 양쪽에서 조정하기 때문에 스위치의 꺼짐과 켜짐의 방향이 유동적으로 바뀐다. 그래서 3로스위치 버튼에는 단로스위치처럼 ON 표시가 없다. 왼쪽에서 껐다면 오른쪽에서 켤 수 있고, 반대로 오른쪽에서 껐다면 왼쪽에서 켤 수 있다. 결국 양쪽에서 모두 전등을 제어할 수 있다.

그림 4-12 3로스위치 안쪽 면

3로스위치 뒷면을 보면 그림 4-11에서 보듯이 0, 1, 3의 번호가 표시되어있다. 0번은 활성선 또는 전등선이 연결될 구멍이다. 3로스위치의 버튼을 누를 때마다 1번과 3번의 선로를 번갈아 선택하게 된다. 4로스위치도 있지만 이 책에서는 생략한다.

(실험 4.1) 단로스위치로 두 개의 전등 점멸하기

(실험 목표)

- AC 220V 교류전원을 ON/OFF하는 단로스위치를 이해하고 설명할 수 있다.

(실험 준비물)

1. 부품 고정을 위한 판자(50cm × 50cm이상)
2. 220V 전원플러그(그림 4-13참조) 1개
3. 단자대(터미널블록; 그림 4-14참조) 1개
4. 유리관 퓨즈(퓨즈홀더 포함; 그림 4-15참조) 1개
5. 빨간색과 초록색 표시등(파일럿램프; 그림 4-16참조) 각 1개
6. 2구 컨트롤박스(그림 4-17참조) 1개
7. 2구 단로 벽스위치(그림 4-18참조) 1개
8. 1.5sq 단선 2m
9. 멀티미터 1대

그림 4-13 AC220V용 전원플러그

그림 4-14 단자대(터미널블록)

그림 4-15 퓨즈와 퓨즈홀더

그림 4-16 표시등(파일럿램프)

그림 4-17 2구 컨트롤박스

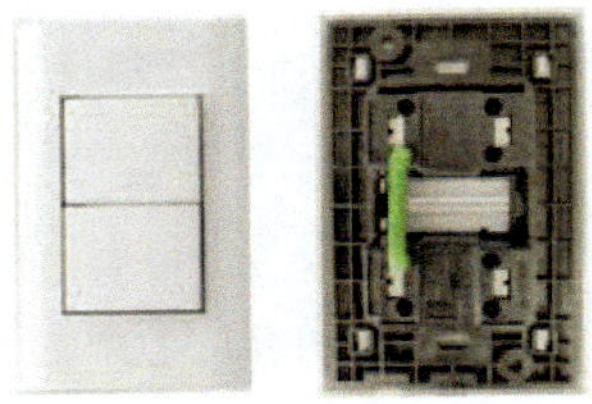

그림 4-18 2구 단로 벽스위치(앞뒤면)

콘센트

전기 배선과 코드의 접속에 쓰는 기구. 여기에 전원플러그를 끼우게 되어 있다. 플러그의 핀 수에 따라 2핀 콘센트와 접지선이 있는 3핀 콘센트가 있으며 대개 100V에는 2핀, 220V에는 3핀을 사용한다.

(실험 방법)

다음 그림 4-19는 2구 단로 벽스위치로 두 개의 전등을 점멸할 수 있는 회로도이다. 단로스위치의 특성과 기능을 이해하면서 실험한다.

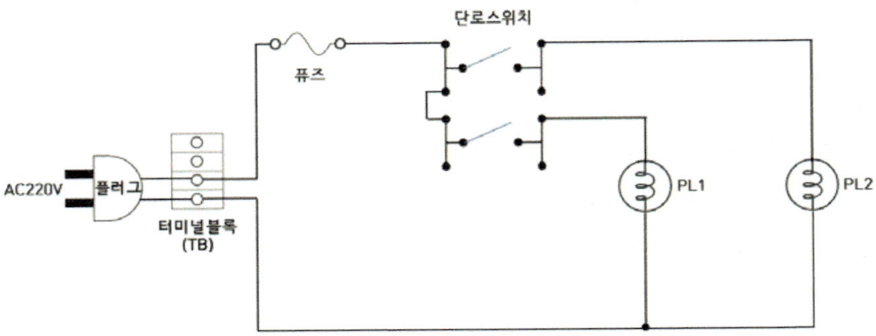

그림 4-19 2구 단로스위치로 두 개의 전등 점멸하기 회로도

회로구성하기

1. 판자에 단자대(터미널블록), 퓨즈홀더, 2구 컨트롤박스를 적절히 배치하여 고정한다.
2. 콘센트를 통하여 교류 220V를 공급하기 위해 50Cm 정도 길이의 1.5sq 전선(단선 또는 연선) 두 가닥으로 전원플러그를 만든다. 실험이 끝나도 전원플러그는 해체하지 말고 다음 실험에 사용할 수 있도록 한다.
3. 전원플러그와 연결된 두 가닥의 전선을 단자대에 연결한다.

유의사항

전선의 피복이 너무 많이 벗겨져 도체 부분이 많이 노출되면 감전의 우려가 있다. 전선의 도체부분이 인체에 닿는 일이 없도록 도체가 노출되지 않게 결선한다.

4. 퓨즈는 나중에 테스트할 때 끼우면 된다. 회로를 구성할 때에는 퓨즈홀더와 연결한다. 퓨즈홀더의 한쪽 단자는 전원플러그와 연결된 단자대의 한 쪽에 연결하고, 퓨즈홀더의 다른 쪽 단자는 그림 4-10에서 보듯이 벽스위치의 '활성선' 구멍에 끼우면 된다. 제대로 끼우면 당겨도 빠지지 않는다. 활성선 구멍에 끼운 단선의 도체부분이 너무 노출되지 않게 한다.
5. 2구 컨트롤박스에 빨간색과 초록색의 표시등을 장착한다. 실험 도중에 감전의 우려가 있어 표시등을 컨트록박스에 넣는다. 실험 도중에 작동이 제대로 되지 않을 경우에도 표시등의 두 단자를 만지지 않도록 주의한다.
6. 두 개의 표시등의 한쪽 단자는 그림 4-10의 전등1선과 전등2선에 각각 끼우고 다른 한쪽 단자는 단자대의 남아있는 다른 한쪽 단자에 연결한다.
7. 단자대의 뚜껑을 덮는다.

회로점검 및 작동상태 확인하기

1. 유리관 퓨즈를 퓨즈홀더에 끼운다.
2. 전원플러그를 콘센트에 끼운다.
3. 2구 벽스위치의 2개 스위치를 on/off하여 빨간색과 초록색의 표시등 상태를 확인하고 기록한다.

2구 벽스위치	반응하는 표시등
위쪽 버튼 스위칭	
아래쪽 버튼 스위칭	

✔ 결과 및 고찰

2구 벽스위치는 두 개의 전등을 제어할 수 있다. 전등을 제어하려면 두 가닥의 전원 공급선이 필요한데, 두 가닥 중에 중선선을 전등에 곧장 연결해두고, 활성선은 벽스위치를 거쳐 가도록 연결한다. 결국 벽스위치가 활성선을 끊거나 연결시키는 작용을 함으로써 전등 제어함을 알 수 있다.

자기평가

1. AC 220V 교류전원을 이해하고 설명할 수 있다.
2. 단로 벽스위치를 이해하고 설명할 수 있다.

(실험 4.2) 3로스위치로 두 지점(A, B)에서 전등 점멸하기

(실험 목표)

- 두 지점에서 ON/OFF할 수 있는 3로스위치를 이해하고 설명할 수 있다.

(실험 준비물)

1. 부품 고정을 위한 판자(50cm × 50cm이상)
2. 220V 전원플러그 1개
3. 단자대 1개
4. 유리관 퓨즈(퓨즈홀더 포함) 1개
5. 표시등 1개
6. 1.5sq 단선 2m
7. 1구 3로 벽스위치 2개
8. 멀티미터 1대

(실험 방법)

다음 그림 4-20은 3로 벽스위치로 두 지점에서 전등을 점멸할 수 있는 회로도이다. 두 개의 3로스위치의 연결에 집중하면서 실험한다.

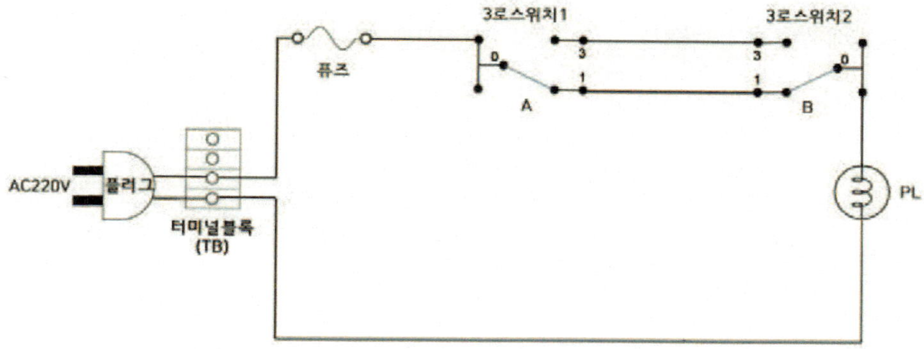

그림 4-20 3로스위치로 두 지점에서 전등 점멸하기 회로도

회로구성하기

1. 전원플러그에 1.5sq 전선(단선 또는 연선) 두 가닥을 연결한다.
2. 판자에 단자대, 퓨즈홀더, 2구 컨트롤박스를 적절히 배치하여 고정한다.
3. 2구 컨트롤박스에 하나의 표시등을 장착한다.
4. 전원플러그의 두 가닥의 전선을 단자대에 연결한다.
5. 퓨즈를 끼우지 않은 상태의 퓨즈홀더를 단자대와 3로스위치1의 활성선 구멍과 연결한다.
6. 3로스위치1과 3로스위치2의 두 개 스위치는 서로 같은 번호(1번은 1번, 3번은 3번)끼리 연결한다.
7. 표시등의 한쪽 단자는 3로스위치2의 전등선 구멍에 끼우고 다른 한쪽 단자는 단자대의 남아있는 다른 한쪽 단자에 연결한다.
8. 단자대의 뚜껑을 덮는다.

회로점검 및 작동상태 확인하기

1. 유리관 퓨즈를 퓨즈홀더에 끼운다.
2. 전원플러그를 콘센트에 끼운다.
3. 양쪽에서 두 개의 3로 벽스위치를 번갈아 누르면서 하나의 전등(PL)을 두 군데에서 제어할 수 있는지를 확인하고 기록한다.

3로 벽스위치1 버튼의 눌린 상태	3로 벽스위치2 버튼의 눌린 상태	표시등 상태
왼쪽	왼쪽	
왼쪽	오른쪽	
오른쪽	왼쪽	
오른쪽	오른쪽	

✔ **결과 및 고찰**

두 개의 3로 벽스위치를 사용하여 2군데에서 표시등을 제어할 수 있음을 알 수 있다. 3로스위치의 버튼은 단로스위치와 달리 켜짐과 꺼짐의 방향이 없다.

자기평가

1. 3로 벽스위치를 이해하고 설명할 수 있다.
2. 두 개의 3로 벽스위치로 하나의 전등을 양쪽에서 제어할 수 있도록 회로를 구현할 수 있다.

4.7 푸시버튼

그림 4-22, 23과 같이 푸시버튼(Push Button; PB)은 버튼을 누름으로써 접점을 열거나 닫는 스위치의 총칭이다. 버튼을 누르면 접점이 닫히는 것(a접점)이 있고, 이것과는 반대로 접점이 열리는 것(b접점)이 있다. 이처럼 버튼을 누르면 접점이 닫히거나 열리는 동작을 하고, 손을 떼면 용수철로 인해 원상태로 복귀한다. 일반적으로 기동하기 위한 버튼은 초록색, 정지는 빨간색을 사용한다.

그림 4-21 푸시버튼(PB)

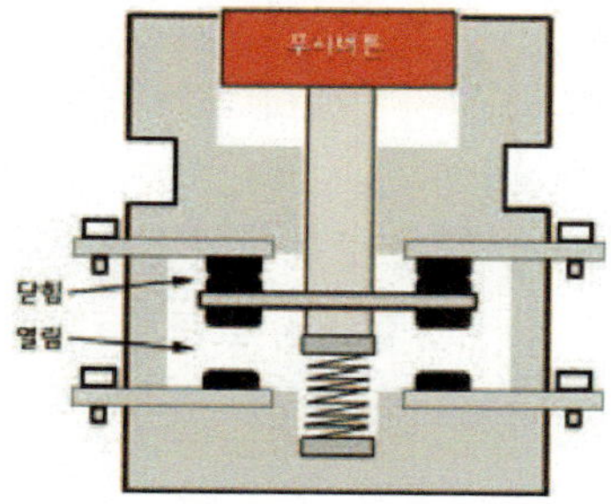

그림 4-22 푸시버튼 구조
(평상시 열림과 닫힘상태)

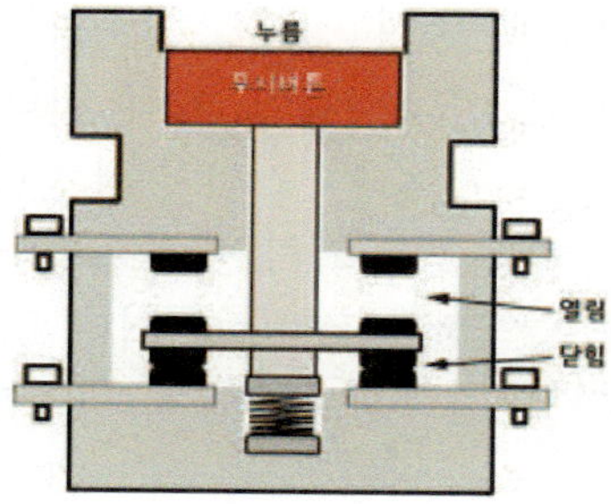

그림 4-23 푸시버튼 구조
(누를 때 열림과 닫힘 상태)

(1) a접점

푸시버튼은 일반적으로 4개의 단자를 제공한다. 그림 4-24와 같이 위쪽 두 단자와 아래쪽 두 단자가 한 쌍으로 사용되는 접점이다. 푸시버튼 접점부의 단자 쪽을 살펴보면 NO, NC라고 표시되어있다. a접점(Normal Open; NO)은 NO 단자로서 아래쪽 두 단자이다. 평상시에는 접점이 열려 있다가 푸시버튼을 누르면 닫히는 접점이다. 이 책에서는 왼쪽 단자를 'N', 오른쪽 단자를 'O'로 표시(넘버링)하여 결선에 참조한다.

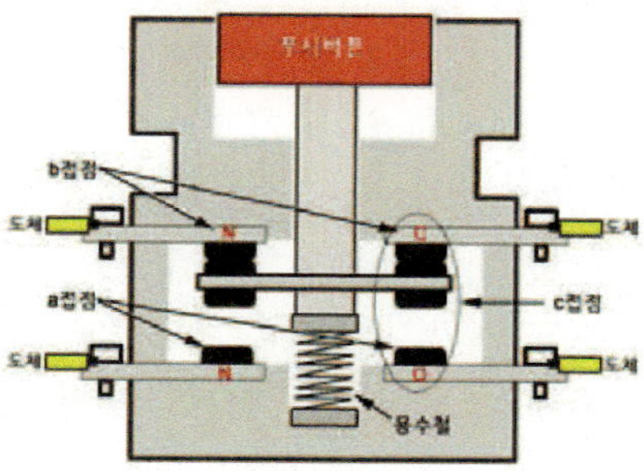

그림 4-24 푸시버튼의 구조(a, b, c 접점)

(2) b접점

b접점(Normal Close; NC)은 NC단자로서 그림 4-24의 위쪽 단자와 같이 평상시에는 접점이 닫혀 있다가 푸시버튼을 누르면 열리는 접점이다. a접점과는 서로 정반대이다. 이 책에서는 왼쪽 단자를 'N', 오른쪽 단자를 'C'로 표시하여 결선할 때 참조한다.

(3) c접점

c접점은 그림 4-24와 같이 하나의 푸시버튼에 a접점이나 b접점으로 사용할 수 있도록 만든 것이다. 스위치를 작동시키면 a접점부는 달라붙고, b접점부는 떨어지게 된다. 작동을 중단하면 용수철의 힘에 의해 원래 상태로 a접점부는 떨어지고, b접점부가 달라붙는다. a접점이나 b접점을 동시에 사용할 수 없고, a접점이나 b접점 중의 하나로 선택하여 사용하여야 한다.

참고

1. a접점과 b접점을 벨테스터기로도 찾을 수 있다. 위쪽 또는 아래쪽 두 단자를 벨테스터기로 접촉하여 소리가 나는 쪽이 b접점(NC)이고, 반대쪽 두 단자는 a접점(NO)이다.
2. 물론 푸시버튼을 누른 상태에서 소리가 나는 쪽은 a접점(NO)이다.

(실험 4.3) 푸시버튼으로 표시등 점멸하기

(실험 목표)

- 푸시버튼의 특성과 기능을 이해하고 설명할 수 있다.
- 푸시버튼의 접점(a접점, b접점, c접점)을 이해하고 설명할 수 있다.

(실험 준비물)

1. 판자(50cm × 50cm이상) 1개
2. 220V 전원플러그 1개
3. 단자대 1개
4. 2구 컨트롤박스 1개
5. 표시등 1개
6. 1.5sq 전선 2m
7. 푸시버튼(그림 4-25 참조) 1개
8. 유리관 퓨즈(퓨즈홀더 포함) 2개
   (1개는 일부러 녹여본다)
9. 벨테스터기(그림 4-26 참조) 또는 멀티미터 1대

그림 4-25 푸시버튼

그림 4-26 벨테스터기

(실험 방법)

다음 그림 4-27은 교류 전원을 푸시버튼으로 제어하여 표시등을 점멸하는 기초적인 회로도이다. 직렬회로에 퓨즈 연결하는 법과 푸시버튼의 기능을 이해하면서 실험한다.

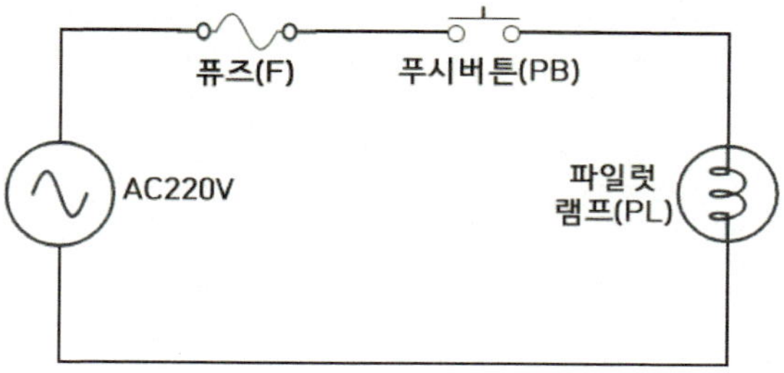

그림 4-27 푸시버튼으로 표시등 점멸하기 회로도

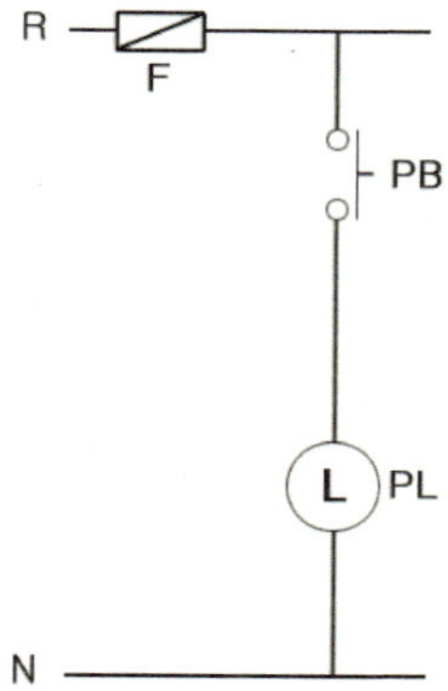

그림 4-28 시퀀스 회로도

유의사항

1. 220V 교류전원으로 실험을 할 경우는 각별히 감전에 유의하고, 담당교수의 지시에 잘 따른다.
2. 간혹 교류용 표시등 대신에 LED를 써도 된다고 생각하는 학생들이 있는데, 전선, 전등, 스위치 등은 '직류(DC)'용과 '교류(AC)'용이 다르다는 사실을 명심한다.

회로구성하기

1. 전원플러그에 1.5sq 전선(단선 또는 연선) 두 가닥을 연결한다.
2. 판자에 단자대, 퓨즈홀더와 2구 컨트롤 박스를 고정한다.
3. 실험할 때 감전되는 상황을 예방하기 위해 표시등과 푸시버튼은 2구 컨트롤 박스에 부착한다.
4. 그림 4-27과 같은 일반 회로도와 그림 4-28의 시퀀스도를 서로 비교해보고, 시퀀스도를 이해한다. 앞으로 교류회로 실험을 할 때 시퀀스도를 보면서 할 것이다.
5. 전원플러그의 두 가닥 전선을 그림 4-20처럼 단자대에 연결한다.
6. 전원플러그가 연결된 단자대의 한 단자는 퓨즈홀더로 연결하고, 또 다른 한 단자는 표시등의 L2에 연결한다.

7. 다음 그림 4-30의 부품에 단자표시(넘버링)한 시퀀스도대로 1.5SQ 전선을 푸시버튼과 표시등에 연결한다. 예를 들어 퓨즈의 F2 단자가 푸시버튼 PB의 왼쪽 단자 N에 연결한다.

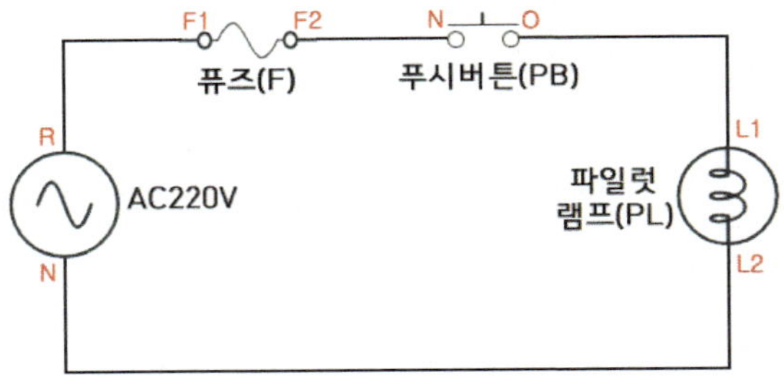

그림 4-29 부품의 단자표시(넘버링)한 회로도

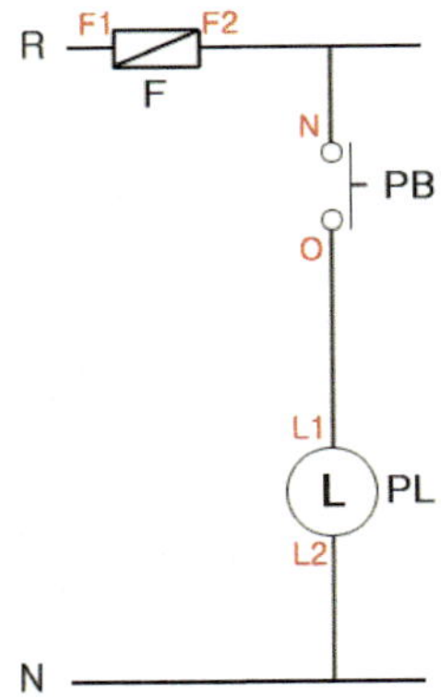

그림 4-30 부품의 단자표시(넘버링)한 시퀀스도

권장사항

부품의 단자와 단자 사이를 연결할 때, 그림 4-30처럼 회로도의 부품 단자표시(넘버링)를 하여 거꾸로 연결하는 일이 없도록 한다. 그리고 연결을 한 다음에는 전선에 해당되는 회로도의 선 부분을 형광펜으로 칠한다. 이렇게 함으로써 회로도가 복잡하더라도 전선 연결을 빠뜨리는 경우가 없게 된다.

8. 전선을 부품들의 단자에 연결할 때는 헐거워서 접촉이 안 좋거나 빠지는 경우가 없도록 꼼꼼하게 연결하면서 결선상태를 확인한다.

회로점검 및 작동상태 확인하기

1. 회로 연결 상태를 점검 후 이상이 없으면 유리관퓨즈를 퓨즈홀더에 끼우고, 전원플러그를 콘센트에 끼워 전원을 공급한다.
2. 푸시버튼(PB)을 눌렀다 뗐다를 반복해보면서 표시등의 상태를 확인하고 기록한다. 누르고 있는 동안 표시등이 켜지고, 누르고 있던 손을 떼면 표시등이 꺼지는 것을 확인한다.

푸시버튼(PB)	표시등
누름	
손을 뗌	

3. 제대로 작동하면 콘센트에서 전원플러그를 뽑는다.

✔ 결과 및 고찰

이 실험에서 푸시버튼은 a접점을 사용하였으므로 푸시버튼은 누르고 있는 동안 ON되고, 손을 떼면 OFF됨을 알 수 있다.

자기평가

1. 푸시버튼의 특성과 기능을 이해하고 설명할 수 있다.
2. 푸시버튼의 접점(a접점, b접점, c접점)을 이해하고 설명할 수 있다.

4.8 자기유지회로

(실험 4.3)에서처럼 푸시버튼을 눌러 ON 시킨 후 손을 떼면 부하 쪽으로 전류가 흐르지 않아 표시등이 꺼진다. 하지만 푸시버튼을 ON 시킨 후, OFF가 되어도 부하로 계속 전류가 흐르게 하고 싶을 때 자기유지회로(자체유지회로 self-hold circuit)를 이용하면 된다.

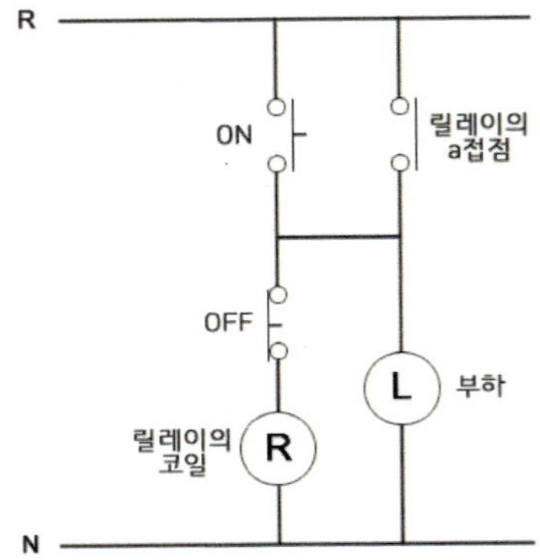

그림 4-31 기본적인 자기유지회로

그림 4-31은 기본적인 자기유지회로이다. 두 개의 푸시버튼과 릴레이를 사용한다. a접점의 푸시버튼은 ON 스위치로, b접점의 푸시버튼은 OFF 스위치로 사용한다. 릴레이는 자기유지를 위한 부품이다. '릴레이의 코일'쪽으로 전류가 흐르면 '릴레이의 a접점'이 ON상태로 바뀌는 원리를 사용한다.

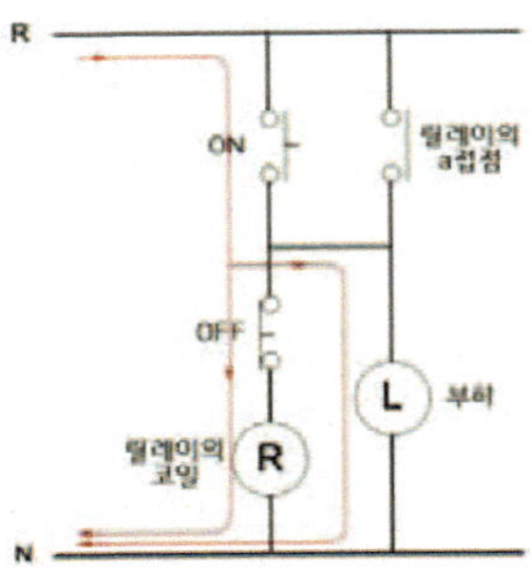

그림 4-32 'ON 푸시버튼'을 누르는 순간 전류흐름(초기)

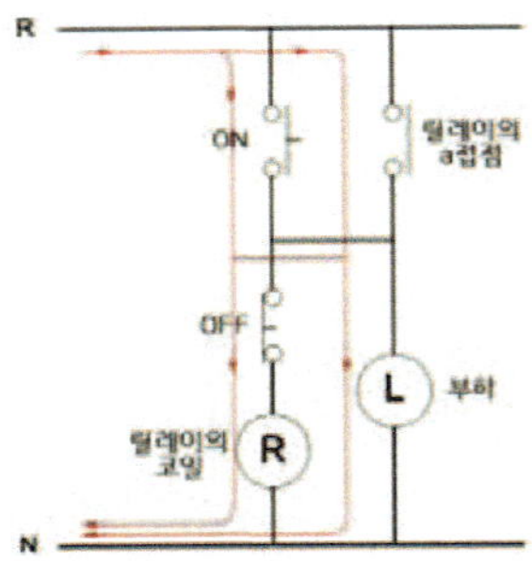

그림 4-33 'ON 푸시버튼'을 누르고 있는 동안 전류흐름(최종)

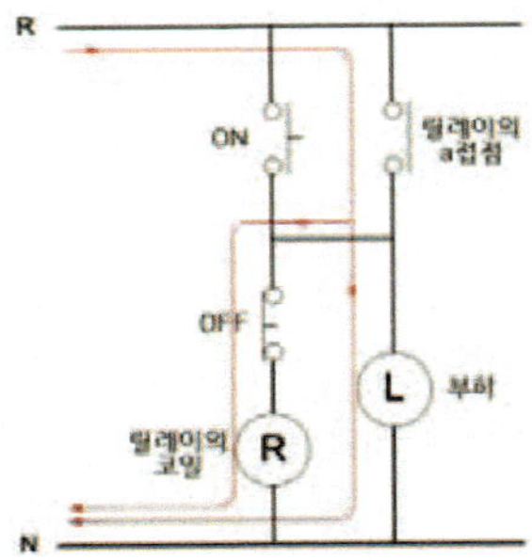

그림 4-34 손을 떼고 자기유지 될 때의 전류흐름

'ON 푸시버튼'을 누르면 순간적으로 그림 4-32처럼 전류가 흐른다. 그러면 '릴레이의 코일'이 여자 되고, '릴레이의 a접점'이 붙게 된다. 그 순간 그림 4-33처럼 '릴레이의 a접점'으로도 전류가 흐르게 된다. 이제 그림 4-34와 같이 'ON 푸시버튼'에서 손을 떼면 'ON 푸시버튼'이 있는 선로 쪽에서는 부하로 전류가 흐르지 못한다. 하지만 'ON 푸시버튼'과 병렬로 연결된 '릴레이의 a접점'이 ON상태여서 계속 부하로 전류가 흐르게 된다. 결국 처음 'ON 푸시버튼'을 눌러 부하에 전류를 흐르게 한 것처럼, 릴레이의 작동으로 인해 'ON 푸시버튼'과는 상관없이 자체적으로 부하에 전류를 흐르게 하여 ON상태를 유지한다.

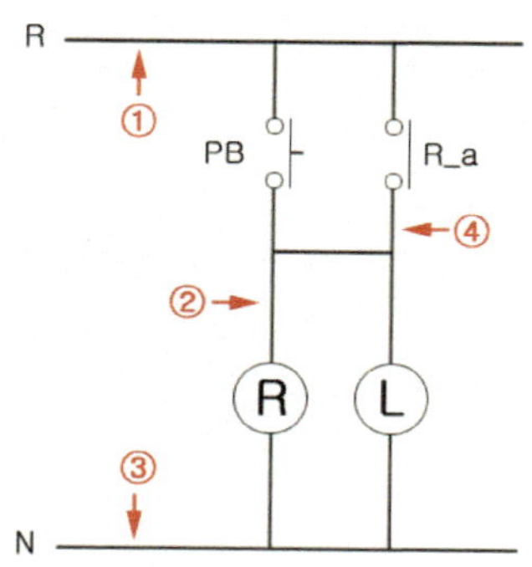

그림 4-35 푸시버튼 자기유지회로 (OFF 위치 고려)

부하를 OFF 시키고 싶을 때는 b접점의 'OFF 푸시버튼'을 누르면 된다. 'OFF 푸시버튼'이 눌려지면 '릴레이코일'로 흐르던 전류가 끊어져 릴레이와 부하 둘 다 OFF 된다. 부하를 OFF 시키는 'OFF 푸시버튼'의 위치는 그림 4-35와 같이 4군데가 있을 수 있다. 'OFF 푸시버튼'의 위치에 따라 자기유지회로에는 크게 리셋(Reset) 우선회로와 셋(Set) 우선회로로 구분된다. 리셋 우선회로는 그림 4-35의 ①, ②, ③ 위치에 놓였을 때이다. 위에서 설명한 그림 4-31의 기본적인 자기유지회로는 ②번에 위치한 리셋 우선회로이다. 리셋 우선회로는 'ON 푸시버튼'과 'OFF 푸시버튼'을 동시에 눌렀을 때 우선 부하를 OFF 시키는 것이다. 그러면 반대로 셋 우선회로는 'ON 푸시버튼'과 'OFF 푸시버튼'을 동시에 눌렀을 때 ON을 우선하여 부하를 작동시키는 회로이다. 그림 4-35의 ④번 위치에 'OFF 푸시버튼'을 연결한 그림 4-37이 셋 우선회로이다. 이 책에서는 선불리 작동시키기 보다는 안전을 고려하여 작동되지 않는 기본적인 리셋 우선회로 위주로 실험한다.

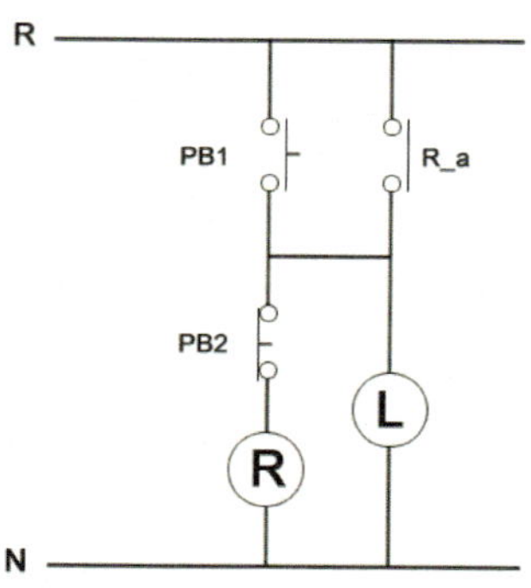

그림 4-36 b접점 푸시버튼을 ②에 추가(RESET 우선회로)

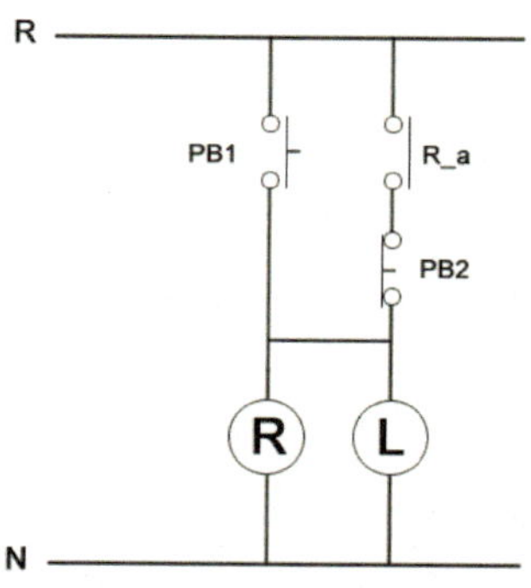

그림 4-37 b접점 푸시버튼을 ④에 추가(SET 우선회로)

8핀 릴레이

그림 4-38 AC 8핀 릴레이

그림 4-39 8핀 릴레이 소켓

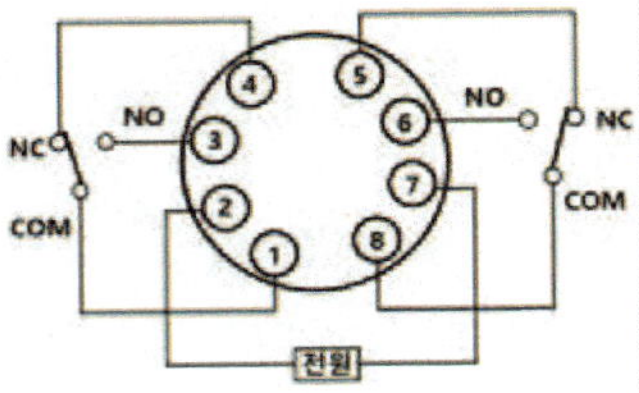

그림 4-40 소켓 핀 구조

릴레이(계전기)는 스위치이다. 수동이 아니라 자동으로 작동되는 스위치다. 릴레이는 자장을 형성시키기 위한 코일, 전자석에 의하여 작동되는 접점 및 복귀 용수철로 구성되어 있다.

릴레이에 있는 코일에 전류가 흐르면 접점부가 전자석이 되어 쇠막대기 형태의 접점을 끌어당겨 개폐된다. a접점은 OFF(개방) 상태였다가 ON(투입)이 되고, b접점은 ON 상태였다가 OFF가 된다. 코일에 전류를 끊으면 자장이 사라지게 되므로 복귀 용수철의 힘에 의해 원래상태로 되돌아간다. 릴레이의 각 접점들은 전기적으로 절연되어 있기 때문에 각 접점에는 서로 다른 전압을 이용하여도 괜찮다.

보통 8핀과 11핀을 많이 사용하는데, 이 책에서는 8핀 릴레이를 사용한다. 8핀 릴레이에는 a접점과 b접점을 두 개씩 제공한다. 그림 4-40의 소켓 핀 구조에서 보듯이 릴레이에 전류를 흐르게 하는 전원은 2번과 7번이고, a접점은 1-3, 8-6이고, b접점은 1-4, 8-5이다.

(실험 4.4) 릴레이를 사용한 자기유지회로로 전등 점멸하기

(실험 목표)

- 릴레이의 특성과 기능 및 자기유지회로를 이해하고 설명할 수 있다.
- 릴레이를 사용한 자기유지회로의 푸시버튼으로 표시등을 켜거나 끌 수 있다.
- 자기유지회로로 푸시버튼을 사용하는 방법을 이해하고 설명할 수 있다.
- 표시등과 푸시버튼의 색상에 따른 일반적인 기능을 설명할 수 있다.

(실험 준비물)

1. 부품 고정을 위한 판자(50cm × 50cm이상)
2. 220V 전원플러그 1개
3. 단자대 1개
4. 유리관 퓨즈(퓨즈홀더 포함) 1개
5. 2구 컨트롤박스 2개
6. 표시등 1개
7. 1.5sq 전선 2m
8. 푸시버튼(빨간색 및 초록색) 각 1개
9. AC 8핀 릴레이(그림 4-38 참조) 1개
10. 8핀 릴레이 소켓(그림 4-39 참조) 각 1개
11. 벨테스터기 또는 멀티미터 1대

(실험 방법 1) ON 스위치 결선

다음 그림 4-41은 릴레이를 사용하여 푸시버튼에 자기유지 기능을 추가하기 위한 회로도이다. 일단은 ON 기능만 있는 회로이다. 자기유지회로를 구성하는 방법을 이해하면서 실험한다.

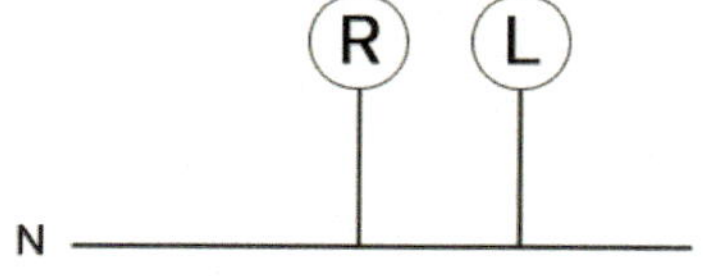

그림 4-41 푸시버튼 자기유지회로 (ON 기능만)

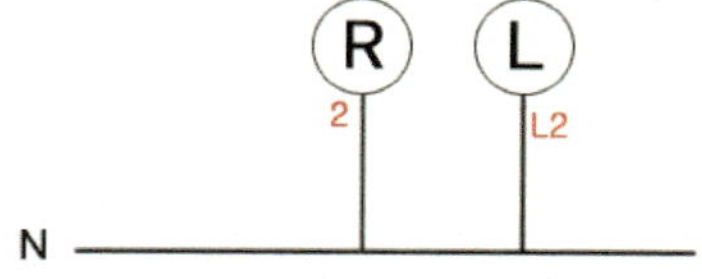

그림 4-42 좌측 회로도 부품의 단자 표시(넘버링)

회로구성하기

1. 교류 220V 전원플러그에 1.5sq 전선(단선 또는 연선) 두 가닥을 연결한다.
2. 판자에 단자대, 퓨즈홀더, 릴레이 소켓과 2구 컨트롤 박스를 고정한다.
3. 표시등을 하나의 컨트롤 박스에 부착하고, 또 다른 컨트롤 박스에 푸시버튼을 부착한다.
4. 전원플러그의 두 가닥 전선을 그림 4-20처럼 단자대에 연결한다.
5. 그림 283의 넘버링된 시퀀스도대로 전원플러그가 연결된 단자대의 한 단자는 퓨즈홀더 F1에 전선으로 연결하고, 또 다른 한 단자는 표시등의 L2 단자나 릴레이 소켓의 7번 핀에 전선으로 연결한다.
6. 전선으로 연결한 부분은 형광펜으로 칠하고, 칠이 안 된 나머지 부품의 단자들을 마저 전선으로 연결한다.

회로점검 및 작동상태 확인하기

1. 회로 연결 상태를 점검 후 이상이 없으면 유리관퓨즈를 퓨즈홀더에 끼우고, 전원플러그를 콘센트에 끼운다.
2. 푸시버튼(PB)을 눌렀다 뗐다를 반복하면서 표시등의 상태를 확인하고 기록한다. 누르고 있던 손을 떼도 표시등이 계속 켜져 있는 것을 확인한다.

푸시버튼(PB)	표시등
누름	
손을 뗌	

3. 현재의 회로에서는 표시등을 끌 방법이 없다.
4. 전원플러그를 뽑아 전기 공급을 중단시키고, 다음 단계 (실험 방법 2)를 실행한다.

제대로 작동되지 않을 경우

회로도 구성대로 제대로 연결했음에도 표시등이 켜지지 않는 경우는 부품이 이상 없는지, 배선이 잘못되었는지, 전원 공급은 제대로 되는지를 점검해야한다.

(전원을 끈 상태에서)

1. 제일 먼저 전원플러그가 정상 조립되었는지, 멀티미터나 벨테스터기로 도통시험을 한다. 도통시험은 콘센트에 꼽는 전원플러그 다리 중 하나와 두 가닥의 전선 중 하나를 도통시험 하여 두 가닥 모두 이상이 없는지를 검사하는 것이다.
2. 표시등의 꼬마전구가 제대로 끼워졌는지 분해하여 재조립한다.
3. 전선이 헐거워 빠진 곳이 없는지, 연결이 안 된 부품의 단자는 없는지 회로도를 보면서 멀티미터나 벨테스터기로 도통시험을 한다.

접촉이 불안정한 곳은 없는지 단자에 연결된 선들을 살짝 당기면서 점검한다.

(전원을 켠 상태에서)

1. 전원플러그가 연결된 단자대에 전압을 멀티미터로 측정하여 전원이 제대로 공급되는지를 점검한다.
2. 전원플러그로 전원공급이 된다면 푸시버튼 PB를 누른 상태에서 표시등의 양단에 전압이 걸리는지 확인한다. 표시등 양단에 전압이 걸린다면 표시등의 꼬마전구를 점검해야한다.

(실험 방법2) OFF 스위치 결선

다음 그림 4-43은 릴레이를 사용한 기본적인 자기유지회로이다. 앞선 (실험 방법 1)의 회로도에 OFF 푸시버튼을 추가한 것이다. 푸시버튼으로 자기유지회로를 구성하는 방법과 회로도에 있는 부품의 단자에 넘버링하는 방법을 익히면서 결선한다.

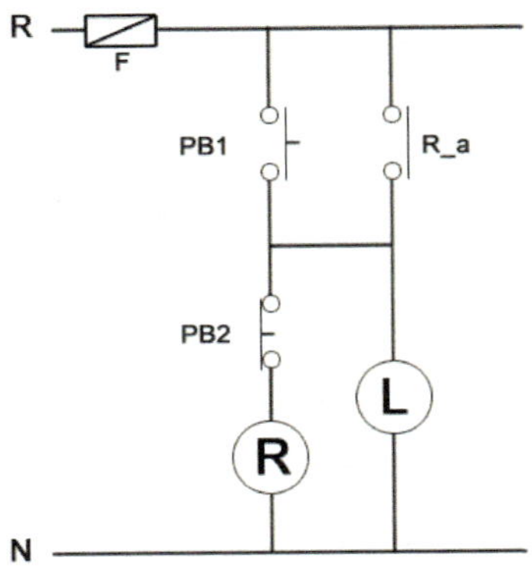

그림 4-43 푸시버튼 자기유지회로 (OFF 추가)

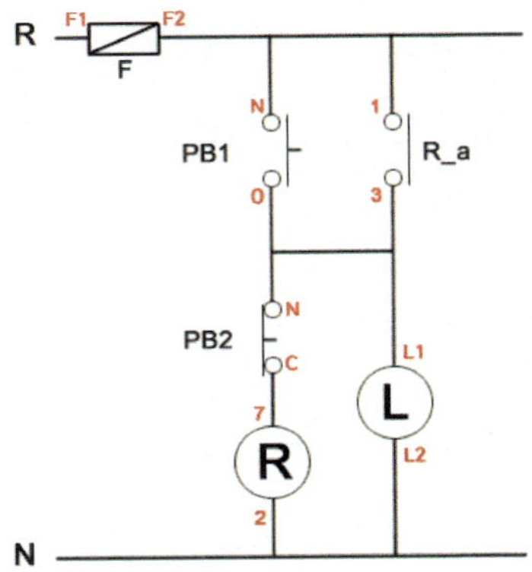

그림 4-44 좌측 회로도 부품의 단자 표시(넘버링)

유의사항

1. 초록색 푸시버튼(PB1)은 a접점으로 결선하고, 빨간색 푸시버튼(PB2)은 b접점으로 결선한다.
2. PB1과 PB2를 하나의 푸시버튼에 결선하면 안 된다. 두 개의 푸시버튼에 각각 따로 결선해야만 한다.
3. 멀티미터나 벨테스터기를 사용하여 시퀀스도 결선의 이상 유무를 확인한다.

회로구성하기

1. 앞선 실험에서 플러그를 뽑았는지 확인한다. OFF 시키는 스위치를 추가 수정하는 작업을 해야 하기 때문에 전원이 켜져 있으면 안 된다.
2. 푸시버튼이 하나만 설치되었던 컨트롤박스에 OFF 푸시버튼을 추가로 부착한다.
3. 제어시스템에 사용되는 푸시버튼이나 표시등은 색깔을 이용하여 작업의 내용이나 이상 유무를 나타내기도 하는데 보통의 사용례를 정리하면 다음의 표 4-4와 같다. 초록색 푸시버튼을 a접점으로 하여 표시등을 켜는 'PB1'으로 사용하고, 빨간색 푸시버튼을 b접점으로 하여 표시등을 끄는 'PB2'로 사용한다.
4. 시퀀스도에 형광펜으로 체크하면서, 1.5sq 전선을 릴레이소켓, 푸시버튼 그리고 표시등에 각각 연결한다.

표 4-4 푸시버튼과 표시등의 용도별 색상

색상	푸시버튼	표시등
빨간색	정지	정지, 메인전원
초록색	시작	안전, 정상
노란색	일시정지	알람
파란색	리셋	
흰색		메인전원

회로점검 및 작동상태 확인하기

1. 플러그를 콘센트에 끼워 전원을 공급한다.
2. 초록색 푸시버튼(PB1)을 눌렀다 떼다를 반복하면서 표시등의 상태를 확인하고 기록한다. PB1을 누르면 표시등이 켜지고, 누르고 있던 손을 떼도 계속 켜져 있음을 확인한다.

푸시버튼 PB1		표시등
색상	상태	
	손으로 누름	
	손을 뗌	

3. 빨간색 푸시버튼(PB2)를 눌러 표시등의 상태를 확인하고 기록한다. 표시등을 끄려면 새로 추가한 PB2를 눌러야 함을 확인한다.

푸시버튼 PB2		표시등
색상	상태	
	손으로 누름	
	손을 뗌	

4. 실험이 끝나면 플러그를 뽑아 전기 공급을 중단한다.

✔ 결과 및 고찰

릴레이를 사용한 자기유지회로를 구성하면 'ON 푸시버튼'을 누르면 부하에 전류를 공급하여 작동시키고, 'OFF 푸시버튼'을 누르면 부하의 작동을 멈추게 하는 기본적인 회로를 푸시버튼으로 구현할 수 있다.

자기평가

1. 릴레이의 특성과 기능 및 자기유지회로를 이해하고 설명할 수 있다.
2. 릴레이를 사용한 자기유지회로의 푸시버튼으로 표시등을 켜거나 끌 수 있다.
3. 자기유지회로로 푸시버튼을 사용하는 방법을 이해하고 설명할 수 있다.
4. 표시등과 푸시버튼의 색상에 따른 일반적인 기능을 설명할 수 있다.

4.9 교류전동기

전동기의 일반적인 특성은 1.9절의 전동기를 참조한다. 이 절에서는 전자접촉기 MC(Magnetic Contactor)를 사용하여, 교류의 단상전동기와 3상전동기를 구동시키면서 교류전동기의 특성을 이해하고 기능을 응용할 수 있도록 한다. 이 책에서 교류전동기를 다룬 실험은 4장의 [(실험 4.5) 단상전동기 구동하기], [(실험 4.6) 두 지점에서 단상전동기 구동하기], [(실험 4.7) 3상전동기 구동하기], [(실험 4.8) 3상전동기를 정/역회전 시키는 인터록회로]이다.

(실험 4.5) 단상전동기 구동하기

(실험 목표)

- 전자접촉기의 구조와 동작 원리를 이해하고 설명할 수 있다.
- 전자접촉기의 주접점과 보조접점의 기능을 활용할 수 있다.
- 주회로와 보조회로의 기능을 설명할 수 있다.

(실험 준비물)

1. 판자(50cm × 50cm이상)
2. 220V 플러그 1개

3. 단자대 1개
4. 누전차단기 또는 배선용차단기 1개
5. 전자접촉기(MC) 1개
6. 2구 컨트롤박스 2개
7. 표시등(빨간색 및 초록색) 각 1개
8. 푸시버튼(빨간색 및 초록색) 각 1개
9. 1.5sq 전선 2m
10. 단상전동기 1대
11. 벨테스터기 또는 멀티미터 1대

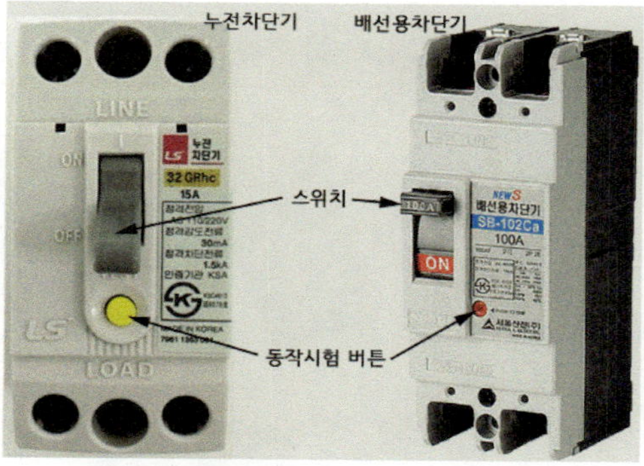

그림 4-45 누전차단기 또는 배선용차단기

전자접촉기(MC)

그림 4-46 단상, 3상 전자접촉기(MC)

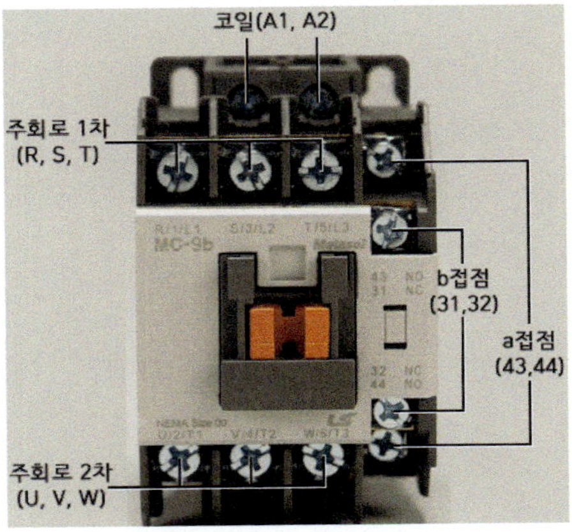

그림 4-47 MC의 구조

전자접촉기는 큰 접점 용량과 내압을 가진 릴레이의 일종으로 내부에 있는 전자 코일에 의해서 접점의 개폐가 이루어진다. 전자코일로 주접점을 열고, 닫음으로써 주 회로와 같은 대전류의 개폐나 전동기의 빈번한 시동/정지/제어 등에 사용된다. 외부의 신호에 의해 부하전류를 On/Off 해주는 기기이다. 주요 구성 부분으로는 그림 4-47과 같이 코일, 주접점(R,S,T–U,V,W), 보조접점(a접점, b접점)이 있다. a접점은 NO, b접점은 NC로 표시되어있다. 250V, 10A 이상의 부하 개폐에 사용한다.

작동원리는 간단하다. 코일(A1, A2)에 220V 전원이 투입되면 코일이 여자 되어 전자접촉기의 맨 위의 주황색 부분이 들어가면서 주접점이 붙어 전류가 흐르는 통전 상태가 된다. 반대로, 코일에 전원이 차단되면 코일이 소자되면서 맨 위의 주황색 부분은 튀어 나오고 주접접이 떨어지면서 전류가 차단된다.

3상 전원을 제어하는 것이라 왼쪽부분 주회로 1,2차의 3개씩의 접점을 주접점이라고 한다. 주회로 1차측은 R, S, T(L1, L2, L3)를 가지고, 주회로 2차의 출력측은 U, V, W(T1, T2, T3)의 단자명을 가지며 보통 3상 전동기에 연결된다.

전자접촉기의 보조접점은 보통 좌우측에 있는데, 그림 4-47의 전자접촉기는 보조접점이 우측 한쪽에만 있어 상대적으로 얇다. 보조접점부에서 NO(a접점)는 상대적으로 NC보다 아래쪽에 있는 43, 44단자이고, NC(b접점)는 NO단자의 안쪽 위에 있는 31, 32단자이다.

(실험 방법)

다음 그림 4-48은 전자접촉기를 사용한 교류 단상전동기를 구동하는 시퀀스 회로이다. 전자접촉기의 주접점과 보조접점의 기능을 이해하면서 실험한다.

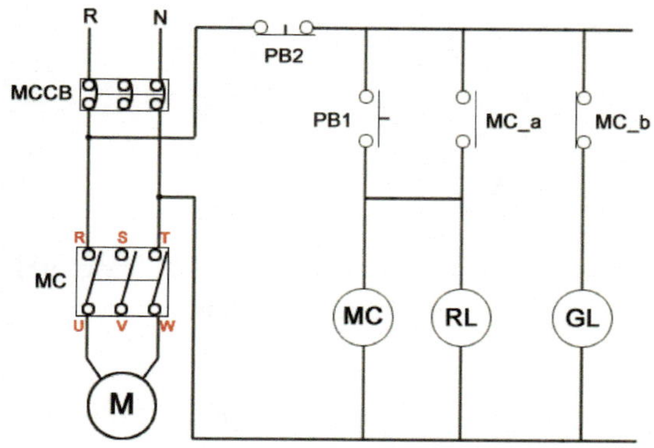

그림 4-48 단상전동기 구동하기 시퀀스도

회로구성하기

1. 판자에 차단기, 전자접촉기, 컨트롤박스 2개를 배치하여 고정한다.
2. 표시등 2개를 하나의 컨트롤박스에 또 다른 컨트롤박스에는 빨간색과 초록색의 푸시버튼을 끼운다.
3. 그림 4-48의 시퀀스 회로도에서 전자접촉기의 주접점(R,S,T-U,V,W)이 있는 주회로를 먼저 구성한다.
4. 전원플러그의 전선 두 가닥은 차단기의 전원측(LINE)에 연결한다.
5. 차단기의 부하측(LOAD) 단자에 전자접촉기 주회로 1차측(R,S,T) 단자 중의 임의의 2개 단자를 연결한다. 이 실험에서는 R과 T단자를 연결하도록 한다.
6. 전자접촉기 주회로 2차측(U,V,W) 단자 중에서 U와 W단자에 단상전동기를 연결한다.

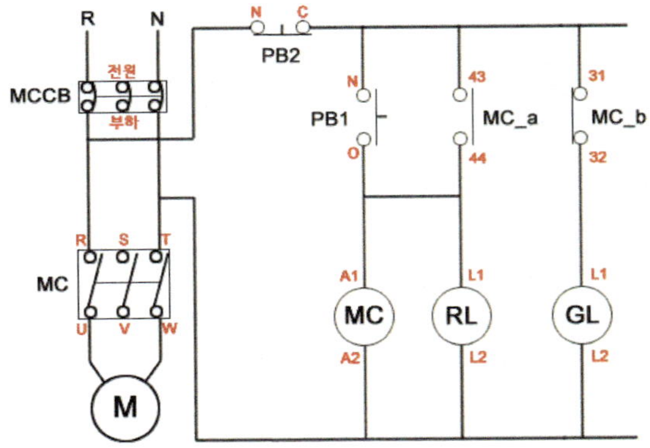

그림 4-49 그림 333 단상전동기 구동하기 시퀀스도의 넘버링

7. 이제 보조회로를 구성한다. 단상전동기 제어를 위한 보조회로의 2가닥 전원선을 차단기의 부하측에서 빼낸다. 또는 전자접촉기의 1차측의 R과 T에서 빼내도 된다.
8. 전자접촉기의 코일(A1, A2)과 보조접점들(NO, NC)을 표시등과 푸시버튼에 연결한다.

소켓용 전자접촉기(12핀)

그림 4-50 소켓용 전자접촉기

그림 4-51 12핀 소켓

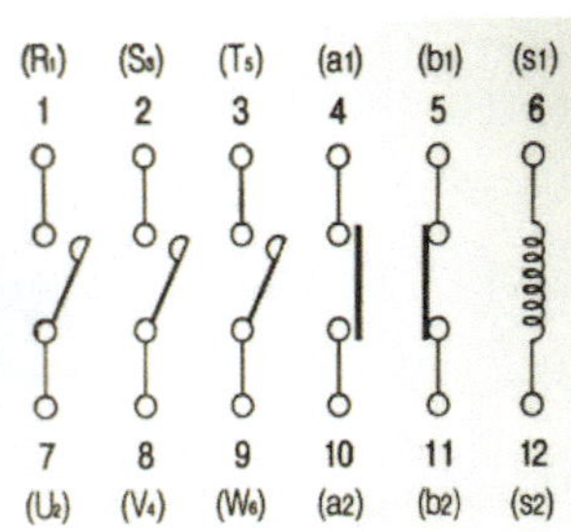

그림 4-52 소켓 12핀 구조

소켓용 전자접촉기는 소켓에 꽂는 형태여서 교체가 수월하다. 전자접촉기에 직접 연결했는데 제대로 작동이 되지 않으면 기기의 문제인지 배선의 잘못인지를 판명하기가 어렵다. 그러므로 기능사 시험처럼 실기시험에서는 주로 소켓용을 사용한다.

회로점검 및 작동상태 확인하기

1. 전원플러그를 콘센트에 끼우고, 배선용 또는 누전차단기의 스위치[51]를 위로 올려 켜짐(ON) 상태로 한다. 이제 전원이 공급된다. 표시등 RL과 GL의 상태를 확인하여 기록한다.
2. 차단기의 스위치를 아래로 내려 꺼짐(OFF) 상태로 한 다음 RL과 GL의 표시등 상태를 확인하고 기록한다. 차단기의 동작시험 버튼[52]을 눌러서 확인해 볼 수도 있겠다.

배선용 차단기	표시등	
	RL	GL
켜짐(ON)		
꺼짐(OFF)		

3. 푸시버튼 PB1을 눌러 ON 시킨다. 이 때 전동기와 표시등(RL, GL)의 상태를 확인하고 기록한다.
4. 푸시버튼 PB2를 눌러 OFF 시킨다. 이 때 전동기와 표시등(RL, GL)의 상태를 확인하고 기록한다.

푸시버튼 누름	단상전동기	표시등	
		RL	GL
PB1			
PB2			

51) 스위치는 과전류가 흐를 때 자동으로 내려가 차단한다. 수동으로 전원공급을 ON/OFF 할 수 있다. 그림 4-45 참조.
52) 차단기가 정상 작동하는지 성능을 테스트하는 버튼으로서 그림 4-45 참조.

유의사항

1. 배선용 차단기의 전원측(LINE)과 부하측(LOAD)의 방향이 바뀌지 않도록 확인하여 결선한다.
2. 전자접촉기의 내부 결선도를 충분히 숙지한다.
3. 전자접촉기의 주회로를 먼저 배선하고, 나중에 보조회로의 배선을 실시한다.
4. 회로도 부품의 단자표시하기(넘버링)를 하여 빠짐없이 꼼꼼히 결선한다.
5. 멀티미터나 벨테스터기를 사용하여 시퀀스회로도의 결선 이상 유무를 확인한다.

✔ 결과 및 고찰

주회로에서 전자접촉기 1차측이 R, T이므로 2차측이 U, W이다. 단상전동기의 두 단자를 U에 연결할지 W에 연결할지를 신경 쓰지 않아도 된다. 직류전동기와 달리 두 단자를 바꿔 연결한다고 역회전하는 것은 아니다. 초록색의 PB1을 누르면 전동기가 회전하고, 빨간색 표시등(RL)이 켜진다. 빨간색의 PB2를 누르면 전동기는 멈추고, 초록색의 표시등(GL)이 켜짐을 알 수 있다.

만약 그림 4-50의 소켓용 전자접촉기를 사용하고자 할 경우, 그림 4-52의 소켓 핀 구조를 보면서, 그림 4-49의 시퀀스도에서 전자접촉기의 단자 표시(넘버링)를 다음 그림 4-53처럼 수정한다.

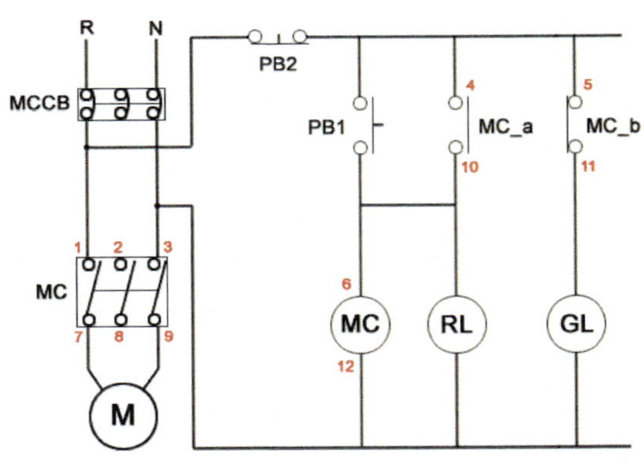

그림 4-53 소켓용 전자접촉기의 단자표시(넘버링)

자기평가

1. 전자접촉기의 구조와 동작 원리를 이해하고 설명할 수 있다.
2. 전자접촉기의 주접점과 보조접점의 기능을 활용할 수 있다.
3. 주회로와 보조회로의 기능을 설명할 수 있다.

(실험 4.6) 두 지점에서 단상전동기 구동하기

(실험 목표)

- 푸시버튼을 사용하여 두 지점에서 전동기를 구동하는 방법을 이해하고 설명할 수 있다.
- 두 지점의 ON 버튼은 병렬로 연결해야 함을 이해하고 설명할 수 있다.
- 두 지점의 OFF 버튼은 직렬로 연결해야 함을 이해하고 설명할 수 있다.

(실험 준비물)

1. 판자(50cm × 50cm이상)
2. 220V용 전원플러그 1개
3. 누전차단기 또는 배선용차단기 1개
4. 전자접촉기(MC) 1개
5. 2구 컨트롤박스 2개
6. 푸시버튼(빨간색 및 초록색) 각 2개
7. 1.5sq 전선 2m
8. 단상전동기 1대
9. 벨테스터기 또는 멀티미터 1대

(실험 방법)

다음 그림 4-54는 두 지점에서 단상전동기를 제어하기 위한 회로도이다. 두 지점의 ON 푸시버튼과 OFF 푸시버튼을 서로 어떻게 연결해야 하는지 호기심을 갖고 궁리하고 예상하면서 실험한다.

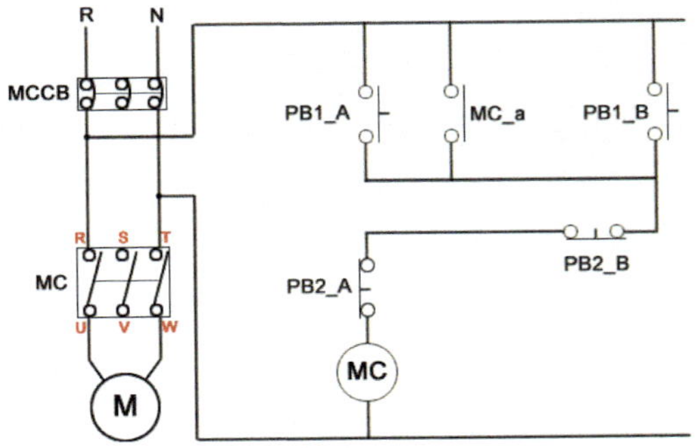

그림 4-54 두 지점에서 단상전동기 구동하기 회로도

회로구성하기

1. 판자에 차단기, 전자접촉기, 컨트롤박스 2개를 배치하여 고정한다.
2. 두 개의 컨트롤박스에 똑같이 빨간색과 초록색의 푸시버튼을 끼운다. 하나는 A지점에서 사용하는 것이고, 또 다른 하나는 B지점에서 사용하는 것이다.
3. 그림 4-54의 시퀀스도에서 전자접촉기의 주접점(R,S,T-U,V,W)이 있는 주회로를 먼저 구성한다.

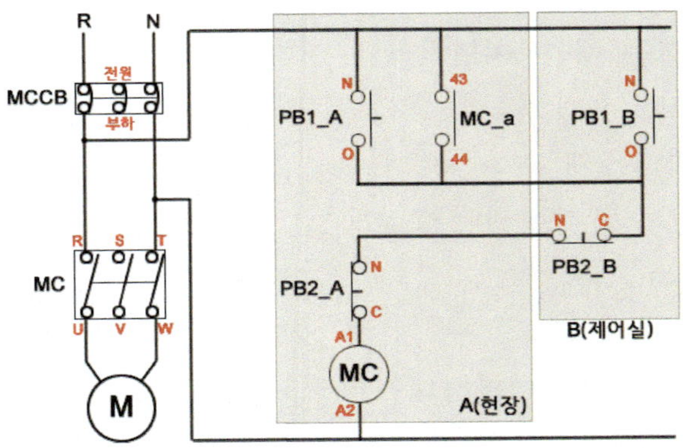

그림 4-55 두 지점에서 단상전동기 구동하기 회로도(넘버링)

4. 이제 A지점과 B지점에서 전동기를 제어하는 보조회로를 구성한다. 전동기를 구동시키는 두 지점의 푸시버튼(PB1)을 병렬로 연결한다. 즉, A지점의 것(PB1_A)과 B지점의 것(PB1_B)을 병렬로 연결한다.

5. 전동기를 멈추게 하는 두 지점의 푸시버튼(PB2)을 직렬로 연결한다. 즉, A지점의 것(PB2_A)과 B지점의 것(PB2_B)을 직렬로 연결한다.

회로점검 및 작동상태 확인하기

1. A지점 컨트롤박스에 있는 푸시버튼으로 on/off를 시켜 전동기의 작동상태를 확인하고, 마찬가지로 B지점 컨트롤박스에 있는 푸시버튼으로 on/off를 시켜 전동기의 작동상태를 확인한다.
2. A와 B지점 두 개의 컨트롤박스에 있는 푸시버튼을 교차로 on/off를 하여 전동기의 작동상태를 확인한다. 예를 들어, A지점에서 on시켜 전동기를 작동시키고, B지점에서 off를 하여 전동기를 멈추게 해본다.

✔ 결과 및 고찰

두 지점에서 전동기를 구동시키는 ON 버튼끼리는 병렬로 연결하고, 전동기를 멈추게 하는 OFF 버튼끼리는 직렬로 연결해야함을 알 수 있다. 먼저 ON 버튼끼리는 병렬로 연결해야만 하는 원리를 살펴보자. 전기회로의 병렬은 논리합(OR)이다. A지점에서 눌러 연결하거나, B지점에서 눌러 연결하여도 전동기를 작동시킬 수 있다. 다음 그림 4-56처럼 PB1_A를 누르거나, PB1_B를 눌러도 어느 한쪽으로는 전류가 흘러 전동기를 작동시킬 수 있다. 그러므로 ON 버튼끼리는 병렬 연결해야만 한다.

만약에 직렬로 연결하면 어떻게 되는지 살펴보자. 전기회로의 직렬은 논리곱(AND)이다. 그림 4-57이 직렬로 연결한 것인데 PB1_A를 누르고, PB1_B도 눌러야만 전류가 흘러 전동기를 작동시킬 수 있다. 결국 A 지점과 B지점의 ON 버튼을 두 군데에서 동시에 눌러야만 전동기를 작동시킬 수 있다. 그러므로 직렬연결은 원하는 회로가 아닌 것이다.

(a) PB1_A ON (b) PB1_B ON

그림 4-56 ON 버튼의 병렬연결

그림 4-57 ON 버튼의 직렬연결

다음은 OFF 버튼끼리는 어떻게 연결해야할지 논리적으로 생각해보자. 동작시키려는 것은 정(+)의 논리이고, 멈추게 하려는 것은 부(−)의 논리이다. PB1은 ON버튼으로 정의 논리로 생각해야하고, PB2는 OFF버튼으로 부의 논리로 생각해야한다. 다음 2개의 문장은 같은 말인데, ②안이 부의 논리이다.

① A지점에서 끊거나, B지점에서 끊어야 전동기가 멈춘다.

② A지점에서 안 끊고, B지점에서 안 끊어야 전동기가 안 멈춘다.

전기회로에서 PB2는 누르면 ON시키는 것이 아니라 OFF시키는 것이므로 거꾸로 ①안처럼 병렬이 아니라 ②안처럼 직렬로 연결해야만 제대로 작동되는 것이다. 다음 그림 4-58은 ②안처럼 "PB2_A를 안 누르고, PB2_B도 안 눌러야만 전동기가 안 멈춘다"이다. ②안의 논리를 드모르간의 법칙[53)]처럼 반대로 하면 "PB2_A를 누르거나, PB2_B를 누르면 전동기가 멈춘다"이다. 논리를 반대로 할 때는 정의 논리를 부의 논리로 하면 AND는 OR가 되고, OR는 AND가 된다. 전기회로로 표현하면 직렬연결은 병렬연결이 되고, 병렬연결은 직렬연결이 되는 것이다. 물론 입출력의 ON은 OFF여야하고, OFF는 ON으로 해야 한다. 그러므로 OFF 버튼끼리는 부의 논리로 ②안처럼 직렬연결이어야 한다.

만약에 병렬로 연결하면 어떻게 되는지 살펴보자. 전기회로의 병렬은 논리합(OR)이다. 그림 4-59가 병렬로 연결한 것인데 PB2_A를 누르거나, PB2_B를 눌러도 어느 한쪽으로는 전류가 흘러 전동기는 계속 회전한다. 결국 A 지점과 B지점의 OFF 버튼을 두 군데에서 동시에 눌러야만 전동기를 멈출 수 있다. 그러므로 병렬연결은 원하는 회로가 아닌 것이다.

그림 4-58 OFF 버튼의 직렬연결

(a) PB2_A 끔　　(b) PB2_B 끔

그림 4-59 OFF 버튼의 병렬연결

---

53) 드모르간의 법칙은 두 집합의 교집합과 합집합의 여집합이 두 집합의 여집합과 어떤 관계인지 서술한다. 드모르간의 법칙을 디지털 논리게이트로 표현하는 방법은 이 책의 "8장 디지털회로의 8.1.2절"을 참고한다.
$(A \cap B)^C = A^C \cup B^C$,　$(A \cup B)^C = A^C \cap B^C$

자기평가

1. 푸시버튼을 사용하여 두 지점에서 전동기를 구동하는 방법을 이해하고 설명할 수 있다.
2. 두 지점의 ON 버튼은 병렬로 연결해야 함을 이해하고 설명할 수 있다.
3. 두 지점의 OFF 버튼은 직렬로 연결해야 함을 이해하고 설명할 수 있다.

4.10 Y결선, Δ(델타)결선

(1) Y결선

그림 4-60의 Y결선은 3상 4선식이다. R, S, T 외에 중성선인 N선이 있다. 선간전압은 상전압의 $\sqrt{3}$ 배이다. 즉 선간전압은 380V이고, 상전압은 220V이다. 보통 전기 수용설비로 오는 배전선로[54]에 Y결선을 사용한다. 가정에서는 보통 단상2선식을 사용하고, 공장이나 빌딩 등에서는 3상4선식을 주로 사용한다. 그림 4-61은 선간 전압을 측정한 것이고, 그림 4-62는 상전압을 측정한 것이다.

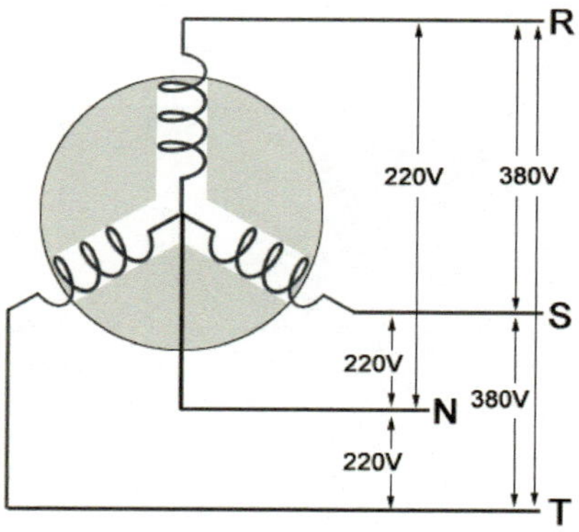

그림 4-60 Y결선

54) 변전소에서 직접 수용가에 전력을 분배하는 전선로

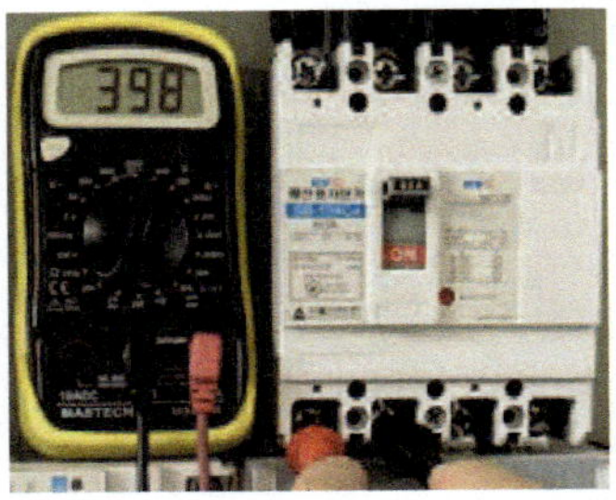

그림 4-61 3상4선식 선간전압

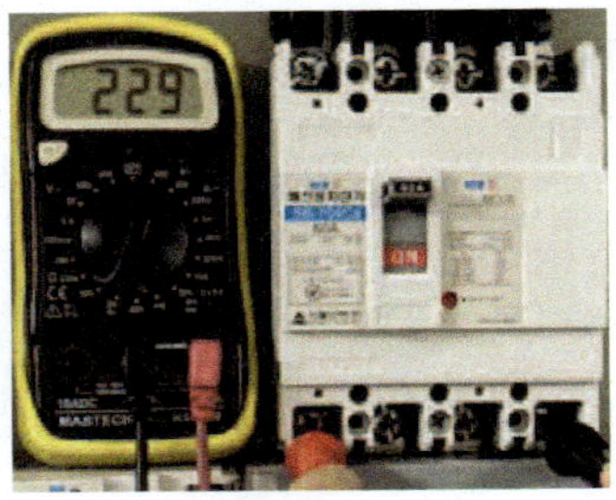

그림 4-62 3상4선식의 상전압

(Y결선의 특징)

1. 고전압 저전류에 유리하다.
2. 각종 기기의 접지가 수월하다.
3. 누전차단기 사용할 수 있다
4. 380V와 220V를 둘 다 사용 가능하다.

(2) Δ 결선

그림 4-63의 Δ 결선은 3상3선식이다. 상전압과 선간전압이 220V로 같다. 선간전류는 Y결선에 비해 $\sqrt{3}$배의 대전류이다. 보통 발전소나 변전소에서 오는 송전선로[55]에 델타결선을 사용한다.

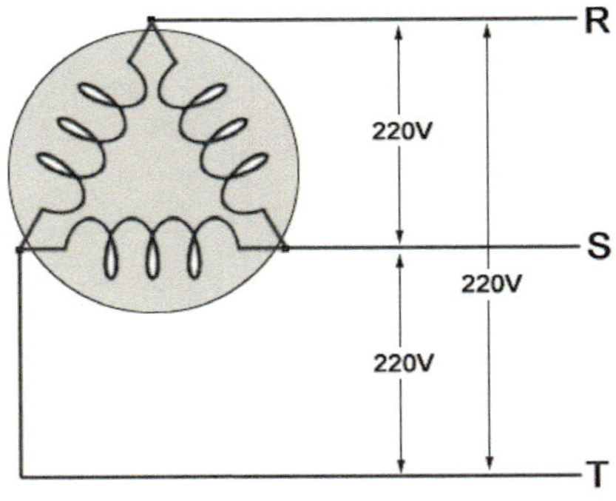

그림 4-63 Δ 결선

55) 발전소 상호간, 변전소 상호간 또는 발전소와 변전소 간을 연결하는 전선로

(Δ 결선의 특징)

1. 저전압 고전류에 유리하다.
2. 여자전류[56]에 많이 포함되어 있는 3고조파가 권선 내에서 순환되어 밖으로 나오지 않는다.

참고

1. Y결선의 선간전압은 상전압의 $\sqrt{3}$ 배이며, 선전류와 상전류는 같다.
2. Δ 결선의 선간전압과 상전압은 같고, 선전류는 상전류의 $\sqrt{3}$ 배이다.

(3) 380/220 겸용 3상전동기의 결선

입력전압이 380V일 때는 Y결선을 하고, 입력전압이 220V일 때는 델타결선을 한다.

① 3상전동기의 Y결선

입력전원이 380V일 때, 다음 그림 4-64와 같이 4(U2)-5(V2)-6(W2)를 공통(Common) 결선으로 N단자가 되게 하여 220V의 상전압이 걸리게 된다. Y결선으로 하게 되면, 델타결선에 비하여 저항이 3배 증가하므로 전류가 1/3로 줄어든다. 결과적으로 기동 전류 및 토크는 델타결선의 1/3로 줄어든다.

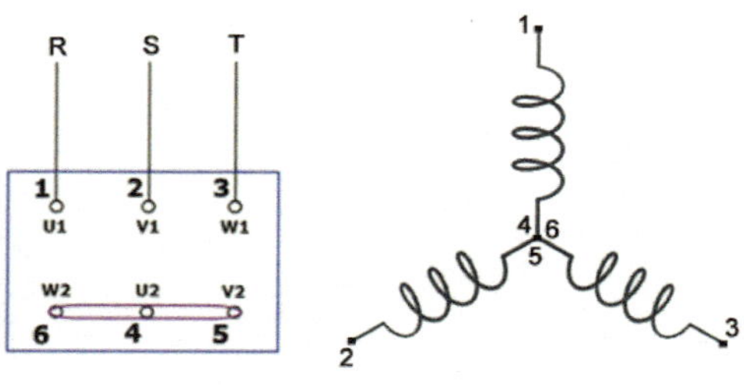

그림 4-64 3상전동기의 Y결선

56) 여자전류(Exciting Current)는 자계를 발생시키기 위한 전류이다. 교류기기에서는 철손 전류를 포함한 전류를 말한다.

② 3상전동기의 △결선

입력전원이 220V일 때, 다음 그림 4-65와 같이 1-6, 2-4, 3-5로 델타결선을 하게 되면, 각 전동기상에 걸리는 전압은 220V가 된다.

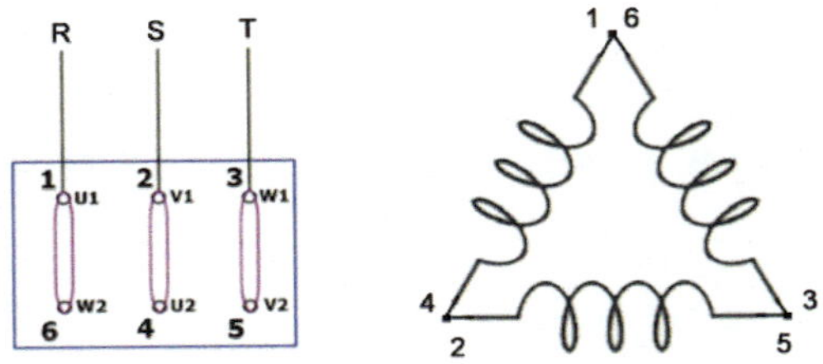

그림 4-65 3상전동기의 △결선

(실험 4.7) 3상전동기 구동하기

(실험 목표)

3상전동기의 회로 구성을 단상전동기와 비교 설명할 수 있다.

(실험 준비물)

1. 판자(50cm × 50cm이상)
2. 3상 전원플러그(그림 4-66 참조) 1개
3. 3상 배선용차단기(MCCB) 1개
4. 전자접촉기(MC) 1개
5. 2구 컨트롤박스 2개
6. 표시등(빨간색 및 초록색) 각 1개
7. 푸시버튼(빨간색 및 초록색) 각 1개
8. 1.5sq 전선 2m
9. 3상전동기 1대
10. 벨테스터기 또는 멀티미터 1대

그림 4-66 3상 콘센트/플러그

(실험 방법)

다음 그림 4-67은 3상전동기를 제어하기 위한 회로도이다. 단상전동기 구동과 다른 점은 무엇인지 살피면서 실험한다.

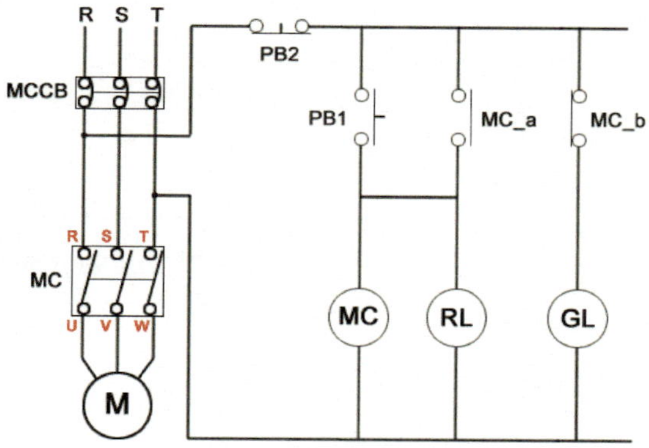

그림 4-67 3상전동기 구동하기 회로도

회로구성하기

1. 3상 전원플러그에 1.5SQ 전선(단선 또는 연선) 3 가닥을 연결한다.
2. 표시등은 표시등끼리 푸시버튼은 푸시버튼끼리 2구 컨트롤 박스에 고정한다.
3. 그림 4-67의 시퀀스 회로도에서 전자접촉기의 주접점(R,S,T-U,V,W)이 있는 주회로를 먼저 구성한다.
4. 3상 전원플러그의 전선 3가닥을 3상 배선용차단기의 전원측(LINE)에 연결한다.
5. 3상 배선용차단기의 부하측(LOAD) 단자에 전자접촉기 주회로 1차측(R,S,T) 단자들을 연결한다.
6. 전자접촉기 주회로 2차측(U,V,W) 단자에 3상전동기를 연결한다.
7. 다음은 3상전동기 제어를 위한 보조회로의 전원선으로 배선용차단기 부하측의 3가닥 중 임의의 2가닥을 사용한다. 이 실험에서는 R과 T를 쓴다. 그림 4-68의 시퀀스 회로도대로 보조회로의 부품들을 서로 연결한다.

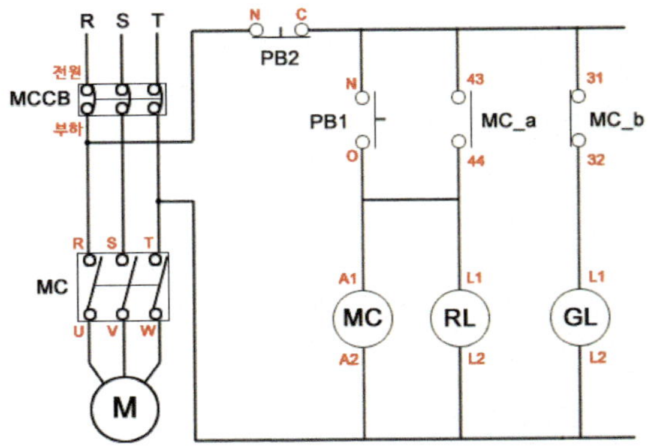

그림 4-68 3상전동기 구동하기 회로도(넘버링)

회로점검 및 작동상태 확인하기

1. 3상 전원플러그를 콘센트에 끼우고, 3상 배선용차단기의 스위치를 위로 올려 켜짐(ON) 상태로 한다.
2. 푸시버튼 PB1을 눌러 ON 시킨다. 이 때 전동기와 표시등(RL, GL)의 상태를 확인하고 기록한다.
3. 푸시버튼 PB2를 눌러 OFF 시킨다. 이 때 전동기와 표시등(RL, GL)의 상태를 확인하고 기록한다.

푸시버튼 누름	3상전동기	표시등	
		RL	GL
PB1			
PB2			

4. 3상 전원플러그를 콘센트에서 뺀다.

✔ 결과 및 고찰

3상전동기는 단상전동기와 달리 3가닥의 3상전원이 필요하므로, 전자접촉기의 주접점(R,S,T-U,V,W)부분의 3단자를 모두 연결해야한다는 것이다. 보조회로는 단상전동기와 동일하다.

12. MC1과 MC2의 a접점들은 각자 자신들의 자기유지를 위한 회로에 사용된다. 즉, MC1_a는 MC1에 전원을 공급하는 PB1 푸시버튼과 병렬로 연결하고, MC2_a는 MC2에 전원을 공급하는 PB2 푸시버튼과 병렬로 연결한다.
13. 전동기를 정지시키는 PB3 푸시버튼은 정회전시키는 PB1 푸시버튼과 역회전시키는 PB2 푸시버튼 둘 다의 N과 연결한다.

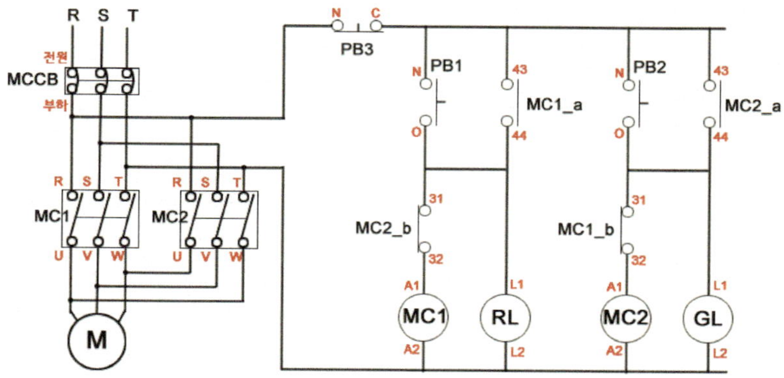

그림 4-70 3상전동기 정역회전하는 인터록회로(넘버링)

회로점검 및 작동상태 확인하기

1. 3상 전원플러그를 콘센트에 끼우고, 3상 배선용차단기의 스위치를 위로 올려 켜짐(ON) 상태로 한다.
2. 푸시버튼 PB1을 눌러 3상전동기 상태(회전방향), 전자접촉기와 표시등(RL, GL)의 상태를 확인하고 기록한다. PB2를 눌러본 다음 PB3를 눌러 전동기, 전자접촉기와 표시등의 상태를 확인하고 기록한다.

푸시버튼 누름	3상전동기 상태 (회전방향)	전자접촉기		표시등	
		MC1	MC2	RL	GL
PB1					
PB2					
PB3					

3. 3상전동기가 정지한 상태에서, 푸시버튼 PB2를 눌러 3상전동기 상태(회전방향), 전자접촉기와 표시등(RL, GL)의 상태를 확인하고 기록한다. PB1를 눌러본 다음 PB3를 눌러 전동기, 전자접촉기와 표시등의 상태를 확인하고 기록한다.

푸시버튼 누름	3상전동기 상태 (회전방향)	전자접촉기		표시등	
		MC1	MC2	RL	GL
PB1					
PB2					
PB3					

4. 3상 전원플러그를 콘센트에서 뽑는다.

✔ 결과 및 고찰

3상전동기를 사용하면 승강기를 위아래로 오르내리게 할 수 있는 것처럼 전동기를 정회전/역회전 시킬 수 있음을 알 수 있다. 전자접촉기 두 개를 사용하여 회로를 구성하는데, 하나는 정회전을 위해 사용되고, 또 다른 하나는 역회전하기 위해 사용된다. 두 개의 전자접촉기의 주접점을 서로 연결할 때, 1차측 또는 2차측의 하나는 거꾸로 연결하여, 3상전동기에 공급되는 전원의 3상을 서로 반대로 하여 정회전 또는 역회전한다. 즉 정회전 푸시버튼을 누르면 전동기에 3상전원을 R, S, T로 공급하고, 역회전 푸시버튼을 누르면 3상전원을 T, S, R로 공급한다.

인터록회로를 사용함으로써 정회전 버튼을 눌러 전동기를 회전시킨 상태에서 역회전 버튼을 눌러도 소용없고, 반대로 역회전 버튼을 눌러 전동기를 회전시킨 상태에서 정회전 버튼을 눌러도 소용없음을 알 수 있다. 전동기를 정지시키는 푸시버튼은 정회전시키는 PB1 푸시버튼과 역회전시키는 PB2 푸시버튼 둘 다와 연결하여 정회전일 때나 역회전일 때나 하나의 정지버튼으로 전동기를 멈출 수 있다.

인터록 회로

인터록(interlock) 회로는 상호 관련이 있는 기기의 동작을 서로 구속하는 회로이다. 이 회로는 기기의 보호와 조작자의 안전을 목적으로 한다. 동작 원리는 그림 4-70과 같이 푸시버튼 PB1을 누르면 3상전동기가 정회전하고 RL 표시등이 켜진다. 이 상태에서 푸시버튼 PB2를 눌러도 3상전동기는 동작하지 못한다. 푸시버튼 PB3을 눌러 정회전을 OFF시킨 후 푸시버튼 PB2를 눌러 역회전시킬 수 있다. 즉, 하나의 MC1(릴레이)이 동작하면 다른 MC2(릴레이)의 동작을 금지시키는 회로이다. 상대 동작금지 회로라고도 한다.

자기평가

1. 3상전동기를 정회전/역회전시키기 위한 회로구성을 이해하고 설명할 수 있다.
2. 인터록회로를 이해하고 설명할 수 있다.

4.11 변압기

변압기는 상호 유도 원리를 이용하여 전압을 변환(승압 또는 강압)하여 출력 측에서 필요한 전압을 제공하거나, 입력 전류와 출력 전류 간의 비율을 조절하여 전력을 제어하는 역할을 한다. 그림 4-71과 같이 마주보는 철심(iron core)의 1차측(Primary)에 코일을 N1만큼 감고, 2차측(secondary)에 코일을 N2만큼 감은 것이다. 전기적으로는 절연되어있고, 자기적으로 연결되어 있다.

입력에 교류전압 V1을 인가하면, 교류 전류 I1이 코일에 흐르게 되고, 코일에 전류가 흐르면 앙페르의 법칙에 의해 자속 $\Phi 1$이 발생하게 되며, 발생된 자속은 철심을 따라 코일을 쇄교하면서 변화하므로 자속의 증감을 방해하는 방향으로 자속 $\Phi 2$가 발생하고, 이 자속에 의해 2차 코일에 기전력이 발생하여 전류 I2가 흐르게 된다.

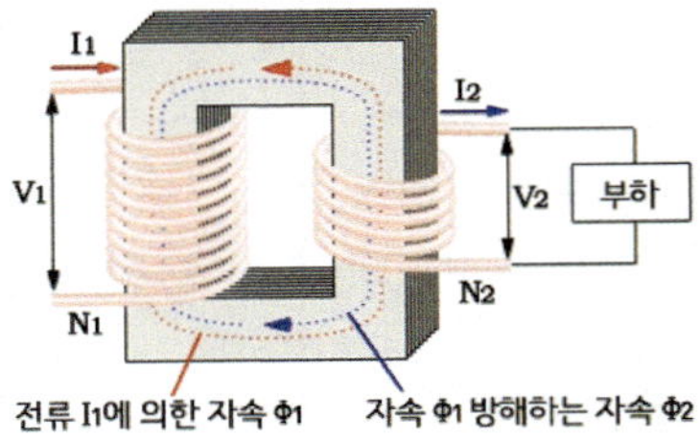

그림 4-71 변압기의 구조

변압기 1차 코일에 전압이 걸리면 2차 코일에 변환된 전압의 전류가 흐르게 되는데, 2차 코일의 전압과 전류는 권수비와 관련이 있다. 권수비는 변압기에서 1차 코일과 2차 코일의 감은 횟수 비를 말한다. 주로 변압기는 교류전압을 강하할 때 사용하므로 2차 코일의 감은 횟수가 더 작다. 그래서 보통 권수비는 1차 코일의 감은 횟수를 2차 코일이 감은 횟수로 나눈 값($\frac{N_1}{N_2}$)으로 정의한다. 권수비에 따라서 출력단의 전압, 전류가 달라진다. 1차 전압에 대한 2차 전압은 권수비 α 에 비례한다. 즉 $\frac{N_1}{N_2}=\frac{V_1}{V_2}$의 관계가 성립하고 이를 변압비라 한다. 1차 전류에 대한 2차 전류는 권수비 α 에 반비례한다. 즉 $\frac{N_1}{N_2}=\frac{I_2}{I_1}$의 관계가 성립한다. 손실이 없다면 1차 공급 전력과 2차 소비 전력은 같다. 즉 $V_1 I_1 = V_2 I_2$의 관계가 성립한다. 예를 들어, 1차 코일을 10바퀴 감고 2차 코일을 5바퀴 감았다면, 2차 전압은 1차 전압의 절반이 되고, 2차 전류는 1차 전류의 두 배가 된다. 다음 식은 권수비와 전압, 전류, 전력의 관계이다.

$$a(\text{권수비}) = \frac{N_1(\text{1차 코일 감은 수})}{N_2(\text{2차 코일 감은 수})} = \frac{V_1(\text{1차 코일 공급전압})}{V_2(\text{2차 코일 유도기전력})} = \frac{I_2(\text{2차 코일 전류})}{I_1(\text{1차 코일 전류})}$$

(실험 4.9) 변압기의 1차측에 교류전압을 가한 후 2차측의 전압과 전류를 측정하여 변압기의 성질과 원리를 이해한다.

(실험 목표)

- 변압기의 구조와 특성을 설명할 수 있다.
- 변압기의 권수비에 따른 전압, 전류, 전력의 관계를 설명할 수 있다.
- 2차 코일의 전압을 측정하여 권수비를 계산할 수 있다.

(실험 준비물)

1. 220V 플러그 1개
2. 단자대 1개
3. 변압기 1대
4. 멀티미터 1대

(실험 방법)

(1) 변압기의 1차측에 교류전압을 가한 후 2차측의 전압을 측정하여 기록한다.

1차측			2차측			권수비
전압	전류	전력	전압	전류	전력	

✔ 결과 및 고찰

2차 코일의 전압, 전류를 측정하여 권수비를 알 수 있다. 실험을 통해 변압기의 승압/강압의 특성과 원리를 알 수 있다. 변압기를 사용하여 강압한 2차측 전압을 앞으로 실험의 전원으로도 사용할 수 있을 것이다.

자기평가

1. 변압기의 구조와 특성을 설명할 수 있다.
2. 변압기의 권수비에 따른 전압, 전류, 전력의 관계를 설명할 수 있다.
3. 2차 코일의 전압을 측정하여 권수비를 계산할 수 있다.

5장

전압조정기

이 장에서는 각종 레귤레이터를 기반한 제어 응용 실험을 해본다. 대표적인 실험으로는 LM7805와 7812의 효율적인 사용방법, 가변 전압조정기 LM317을 사용한 전압조정 실험 등이다.

- 레귤레이터 7805의 특성을 이해하고 설명할 수 있다.
- 7805의 적절한 사용방법과 효율적인 입력전압을 알 수 있다.
- 레귤레이터 7812의 특성을 이해하고 설명할 수 있다.
- 7812의 적절한 사용방법과 효율적인 입력전압을 알 수 있다.
- 가변 전압조정기 LM317의 특성을 이해하고 설명할 수 있다.
- 출력전압 조정을 위한 2개의 저항(R1, R2)을 적절히 사용할 수 있다.
- 변압기를 통해 들어온 AC 입력전원을 통해 회로를 구성하여 LM317의 특성을 이해하고 설명할 수 있다.
- LM317의 입력단과 출력단의 커패시터 역할을 이해하고 설명할 수 있다.

5.1 선형 전압조정기 LM78xx

선형 전압조정기(리니어 레귤레이터) LM78xx에는 LM7805, 7809, 7812 등이 있다. LM78xx는 입력 전압(~35V)으로부터 입력전압보다 낮게 조정된 전압을 출력한다. 7805는 입력전압(7~24V)으로부터 조정된 5V의 전압을 출력하고, 7812는 입력전압(15~24V)으로부터 12V의 전압을 출력한다. 정격 전류는 1A이다. 전압조정기의 입력 전압과 출력 전압의 차이는 열로 방출된다. 입력 전압과 출력 전압의 차이가 클수록 더 많은 열이 발생한다. 레귤레이터에 열을 발산할 방열판이 없으면 파손되거나 오작동할 수 있다. 그러므로 열을 효율적으로 발산할 수 있는 적절한 방열판을 배치한다. 7805 레귤레이터로 들어가는 입력 전압은 9V이하일 때 효율적이다.

(실험 5.1) 5V로 전압조정하기(LM7805 사용)

(실험 목표)

- 레귤레이터 7805의 특성을 이해하고 설명할 수 있다.
- 7805의 적절한 사용방법과 효율적인 입력전압을 알 수 있다.

(실험 준비물)

1. DC 9~12V의 전원공급기(어댑터) 또는 배터리 1개
2. 브레드보드와 여러 개의 점퍼선
3. 레귤레이터 7805 1개
4. $0.1\mu F$, $0.33\mu F$ 커패시터 각 1개 (또는 $0.1\mu F$ 커패시터 4개)
5. 저항 330Ω과 LED 1개
6. 다이오드 1개
7. 멀티미터 1대

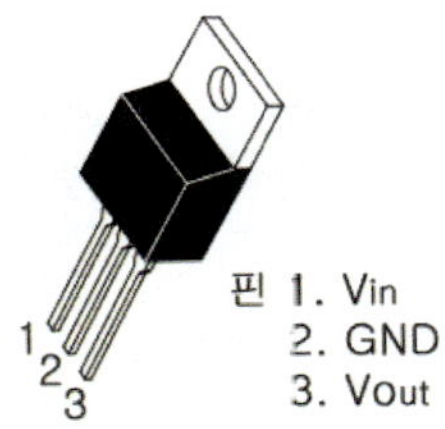

그림 5-1 78xx 핀 구조

(실험 방법)

다음 그림 5-2는 LM7805를 사용하여 35V까지의 높은 입력 전압을 낮추어 5V의 정전압으로 출력하는 회로도이다. 입출력단의 커패시터의 역할과 LM7805의 연결방법을 이해하면서 실험한다.

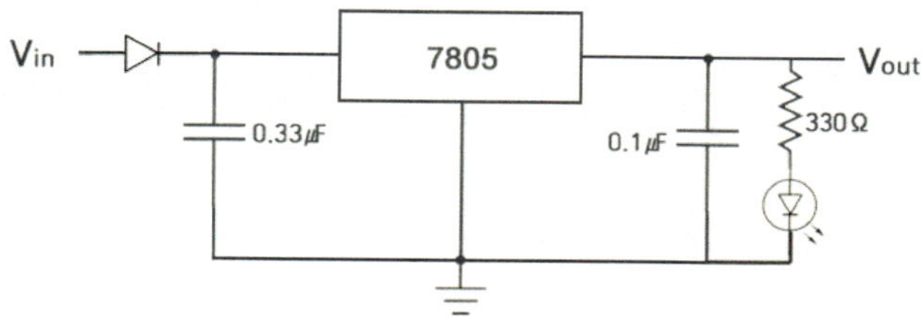

그림 5-2 정전압 5V로 만들기(LM7805 사용) 회로도

회로구성하기

1. 그림 5-1의 7805 핀 구조에서 보듯이 왼쪽이 입력 오른쪽이 출력이고, 가운데 핀이 GND이다. 그림 5-2의 회로도에서 7805를 기준으로 부품들을 연결한다. 모든 부품연결 상태를 점검 후 맨 마지막에 전원을 연결한다.
2. 0.33μF 커패시터를 구하지 못했을 경우는 0.1μF 커패시터 3개를 병렬로 연결한 후 입력단에 연결한다.
3. 다음 그림 5-3의 결선도는 0.1μF 커패시터 3개를 병렬로 연결하여 사용한 그림이다.

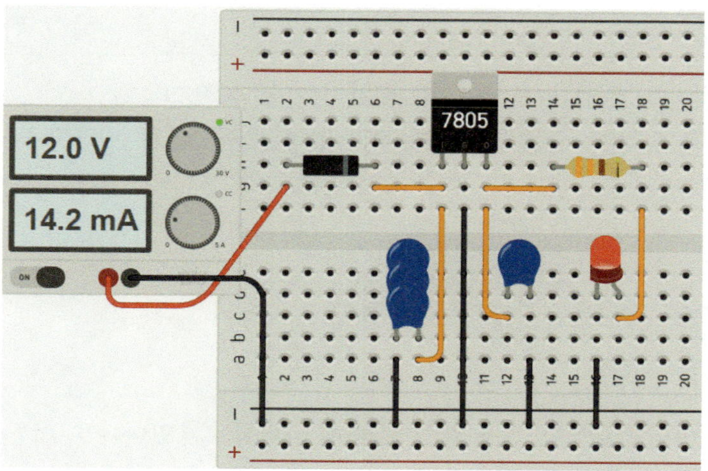

그림 5-3 정전압 5V로 만들기(LM7805 사용) 결선도

회로점검 및 작동상태 확인하기

1. 전원이 공급되면 LED가 켜짐을 확인할 수 있다.
2. 멀티미터로 입력(V_{IN})과 출력(V_{OUT}) 단의 전압을 측정하여 기록한다.

구분	전압(V)
입력(V_{IN})	
출력(V_{OUT})	

✔ 결과 및 고찰

그림 5-2의 회로도에서 입력을 어댑터가 아닌 배터리를 사용하면 $0.33\mu F$ 커패시터는 생략할 수 있다. 배터리는 변압기를 기반으로 하는 어댑터와는 달리 리플전압이 발생하지 않기 때문이다. 저항의 합성저항과 커패시터의 합성용량의 계산은 서로 반대임을 유념하자. 커패시터의 합성용량은 직렬연결일 경우 줄어들고, 병렬연결일 경우 늘어난다. 7805는 회로구성이 매우 간단함에도 많이 사용하는 5V의 정전압을 얻을 수 있음을 알 수 있다.

자기평가

1. 레귤레이터 7805의 특성을 이해하고 설명할 수 있다.
2. 7805의 적절한 사용방법과 효율적인 입력전압을 알 수 있다.

(실험 5.2) DC 12V로 전압조정하기(LM7812 사용)

(실험 목표)

- 레귤레이터 7812의 특성을 이해하고 설명할 수 있다.
- 7812의 적절한 사용방법과 효율적인 입력전압을 알 수 있다.

(실험 준비물)

1. 변압기(2차측 AC 12~24V) 또는 DC 24V까지의 전원공급기 1대
2. 브레드보드와 여러 개의 점퍼선
3. 레귤레이터 LM7812 1개
4. 1000μF, 470μF 전해커패시터 각 1개
5. 다이오드(1N4001) 4개
6. 멀티미터 1대

(실험 방법)

다음 그림 5-4는 LM7812를 사용하여 입력 전압을 12V의 정전압으로 출력하는 회로도이다. 2차측 전압이 12V인 변압기를 입력으로 사용하고, 교류전압을 직류전압으로 바꾸는 전파정류 회로도 포함되어있다. 변압기와 전파정류기[57]를 이해하면서 실험한다.

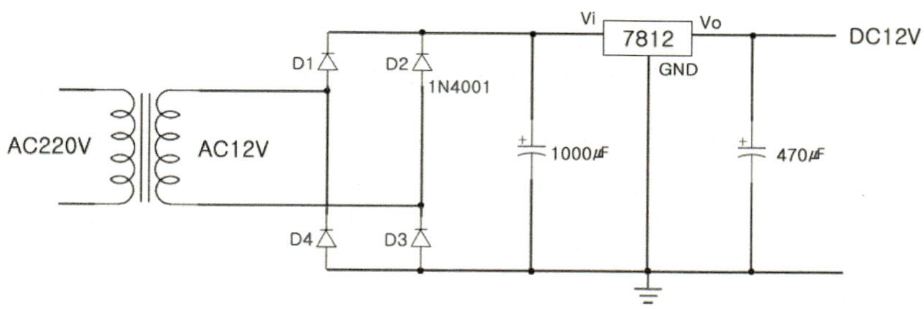

그림 5-4 정전압 12V로 만들기(LM7812 사용)

회로구성하기

1. 변압기를 사용할 경우는 그림 5-4처럼 변압기 2차측과 4개의 다이오드를 연결하여 입력으로 사용한다. 변압기 2차측의 교류 전압을 먼저 측정하여 12~24V인지를 점검한 후 연결한다. 교류를 직류로 바꾸기 위하여 추가로 4개의 다이오드를 사용하여 연결한다.[58]
2. 전원공급기를 사용할 경우는 다음 그림 5-5와 같이 변압기와 4개의 다이오드 연결이 필요 없다. 다른 부품들을 다 연결한 후 1000μF 커패시터 양단에 24V의 전원을 공급한다.

57) 7장의 7.1.2절을 참조
58) 7장 (실험 7.2) 참조

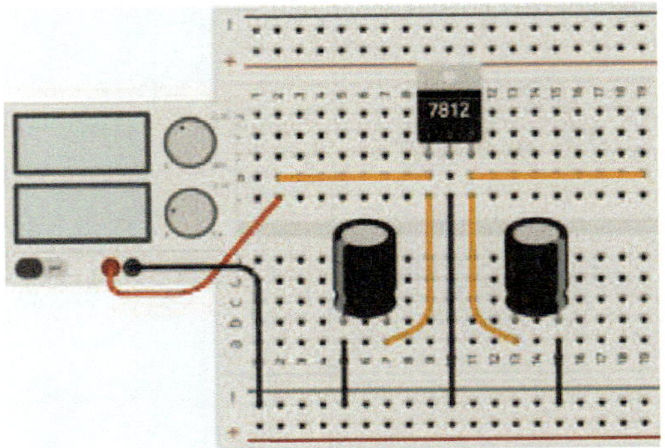

그림 5-5 정전압 12V로 만들기 결선도(전원공급기사용)

회로점검 및 작동상태 확인하기

1. 전원 공급을 한다.
2. 멀티미터로 입력(V_{IN})과 출력(V_{OUT}) 단의 전압을 측정하여 기록한다.

구분	전압(V)
입력(V_{IN})	
출력(V_{OUT})	

레귤레이터 78xx 모듈

7805/7809/7812 등은 위의 그림처럼 입출력터미널에만 쉽게 연결해서 사용할 수 있도록 방열판과 여러 소자를 탑재한 '모듈'로 만들어 판매한다.

✔ 결과 및 고찰

7812는 7805와 마찬가지로 회로구성이 매우 간단하면서 12V의 정전압을 얻을 수 있음을 알 수 있다.

자기평가

1. 레귤레이터 7812의 특성을 이해하고 설명할 수 있다.
2. 7812의 적절한 사용방법과 효율적인 입력전압을 알 수 있다.

5.2 가변 전압조정기

(1) LM317, LM317T

LM317은 출력전압을 변경할 수 있는 가변 전압조정기(레귤레이터)이다. 최대전류 1.5A까지 가능하고, 바꿀 수 있는 출력전압은 최소 1.25V에서 최대 37V이다. 입력전압은 출력전압을 초과해야하는데 40V이상 초과해서는 안된다. LM78xx 시리즈의 GND 핀 대신에 그림 5-6처럼 조정(Adj)핀이 있다. 이 조정핀 외부에 2개의 저항을 사용하여 출력전압을 조정할 수 있다.

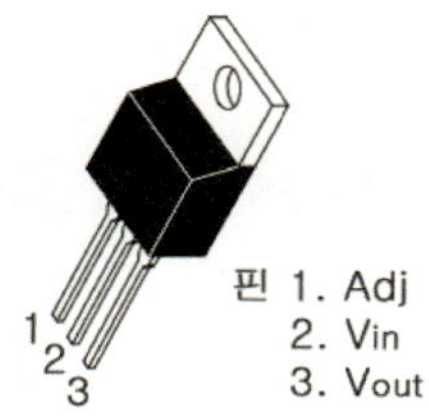

그림 5-6 LM317T 핀 구조

LM317 회로는 비교적 간단하고 저렴하며, 출력 전압에 고주파 기생 성분이 없어 전력 간섭이 최소화된다. 다음 그림 5-7은 LM317의 대표적인 회로도이다.

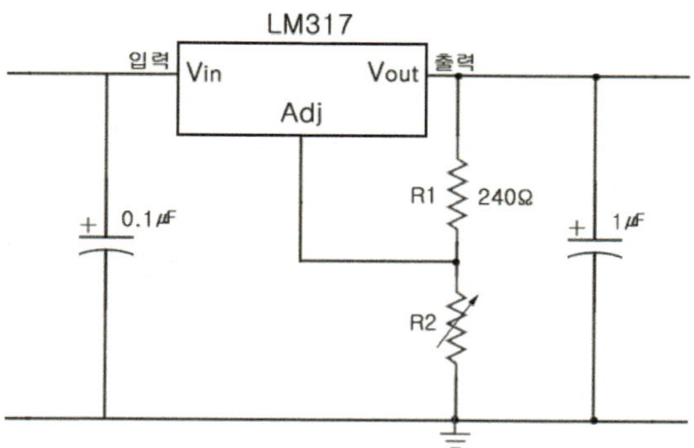

그림 5-7 가변전압조정기(LM317)

출력전압은 다음 식과 같이 저항 R1과 R2의 저항값에 의해 결정된다.

$$V_{out} = 1.25(1 + \frac{R2}{R1})$$

예를 들어, R1 저항값이 240Ω이고, R2 가변저항기가 5kΩ이라면 최소 출력전압은 위 식에서 R2 저항값을 0으로 하여 계산하면 된다.

$$V_{out} = 1.25(1+\frac{R2}{R1}) = 1.25(1+\frac{0\Omega}{240\Omega}) = 1.25\,V$$

최대 출력전압은 가변저항기를 반대로 최대한 돌려 5kΩ으로 설정했을 때이다. 마찬가지로 위 식에서 R2 저항값을 5000Ω으로 하여 계산하면 된다.

$$V_{out} = 1.25(1+\frac{R2}{R1}) = 1.25(1+\frac{5000\Omega}{240\Omega}) = 27.29\,V$$

입력전압은 출력전압의 최소 3V이상이어야 하므로 30V정도의 입력전압이 주어졌을 때 1.25~27V의 가변적인 출력전압을 얻을 수 있다.

(실험 5.3) DC 12V를 DC 1.25~8.8V로 가변할 수 있는 전압 조정기

(실험 목표)

- 가변 전압조정기 LM317의 특성을 이해하고 설명할 수 있다.
- 출력전압 조정을 위한 2개의 저항(R1, R2)을 적절히 사용할 수 있다.

(실험 준비물)

1. DC 12V 어댑터 1개
2. 브레드보드와 여러 개의 점퍼선
3. 레귤레이터 LM317 1개
4. 1μF 전해 커패시터 1개
5. 저항 330Ω 1개
6. 퍼텐쇼미터 2kΩ 1개
7. 멀티미터 1대

(실험 방법)

다음 그림 5-8은 LM317을 사용하여 12V까지의 입력 전압을 낮추어 1.25~8.8V로 조정하여 출력하는 회로도이다. LM317의 출력전압 조정을 위한 두 개의 저항에 집중하면서 실험한다.

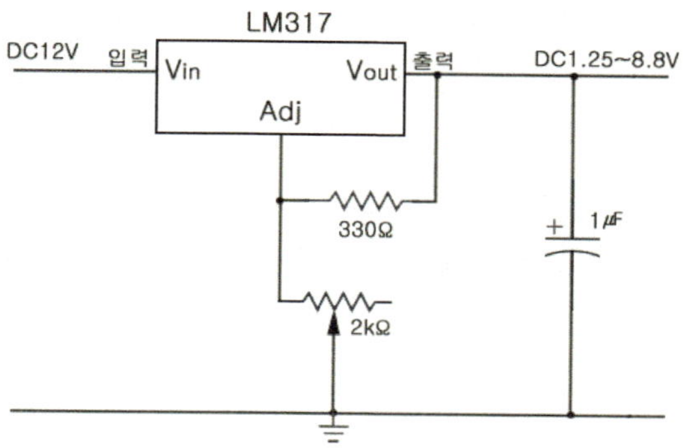

그림 5-8 DC 12V를 DC 1.25~8.8V로 가변하는 회로도

회로구성하기

1. LM317은 78시리즈 전압조정기와는 달리 그림 5-6의 핀 구조처럼 가운데 핀이 입력이고 맨 오른쪽 핀이 출력 핀이다. 맨 왼쪽은 Adj 핀이 그림 5-8의 회로도에서는 가운데로 그려져 있다. 연결에 주의한다.
2. DC 12V의 어댑터는 맨 나중에 연결한다.

회로점검 및 작동상태 확인하기

1. 전원을 공급하고, 퍼텐쇼미터 손잡이를 돌리면서 멀티미터로 출력전압을 측정한다. 퍼텐쇼미터를 가변하여 얻을 수 있는 최소, 최대 출력전압이 얼마인지 기록한다.
2. 출력전압이 최소일 때와 최대일 때의 퍼텐쇼미터 저항값도 측정하여 기록한다. 저항을 측정할 때는 퍼텐쇼미터를 회로에서 분리하여 측정한다.

출력전압	전압(V)	저항값(kΩ)
최소		
최대		

✔ 결과 및 고찰

LM317 회로는 출력전압을 가변할 수 있는 전압조정기이므로 원하는 전압으로 바꾸어 사용할 수 있다는 장점이 있다. 이외에도 비교적 회로가 간단하고 저렴하며, 출력 전압에 고주파 기생 성분이 없어 전력 간섭이 최소화된다.

자기평가

1. 가변 전압조정기 LM317의 특성을 이해하고 설명할 수 있다.
2. 출력전압 조정을 위한 2개의 저항(R1, R2)을 적절히 사용할 수 있다.

(실험 5.4) 변압기를 사용하여 DC 9V까지 가변할 수 있는 전압 조정기

(실험 목표)

- 변압기를 통해 들어온 AC 입력전원을 통해 회로를 구성하여 LM317의 특성을 이해하고 설명할 수 있다.
- LM317의 입력단과 출력단의 커패시터 역할을 이해하고 설명할 수 있다.

(실험 준비물)

1. 220V 전원플러그 1개
2. 단자대 1개
3. 변압기(2차측 AC 24V이하) 1대
4. 브레드보드와 여러 개의 점퍼선
5. 레귤레이터 LM317 1개
6. 0.1μF 세라믹 커패시터 1개
7. 0.1μF, 1μF 전해커패시터 각 1개
8. 다이오드(1N4001) 4개
9. 저항 330Ω 1개
10. 퍼텐쇼미터 2kΩ 1개
11. 멀티미터 1대

(실험 방법)

다음 그림 5-9는 LM317을 사용하여 변압기의 2차측 교류 12V를 1.25~8.8V로 조정하여 출력하는 회로도이다. 교류전압을 직류전압으로 바꾸는 전파정류 회로도 포함되어있다. LM317의 사용방법을 이해하면서 실험한다.

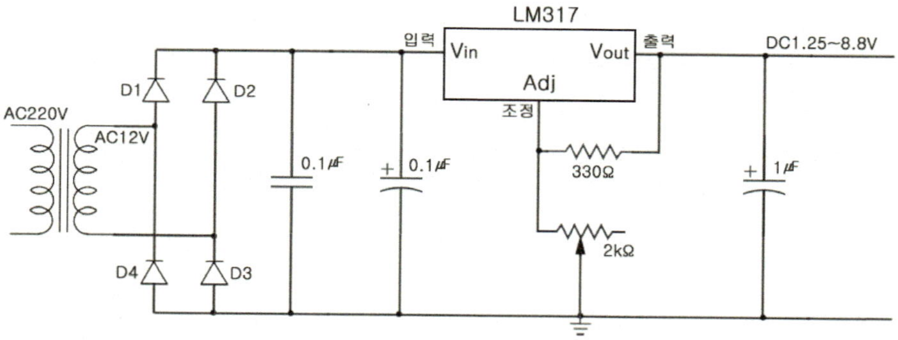

그림 5-9 변압기를 사용하여 DC 9V까지 가변할 수 있는 전압 조정기

회로구성하기

1. LM317의 입력전압으로 2차측 전압이 12V인 변압기를 사용한다. 변압기 1차측을 단자대를 거쳐 전원플러그와 연결한다.
2. DC 12V 어댑터를 사용할 때와 달리 LM317의 입력단에는 세라믹 커패시터와 전해 커패시터 0.1μF을 각각 연결한다.

회로점검 및 작동상태 확인하기

1. 전원플러그를 콘센서에 끼워 전원을 공급하고, 입력단의 0.1μF 커패시터 양단의 입력전압을 측정하여 기록한다.

입력전압(V)	최소 출력전압(V)	최대 출력전압(V)

2. 퍼텐쇼미터 손잡이를 돌리면서 멀티미터로 1μF 커패시터 양단의 출력전압을 측정하여 최소, 최대 출력전압이 얼마인지 기록한다.

✔ 결과 및 고찰

LM317 회로의 입력을 강압 변압기를 사용하여 실험을 해보았다. 4개 다이오드의 전파정류 기능과 입력단의 두 개 커패시터의 역할을 이해할 필요가 있다. 커패시터를 사용하는 이유는 크게 두 가지 이다. 첫째는 발진방지이고, 둘째는 전원임피던스를 낮추기 위함이다. 전압조정기는 모터나, 솔레노이드처럼 코일로 된 부하를 사용할 경우 자칫 발진하게 되므로, 출력단에 커패시터를 연결한다. 커패시터는 최대한 GND와 가깝게 연결한다. 입력단에 커패시터를 연결하는 것은 리플전압이나 노이즈를 제거함으로써 안정된 전압을 갖게 해주는 것이다.

자기평가

1. 변압기를 통해 들어온 AC 입력전원을 통해 회로를 구성하여 LM317의 특성을 이해하고 설명할 수 있다.
2. LM317의 입력단과 출력단의 커패시터 역할을 이해하고 설명할 수 있다.

6장
릴레이

이 장에서는 각종 릴레이의 기능 및 사용법을 이해하고 제어 응용 실험을 해본다. 대표적인 실험으로는 리드스위치와 릴레이모듈로 방범경보장치 구현하기, 5핀 차량용 릴레이와 8핀 소켓용 릴레이를 사용하여 큰전압 전류의 DC 또는 AC 장치 구동하기 등이다.

- 릴레이모듈의 기능 및 사용법을 이해하고 설명할 수 있다.
- 리드스위치와 릴레이모듈로 방범경보장치의 원리와 특성을 이해하고 설명할 수 있다.
- DC 릴레이모듈을 사용하여 빛의 밝기에 따라 큰 전압의 DC 장치를 구동하는 시스템을 이해하고 설명할 수 있다.
- DC 릴레이모듈을 사용하여 AC 장치를 구동하는 회로를 이해하고 설명할 수 있다.
- 5핀 차량용 릴레이를 사용하여 큰 전압의 DC 장치를 구동하는 회로를 이해하고 설명할 수 있다.
- 5핀 차량용 릴레이를 사용하여 AC 장치를 구동하는 회로를 이해하고 설명할 수 있다.
- 8핀 소켓용 릴레이를 사용하여 큰 전압의 DC 장치를 구동하는 회로를 이해하고 설명할 수 있다.
- 8핀 소켓용 릴레이를 사용하여 AC 장치를 구동하는 회로를 이해하고 설명할 수 있다.

6.1 릴레이 작동원리와 접점

그림 6-1의 릴레이(Relay)는 스위치이다. 릴레이는 AC나 DC의 온/오프가 쉽고, 아두이노와 같은 MCU와의 연결이 수월하다. 릴레이의 장점은 전기적으로 독립된 회로를 연동시킬 수 있다는 점이다. 이처럼 릴레이는 코일 부분과 접점 부분이 완전하게 절연도 되지만 그것보다는 저전압, 저전류로 고전압, 대전류를 개폐(on/off) 해주는 것이 주된 목적이다.

(a) 릴레이 모듈 (b) 5핀 차량용 릴레이 (c) 8핀 소켓 릴레이

그림 6-1 다양한 DC 릴레이

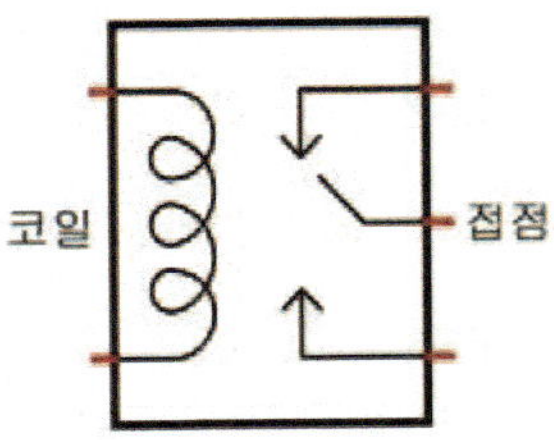

그림 6-2 릴레이 핀구조

릴레이는 기계식과 전자식의 두 형태가 있다. 그림 6-2의 회로도에서 보듯이 기계식 릴레이는 코일에 전류를 흘리면 자석이 되는 전자석의 원리로 작동한다. 기계식 릴레이는 코일에 전원이 공급되면 전자석이 되어 접점부의 철판을 끌어당긴다. 그 철판에 붙어있는 접점은 코일 전원 공급에 따라 붙거나 떨어진다. 접점부에는 3개의 단자가 있다. 접점이 떨어져 있다가 붙는 NO 접점, 붙었다가 떨어지는 NC 접점, 그리고 공통단자인 com이 있다. 기계식 릴레이의 단점은 스위칭속도가 느리고 아크 채터링에 의한 잡음과 열화이다.

그림 6-3 SSR 모듈

그림 6-3과 같은 광반도체로 만든 전자식 릴레이는 SSR(Solid State Relay, 무접점 릴레이)이라한다. SSR은 일반적으로 적외선 발광다이오드와 포토트랜지스터의 수광부로 구성된다. 기계식 릴레이와 마찬가지로 입력부와 출력부는 광반도체로 인해 전기적으로 절연이 되는 장점이 있다. 또한 기계적으로 움직이는 부품이 없으므로 소음이 없고 수명이 반영구적이다. 기계식에

비해 스위칭속도가 매우 빠르지만 스위칭할 때 반도체에 발열이 발생할 수 있는 단점이 있다.

6.2 릴레이모듈

다음 그림 6-4의 릴레이모듈은 릴레이에 추가적으로 트랜지스터, 다이오드와 저항을 조합하여 증폭 및 역기전력 방지 회로를 포함시켜서, 사용자가 회로구성하기 수월하도록 제작한 것이다. 입력측에 3개 단자와 출력측의 접점(NO, NC)을 위한 3개 단자가 있다. 입력의 3단자는 신호(IN, S), 입력전압 VCC(+), GND(–)이다. VCC는 릴레이모듈에 장착된 릴레이의 전면에 5V, 12V 등의 표기를 보고 입력전압을 구성하면 된다. 신호(IN, S)에 전압이 인가되면 릴레이의 접점이 동작하여 NC는 연결이 끊어지고 NO는 연결이 되게 된다. 출력의 접점단자의 연결은 COM과 NC 또는 NO의 2개 단자만을 사용한다. 예를 들어, a접점으로 개폐(ON/OFF)하고자 한다면 COM, NO 두 단자를 사용하면 된다.

유의사항

릴레이의 출력측 접점을 사용할 때 주의할 점은 전원의 두 가닥 중 한 가닥 전선만을 사용해야 한다는 것이다. 만약에 COM에 전원의 어느 한 가닥을 연결하고, 또 다른 한 가닥의 전원선을 NO에 연결한다면, 릴레이가 작동되면서 합선(쇼트)이 발생하게 된다. 반드시 전원의 한 가닥 전선을 끊고, 릴레이의 COM과 NO 또는 NC로 끊어진 전선을 이어준다는 생각으로 연결하면 된다. 스위치의 두 단자를 연결하는 것과 똑같다.

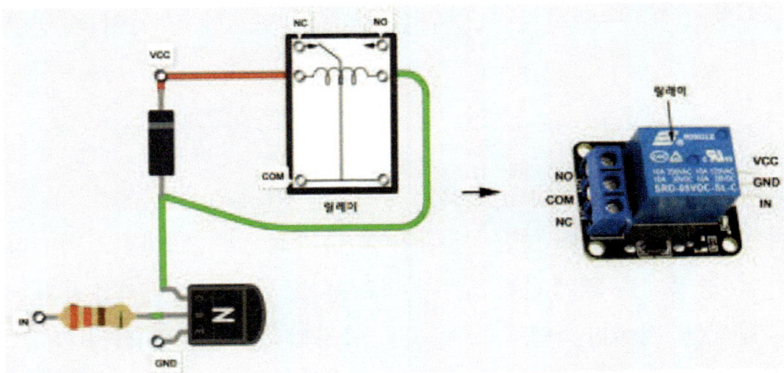

그림 6-4 릴레이 모듈

다음 그림 6-5는 릴레이 모듈에 포토커플러를 사용하여 전기적으로 완전 절연이 되도록 제작한 것이다. 입출력 단자는 같고 사용법도 동일하다.

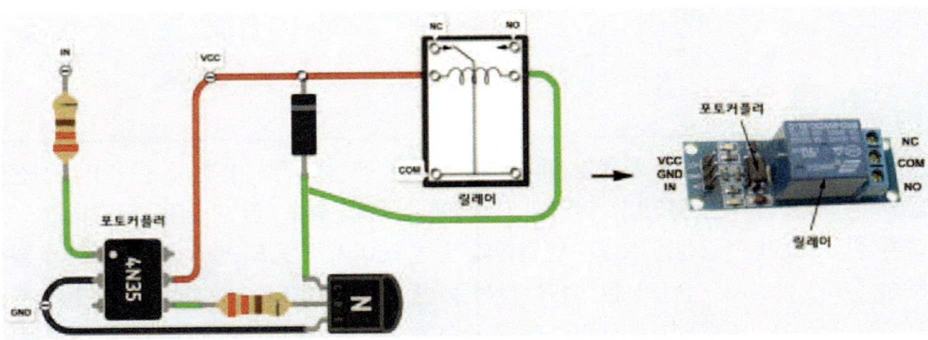

그림 6-5 광 절연 릴레이 모듈

6.3 DC 릴레이로 DC 출력

DC 릴레이를 사용하여 방법창문이 열리면 DC 24V의 경종을 울리는 시스템을 구현할 수 있다. 방범창문의 한쪽에는 리드스위치를 설치하고, 다른 쪽 창문에는 자석을 설치하여, 리드스위치가 끊어진 신호를 접하면, 창문이 열린 것으로 판단할 수 있다. 다음 그림 6-6은 리드스위치로 무단침입을 경보하는 회로도이다.

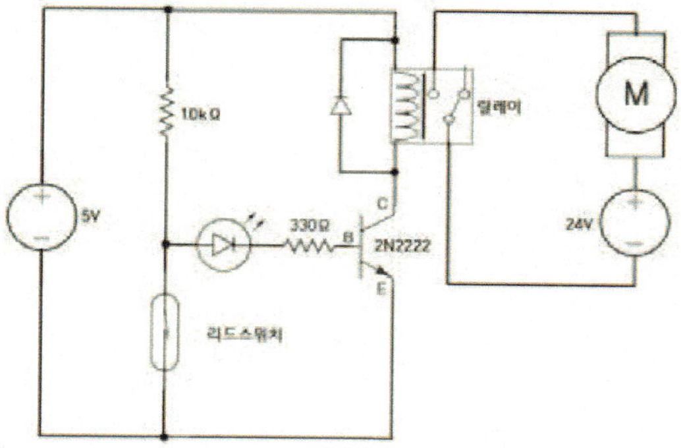

그림 6-6 리드스위치로 무단침입 경보하기 회로도(릴레이 사용)

평상시 방범창에 리드스위치가 가까이 있어 LED쪽 전압은 '0V'이다. 리드스위치로부터 자석이 떨어지면 5V의 입력전압이 공급되어 10kΩ 저항을 거쳐 LED에 불이 들어오게 된다. LED가 켜진다는 것은 리드스위치가 끊어졌다는 신호가 들어오는 것이다. 창문이 열렸다는 신호가 미약하더라도 트랜지스터로 증폭시켜 릴레이가 잘 작동하도록 해준다. 릴레이 접점부의 코일에 병렬로 연결된 다이오드는 역기전력을 방지하기 위한 것이다. 이 회로는 연결이 복잡하고, 릴레이의 핀이 브레드보드에 맞지 않아 납땜을 하지않는 실험에서는 어렵다. 그러므로 릴레이모듈을 사용한 실험으로 릴레이의 특성을 이해하고 릴레이를 사용법을 익히도록 하자. 그림 6-6의 회로도 및 그림 6-7의 결선도는 참고만 하고 실험은 생략한다. 관심 있는 학생은 따로 실험해보도록 한다.

그림 6-7 리드스위치로 무단침입 경보하기 결선도(릴레이 사용)

(실험 6.1) DC 릴레이모듈을 사용하여 무단 칩입 경보하기

(실험 목표)

- 릴레이모듈의 기능 및 사용법을 이해하고 설명할 수 있다.
- 리드스위치와 릴레이모듈로 방범경보장치의 원리와 특성을 이해하고 설명할 수 있다.

(실험 준비물)

1. DC 5V 어댑터 또는 건전지 1개
2. DC 5V 릴레이모듈(그림 6-8 참조) 1개
3. DC 24V 전원공급기 1대
4. DC 24V용 시각경보기 또는 경종(그림 6-9, 10 참조) 1개
5. 리드스위치와 자석 1개
6. 저항 10kΩ 1개
7. 브레드보드와 여러 개의 점퍼선
8. 시계(정밀)드라이버(그림 6-11 참조) 1개

그림 6-8 릴레이모듈

그림 6-9 시각경보기

그림 6-10 경종

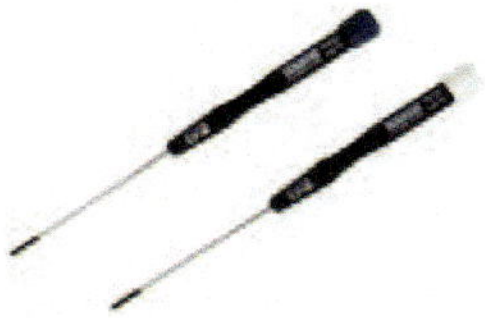

그림 6-11 시계드라이버

(실험 방법)

다음 그림 6-12는 5V DC 릴레이모듈로 무단 칩입을 경보하는 DC 24V 경종을 울리는 회로도이다. 리드스위치로 감지한 신호를 입력하는 방법과 DC 24V 경종을 연결하는 릴레이모듈의 접점을 이해하면서 실험한다.

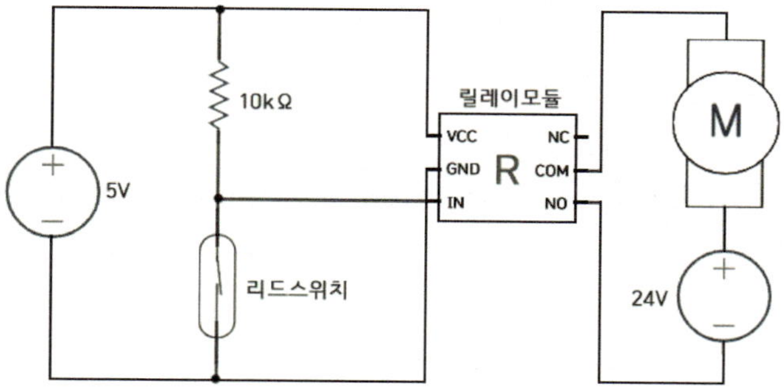

그림 6-12 DC 릴레이모듈로 무단 칩입 경보하기 회로도

그림 6-13 DC 릴레이모듈로 무단 칩입 경보하기 결선도

회로구성하기

1. 5V인 입력과 달리 출력은 24V의 전원이 공급된다는 사실을 유의하자. 브레드보드의 아래쪽 전원선은 5V의 '+', '−'로 사용하고, 위쪽은 24V의 '+', '−'로 사용한다.
2. 릴레이 모듈의 입력측은 무조건 'VCC'와 'GND' 단자에 5V 전원부터 연결한다. 그런 다음 릴레이의 신호(IN)로 들어가는 리드스위치와 저항의 전압배분 회로만 신경 쓰면 된다.
3. 출력측의 경종은 24V에서 작동한다. 두 가닥의 전원선이 곧장 연결되면 울리게 된다. 그러므로 접점 단자에서 경종의 한 가닥을 무조건 COM에 연결하자. 그리고 경종의 또 다른 한 가닥의 전선을 24V 전원의 '+'에 연결한다.
4. 이제 남은 전원의 '−'를 릴레이의 NO에 연결한다. 이렇게 연결하면 두 가닥의 전원선 중에서 '−' 전원선을 끊어서 COM과 NO로 이어준 것처럼 된다.

회로점검 및 작동상태 확인하기

1. 방범창문이 닫혀 있는 것처럼 자석을 리드스위치 가까이에 붙여둔다.
2. 5V와 24V의 두 전원을 켠다.
3. 방범창문이 열리는 것처럼 자석을 리드스위치로부터 떨어뜨리면서 경종이 울리는지를 확인한다. 경종이 울린다면 회로 구성을 올바르게 결선한 것이다.

✔ 결과 및 고찰

릴레이 모듈을 사용하면 증폭(트랜지스터) 및 역기전력 방지(다이오드)등이 포함되어, 단지 센서에서 감지한 신호를 릴레이모듈의 신호(S, IN)에 입력하면 릴레이의 접점(NO, NC)이 작동하므로 회로 구성이 매우 간단하고 수월하다.

자기평가

1. 릴레이모듈의 기능 및 사용법을 이해하고 설명할 수 있다.
2. 리드스위치와 릴레이모듈로 방범경보장치의 원리와 특성을 이해하고 설명할 수 있다.

(실험 6.2) DC 릴레이모듈을 사용하여 빛의 밝기에 따라 DC 전구 제어하기

(실험 목표)

- DC 릴레이모듈을 사용하여 빛의 밝기에 따라 큰 전압의 DC 장치를 구동하는 시스템을 이해하고 설명할 수 있다.

(실험 준비물)

1. DC 5V 어댑터 1개
2. DC 5V 릴레이모듈 1개
3. DC 24V 전원공급기 1대
4. DC 24V용 시각경보기 또는 경종 1개
5. 브레드보드와 여러 개의 점퍼선
6. 포토레지스터(LDR) 1개
7. 저항 47kΩ, 330Ω 각 1개
8. NPN(2N2222A) 트랜지스터 1개
9. 시계(정밀)드라이버 1개

(실험 방법 1) 야간 자동 조명(다크 센서)

다음 그림 6-14는 릴레이모듈을 사용한 자동 야간 조명등 회로도이다. DC 5V로 어둠을 감지하고, DC 24V로 전구를 켠다. 포토레지스터로 감지한 신호를 입력하는 방법과 DC 24V 전구를 연결하는 릴레이모듈의 접점을 이해하면서 실험한다.

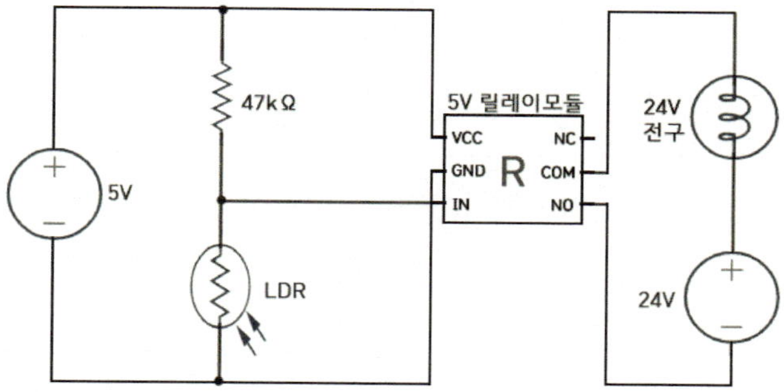

그림 6-14 어두움을 감지하여 큰 전압 대전류로 제어하는 회로도

회로구성하기

1. 저항과 포토레지스터가 연결된 점을 릴레이의 신호(IN)에 연결한다.
2. 12V 전원의 '−'는 접점의 NO에 연결하고, 전원의 '+'는 LED를 거쳐 릴레이 출력의 COM에 연결한다. NO와 COM은 바뀌어도 상관없다. 다시 말해, 전원의 '−'를 COM에 연결하고, '+'를 LED를 거쳐 NO에 연결해도 똑같다는 것이다.

회로점검 및 작동상태 확인하기

1. 포토레지스터에 밝기 변화를 주면서 릴레이가 작동하는지를 관찰하고 아래 체크 버튼에 표시한다.

릴레이가 작동할 때는 □ 밝을 때 / □ 어두울 때 이다.

(실험 방법2) 라이트 센서

다음 그림 6-15는 밝음을 감지하여 장치를 제어하는 회로도이다. (실험 방법1)과는 서로 반대이다. 포토레지스터로 감지한 신호의 입력과 DC 24V 전구의 접점 연결을 반복하면서 릴레이모듈의 사용법을 숙지한다.

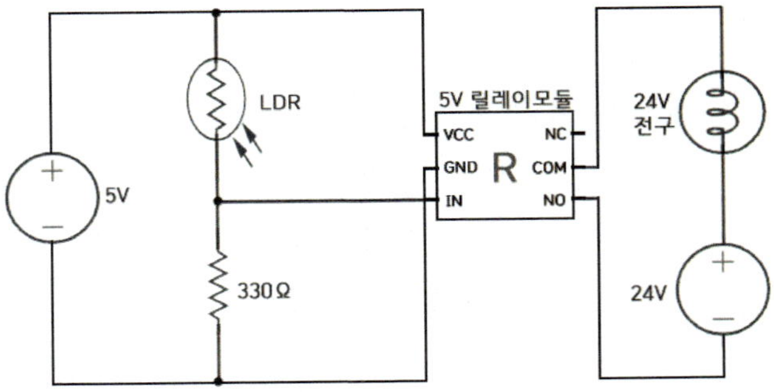

그림 6-15 밝음을 감지하여 큰 전압 대전류로 제어하는 회로도

회로구성하기

1. 위 (실험 방법 1)의 저항과 포토레지스터의 위치를 서로 바꿔 연결한다.
2. 저항과 포토레지스터가 연결된 점을 릴레이의 신호(IN)에 연결하는 것과 릴레이 출력측의 접점 연결도 위 실험과 동일하다.

회로점검 및 작동상태 확인하기

1. 포토레지스터에 밝기 변화를 주면서 릴레이가 작동하는지를 관찰하고 아래 체크 버튼에 표시한다.

릴레이가 작동할 때는 □ 밝을 때 / □ 어두울 때 이다.

결과 및 고찰

이 실험에서는 포토레지스터가 어둡거나 밝음을 감지하여 5V DC 릴레이모듈이 작동한다. DC 12V의 다른 전원을 사용한 릴레이모듈의 출력측 NO 접점에 연결된 DC 12V LED가 신호가 감지되면 릴레이 작동으로 열려있던 NO 접점이 닫히면서 켜짐을 알 수 있다. 물론 5V DC 릴레이모듈로 AC 장치도 제어할 수 있다. 다음 (실험 6.5)에서 DC 릴레이모듈의 접점에 직류든 교류든 상관없이 연결하여 제어시킬 수 있음을 확인할 수 있다.

자기평가

DC 릴레이모듈을 사용하여 빛의 밝기에 따라 밝음을 감지하면 큰 전압의 DC 장치를 제어하는 시스템을 이해하고 설명할 수 있다.

(실험 6.3) DC 릴레이로 DC 전구 제어하기

(실험 목표)

- 5핀 차량용 릴레이를 사용하여 큰 전압의 DC 장치를 제어하는 회로를 이해하고 설명할 수 있다.
- 8핀 소켓용 릴레이를 사용하여 큰 전압의 DC 장치를 제어하는 회로를 이해하고 설명할 수 있다.

(실험 준비물)

1. DC 12V 어댑터 또는 배터리 1개
2. DC 24V 전원공급기 1대
3. DC 24V용 시각경보기 또는 경종 1개
4. 소형 악어집게선(그림 6-16 참조) 2개
5. DC 12V 8핀 릴레이(소켓포함; 그림 6-17 참조) 1개
6. DC 12V 5핀 차량용 릴레이(소켓포함; 그림 6-18 참조) 1개
7. 판자(50cm × 50cm이상)
8. 단자대 1개
9. 슬라이드스위치 1개
10. DC 전선 50Cm

그림 6-16 악어집게전선

그림 6-17 DC 8핀 릴레이

그림 6-18 5핀 차량용 릴레이

(실험 방법 1) DC 8핀 릴레이

다음 그림 6-19는 DC 12V 8핀 릴레이로 DC 24V의 전구를 제어하는 회로도이다. 릴레이의 입력으로는 슬라이드스위치를 사용한다. 8핀 릴레이의 소켓 연결방법을 이해하면서 실험한다.

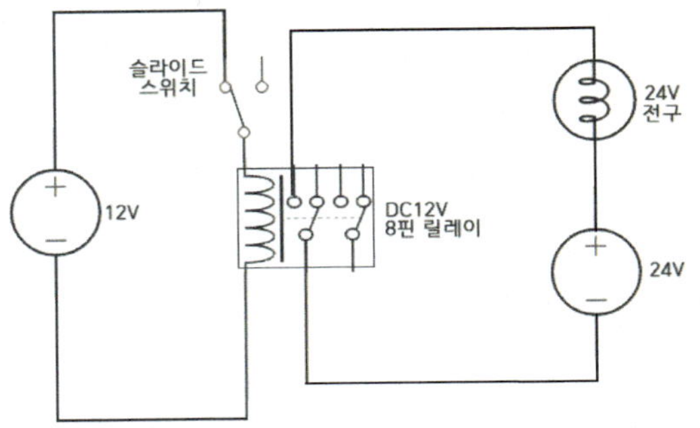

그림 6-19 DC 8핀 릴레이로 DC 전구 제어하기

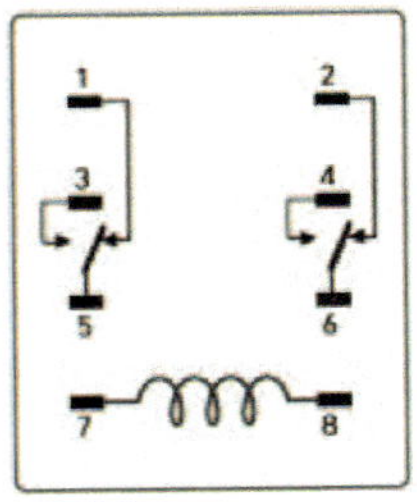

그림 6-20 DC 8핀 릴레이 핀 구조

회로구성하기

1. 판자에 단자대, 릴레이 소켓과 24V 시각경보기를 고정한다.
2. 릴레이의 입력과 릴레이의 출력 전원이 서로 다르다는 사실에 유의하자. 단자대에서 두 단자는 12V로 연결하고, 또 다른 두 단자는 24V로 연결한다.
3. 12V의 '–' 전원선은 릴레이의 코일 '7'번 핀에 연결하고, 12V의 '+' 전원선은 슬라이드스위치를 거쳐서 코일 '8'번 핀에 연결한다. 슬라이드스위치 연결은 악어 집게선을 사용한다.
4. 그림 6-20에서 보듯이 8핀 소켓용 릴레이는 a접점과 b접점을 두 개씩 제공한다. 5_3과 6_4의 조합이 a접점이고, 5_1과 6_2의 조합이 b접점이다. 이 실험에서는 5_3의 a접점을 사용하기로 한다.
5. 24V의 '–' 전원선은 릴레이 a접점 '5'번 핀에 연결하고, 24V의 '+' 전원선은 시각경보기를 거쳐서 릴레이 a접점 '3'번 핀에 연결한다.

회로점검 및 작동상태 확인하기

1. 12V의 전원을 연결하여 슬라이드스위치를 좌우로 전환해본다. 릴레이에서 '딸깍' 거리는 소리가 나면 입력은 이상이 없는 것이다.
2. 이제 24V 전원을 켠 다음, 슬라이드스위치를 좌우로 전환하여 시각경보기가 점

멸하는 것을 확인한다.

3. 다음 (실험 방법 2)를 위하여 해체하지 말고 전원만 끈 상태로 그대로 둔다.

(실험 방법 2) 차량용 5핀 릴레이

다음 그림 6-21은 DC 12V 5핀 차량용 릴레이로 DC 24V의 전구를 제어하는 회로도이다. 릴레이의 입력으로는 슬라이드스위치를 사용한다. 5핀 차량용 릴레이의 연결방법을 이해하면서 실험한다.

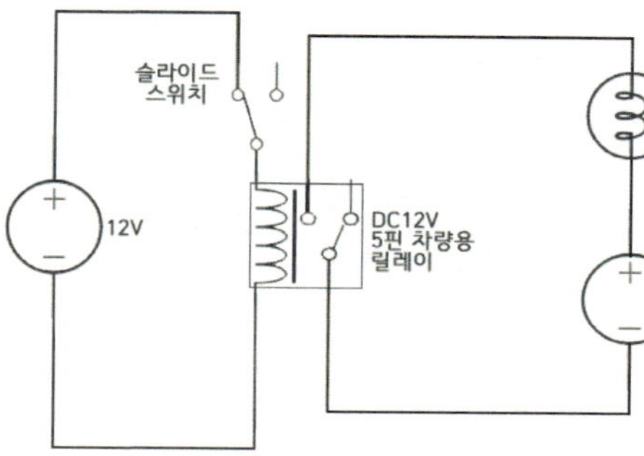

그림 6-21 DC 5핀 릴레이로 DC 전구 제어하기

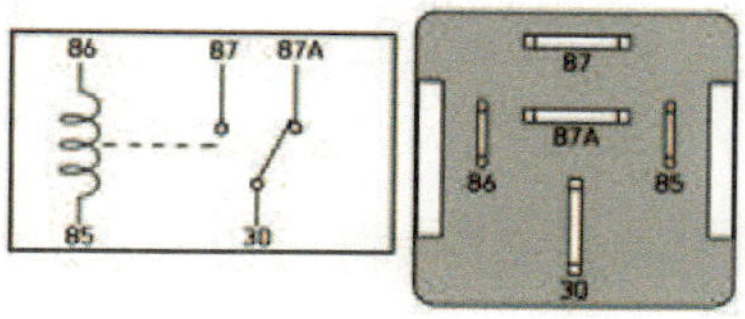

그림 6-22 차량용 5핀 릴레이 핀 구조

회로구성하기

1. 앞선 (실험 방법 1)에 이어서 수정한다.
2. 12V의 '−' 전원선은 릴레이의 코일 '85'번 핀에 연결하고, 12V의 '+' 전원선은 슬라이드스위치를 거쳐서 코일 '86'번 핀에 연결한다.
3. 그림 6-22에서 보듯이 5핀 차량용 릴레이는 a접점과 b접점이 하나이다. 30_87이 a접점이고, 30_87A가 b접점이다.
4. 24V의 '−' 전원선은 릴레이 a접점 '30'번 핀에 연결하고, 24V의 '+' 전원선은 시각경보기를 거쳐서 릴레이 a접점 '87'번 핀에 연결한다.

회로점검 및 작동상태 확인하기

1. 12V의 전원을 연결하여 슬라이드스위치를 좌우로 전환해본다. 릴레이에서 '딸깍' 거리는 소리가 나면 입력은 이상이 없는 것이다.
2. 이제 24V 전원을 켠 다음, 슬라이드스위치를 좌우로 전환하여 시각경보기가 점멸하는 것을 확인한다.

✔ 결과 및 고찰

DC 12V 릴레이 2개(8핀과 5핀)의 실험을 통하여 작은 전압에서 제어한 신호를 릴레이를 통해 접점이라는 형태로 큰 전압의 회로를 제어할 수 있음을 알 수 있다. 다음 6.4절에서는 직류 릴레이로 교류의 회로까지 제어할 수 있음을 알 수 있을 것이다.

자기평가

1. 5핀 차량용 릴레이를 사용하여 큰 전압의 DC 장치를 제어하는 회로를 이해하고 설명할 수 있다.
2. 8핀 소켓용 릴레이를 사용하여 큰 전압의 DC 장치를 제어하는 회로를 이해하고 설명할 수 있다.

6.4 DC 릴레이로 AC 출력

(실험 6.4) DC 5V 릴레이모듈로 AC 전구 제어하기(슬라이드 스위치)

(실험 목표)

- DC 릴레이모듈을 사용하여 AC 장치를 제어하는 회로를 이해하고 설명할 수 있다.

(실험 준비물)

1. DC 5V 어댑터 1개
2. DC 5V 릴레이모듈 1개
3. 220V 플러그 1개
4. 점퍼선과 소형 악어집게선 2개
5. 단자대 1개
6. 슬라이드스위치 1개(실험 방법1)
7. 리드스위치와 자석 1개(실험 방법2)
8. 1.5sq 전선 1m
9. 시계(정밀)드라이버 1개
10. AC 220V 전구(리셉터클 포함; 그림 6-23 참조) 1개

그림 6-23
전구소켓(리셉터클)

(실험 방법 1)

다음 그림 6-24는 DC 릴레이모듈로 AC 전구를 제어하는 회로도이다. 릴레이모듈로 큰 전압의 DC 장치뿐만 아니라 AC 장치도 제어할 수 있음을 이해하면서 실험한다. 릴레이모듈의 입력으로 슬라이드스위치를 사용한다.

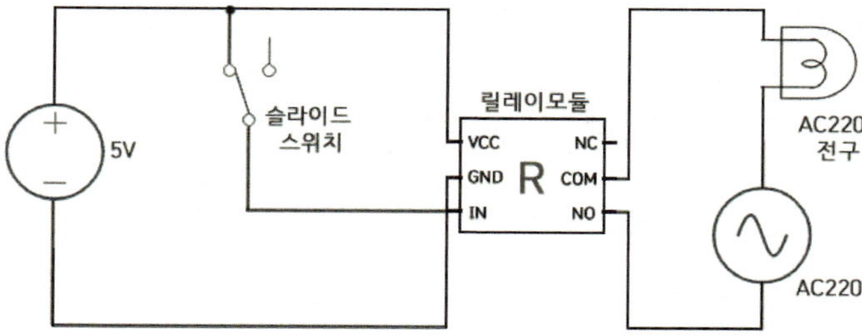

그림 6-24 DC 5V 릴레이모듈로 AC220V 전구 제어하기 회로도
(슬라이드 스위치로 온/오프)

회로구성하기

1. 릴레이의 출력에 교류전원을 연결하게 되므로 주의한다. DC 5V 전원선 두 가닥을 단자대 두 단자에 연결하고, 단자대의 또 다른 두 단자에 전원플러그를 연결한다.
2. 릴레이모듈의 VCC와 GND 핀에 5V의 전원을 연결한다. 5V의 '+' 전원선을 슬라이드스위치를 거쳐서 릴레이모듈의 신호(IN)에 연결한다.
3. 플러그가 연결된 단자대의 한 단자와 릴레이모듈의 NO를 1.5sq 전선으로 연결하고, 또 다른 단자에서도 1.5sq 전선으로 220V 전구를 거쳐 릴레이 모듈의 COM에 연결한다.

회로점검 및 작동상태 확인하기

1. 5V의 전원을 연결하여 슬라이드스위치를 좌우로 전환해본다. 릴레이에서 '딸깍' 거리는 소리가 나면 입력은 이상이 없는 것이다.
2. 이제 전원플러그를 콘센트에 꽂은 다음, 슬라이드스위치를 좌우로 전환하여 220V 전구가 깜박이는 것을 확인한다.
3. 다음 (실험 방법 2)를 위하여 해체하지 말고 전원만 끈 상태로 그대로 둔다.

(실험 방법 2) 리드 스위치 사용

(실험 방법1)에서는 릴레이모듈의 입력으로 슬라이드스위치를 사용하였고, 이번 (실험 방법2)에서는 리드스위치를 사용한다. 다음 그림 6-25는 리드스위치와 릴레이모듈을 사용하여 AC220V 전구를 제어하는 회로도이다.

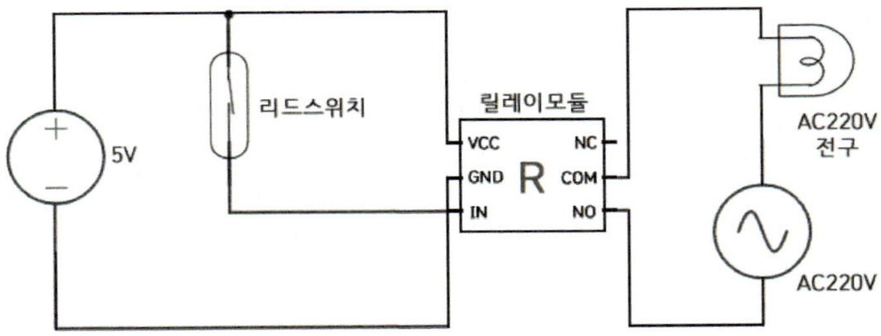

그림 6-25 릴레이모듈로 AC220V 전구 제어하는 회로도
(리드스위치로 온/오프)

회로구성하기

1. 앞서 (실험 방법 1)에서 구성한 회로를 수정하여 사용한다.
2. 전원이 꺼진 상태에서 슬라이드스위치를 리드스위치로 교체한다.

회로점검 및 작동상태 확인하기

1. 5V의 전원을 연결하여 리드스위치에 자석을 갖다 대고 떼고를 반복해본다. 릴레이에서 '딸깍' 거리는 소리가 나면 입력은 이상이 없는 것이다.
2. 이제 전원플러그를 콘센트에 끚은 다음, 리드스위치에 자석을 갖다 대고 떼고를 반복하여 220V 전구가 깜박이는 것을 확인한다.

✔ 결과 및 고찰

DC 릴레이모듈의 작은 전압에서 감지한 신호를 릴레이의 접점을 통해 교류 장치까지 제어할 수 있음을 알 수 있다.

자기평가

DC 릴레이모듈을 사용하여 AC 장치를 제어하는 회로를 이해하고 설명할 수 있다.

(실험 6.5) DC 8핀 릴레이를 사용하여 AC 전구 제어하기

(실험 목표)

- 8핀 소켓용 릴레이를 사용하여 AC 장치를 제어하는 회로를 이해하고 설명할 수 있다.

(실험 준비물)

1. DC 12V 어댑터 1개
2. 220V 플러그 1개
3. 판자(50cm × 50cm이상)
4. 단자대 1개
5. AC 220V 전구(리셉터클 포함) 1개
6. 슬라이드스위치 1개(실험 방법1)
7. 점퍼선과 소형 악어집게선 2개
8. 리드스위치와 자석 1개(실험 방법2)
9. 1.5sq 전선 1m
10. DC 12V 8핀 릴레이(소켓포함) 1개

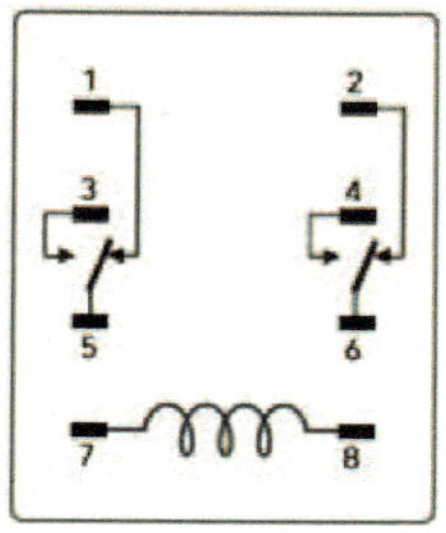

그림 6-26 DC 8핀 릴레이 핀 구조

(실험 방법 1) 슬라이드 스위치 사용

다음 그림 6-27은 DC 12V 8핀 릴레이로 AC 220V의 전구를 제어하는 회로도이다. 릴레이의 입력으로는 슬라이드스위치를 사용한다. 소켓용 8핀 릴레이로 AC 장치까지 제어할 수 있음을 이해하면서 실험한다.

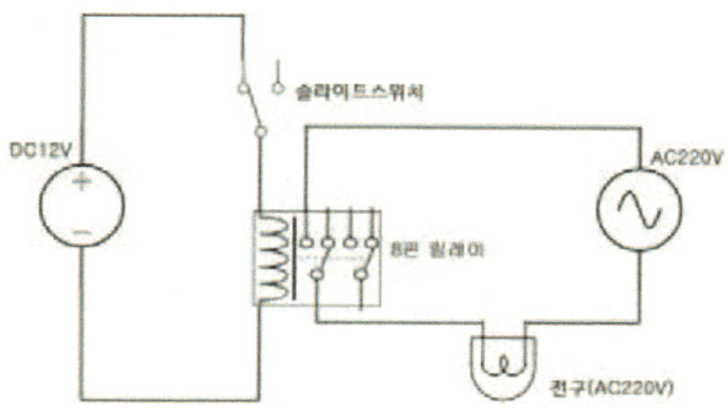

그림 6-27 DC12V 8핀 릴레이로 AC220V 전구 제어하기 (슬라이드 스위치로 온/오프)

회로구성하기

1. 릴레이의 출력에 교류전원을 연결하게 되므로 주의한다. 판자에 단자대, 릴레이 소켓과 220V 전구소켓(리셉터클)을 고정한다.
2. 단자대에서 두 단자는 12V로 연결하고, 또 다른 두 단자에 전원플러그를 연결한다.
3. 12V의 '–' 전원선은 릴레이의 코일 '7'번 핀에 연결하고, 12V의 '+' 전원선은 슬라이드스위치를 거쳐서 코일 '8'번 핀에 연결한다. 슬라이드스위치 연결은 악어 집게선을 사용한다.
4. 전원플러그가 연결된 단자대의 한 단자와 릴레이 접점의 '3'번 핀을 1.5sq 전선으로 연결하고, 또 다른 단자에서 1.5sq 전선으로 220V 전구소켓을 거쳐 릴레이 접점의 '5'번 핀에 연결한다.

회로점검 및 작동상태 확인하기

1. 12V의 전원을 연결하여 슬라이드스위치를 좌우로 전환해본다. 릴레이에서 '딸깍' 거리는 소리가 나면 입력은 이상이 없는 것이다.
2. 전구소켓에 전구를 끼우고, 전원플러그를 콘센트에 꽂는다.
3. 이제 슬라이드스위치를 좌우로 전환하여 220V 전구가 깜박이는 것을 확인한다.
4. 다음 (실험 방법 2)를 위하여 해체하지 말고 전원플러그만 콘센트에서 뽑는다.

(실험 방법 2) 리드 스위치 사용

다음 그림 6-28은 8핀 릴레이의 전원으로 (실험 방법1)에서의 슬라이드스위치 대신에 리드스위치를 사용하여 AC 220V의 전구를 제어하는 회로도이다. 8핀 릴레이의 사용 방법을 숙지한다.

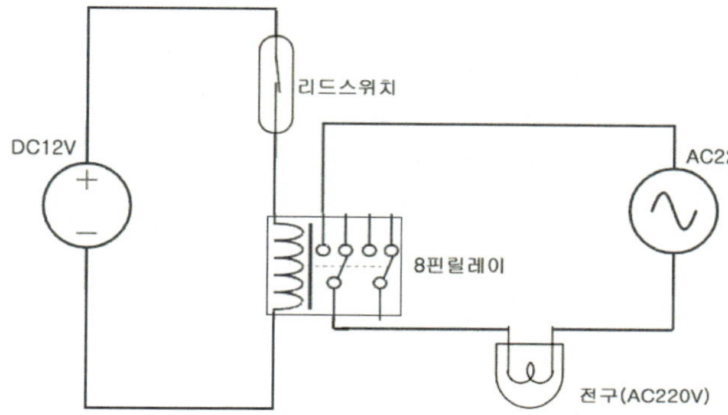

그림 6-28 DC12 8핀 릴레이로 AC220V 전구 제어하기
(리드스위치로 온/오프)

회로구성하기

1. 앞서 (실험 방법 1)에서 구성한 회로를 수정하여 사용한다.
2. 전원플러그가 뽑아진 상태인지 다시 한 번 살피고, 전원이 꺼진 상태에서 슬라이드스위치를 리드스위치로 교체한다.

회로점검 및 작동상태 확인하기

1. 12V의 전원을 연결하여 리드스위치에 자석을 갖다 대고 떼고를 반복해본다. 릴레이에서 '딸깍' 거리는 소리가 나면 입력은 이상이 없는 것이다.
2. 이제 전원플러그를 콘센트에 꽂은 다음, 리드스위치에 자석을 갖다 대고 떼고를 반복하여 220V 전구가 깜박이는 것을 확인한다.

결과 및 고찰

소켓용 8핀 DC 릴레이의 작은 전압에서 감지한 신호를 릴레이의 접점을 통해 교류 장치까지 제어할 수 있음을 알 수 있다.

자기평가

8핀 소켓용 릴레이를 사용하여 AC 장치를 제어하는 회로를 이해하고 설명할 수 있다.

(실험 6.6) DC 차량용 릴레이로 릴레이로 AC 전구 제어하기

(실험 목표)

- 5핀 차량용 릴레이를 사용하여 AC 장치를 제어하는 회로를 이해하고 설명할 수 있다.

(실험 준비물)

1. DC 12V 어댑터 1개
2. 220V 플러그 1개
3. 판자(50cm × 50cm이상)
4. 단자대 1개
5. AC 220V 전구(리셉터클 포함) 1개
6. 슬라이드스위치 1개(실험 방법1)
7. 점퍼선과 소형 악어집게선 2개
8. 리드스위치와 자석 1개(실험 방법2)
9. 1.5sq 전선 1m
10. DC 12V 5핀 차량용 릴레이(소켓포함) 1개

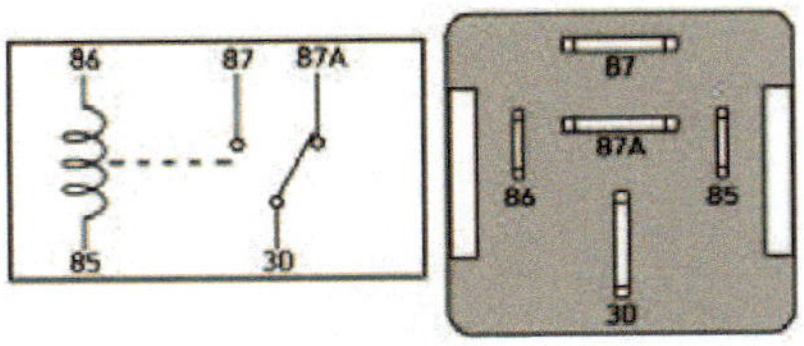

그림 6-29 **차량용 5핀 릴레이 핀 구조**

(실험 방법 1) 슬라이드 스위치 사용

다음 그림 6-30은 DC 12V 5핀 차량용 릴레이로 AC 220V의 전구를 제어하는 회로도이다. 릴레이의 입력으로는 슬라이드스위치를 사용한다. 5핀 차량용 릴레이로 DC 장치뿐만 아니라 AC 장치도 제어할 수 있음을 이해하면서 실험한다.

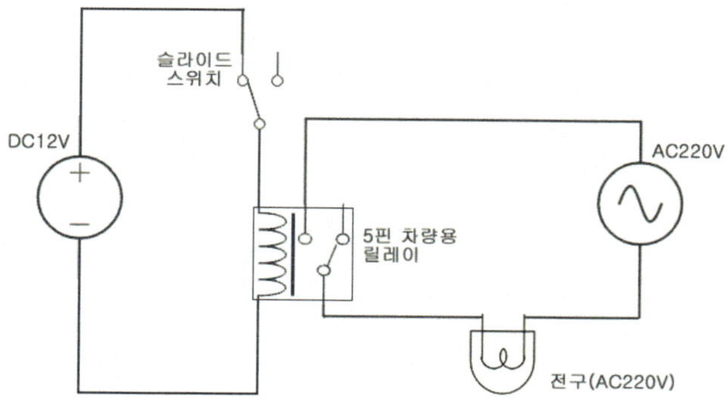

그림 6-30 DC12 5핀 차량용 릴레이로 AC220V 전구 제어하기
(슬라이드 스위치로 온/오프)

회로구성하기

1. 릴레이의 출력에 교류전원을 연결하게 되므로 주의한다. 판자에 단자대와 220V 전구소켓(리셉터클)을 고정한다.
2. 단자대에서 두 단자는 12V로 연결하고, 또 다른 두 단자에 전원플러그를 연결한다.
3. 12V의 '−' 전원선은 릴레이의 코일 '85'번 핀에 연결하고, 12V의 '+' 전원선은 슬라이드스위치를 거쳐서 코일 '86'번 핀에 연결한다. 슬라이드스위치 연결은 악어 집게선을 사용한다.
4. 전원플러그가 연결된 단자대의 한 단자와 릴레이 접점의 '87'번 핀을 연결하고, 또 다른 단자에서 220V 전구소켓을 거쳐 릴레이 접점의 '30'번 핀에 연결한다.

회로점검 및 작동상태 확인하기

1. 12V의 전원을 연결하여 슬라이드스위치를 좌우로 전환해본다. 릴레이에서 '딸깍' 거리는 소리가 나면 입력은 이상이 없는 것이다.
2. 전구소켓에 전구를 끼우고, 전원플러그를 콘센트에 꽂는다.
3. 이제 슬라이드스위치를 좌우로 전환하여 220V 전구가 깜박이는 것을 확인한다.
4. 다음 (실험 방법 2)를 위하여 해체하지 말고 전원플러그만 콘센트에서 뽑는다.

(실험 방법 2) 리드 스위치 사용

다음 그림 6-31은 릴레이의 입력으로 슬라이드스위치를 대신하여 리드스위치를 사용한다. DC 12V 5핀 차량용 릴레이의 사용방법을 숙지한다.

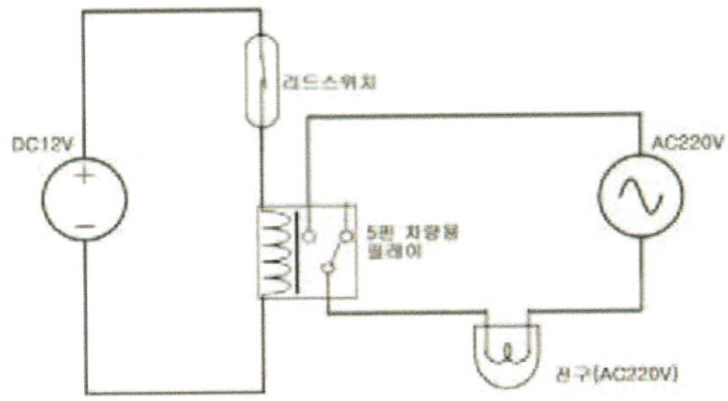

그림 6-31 5핀 차량용 릴레이로 AC220V 전구 제어하기
(리드스위치로 온/오프)

회로구성하기

1. 앞서 (실험 방법 1)에서 구성한 회로를 수정하여 사용한다.
2. 전원플러그가 뽑아진 상태인지 다시 한 번 살피고, 전원이 꺼진 상태에서 슬라이드스위치를 리드스위치로 교체한다.

회로점검 및 작동상태 확인하기

1. 12V의 전원을 연결하여 리드스위치에 자석을 갖다 대고 떼고를 반복해본다. 릴레이에서 '딸깍' 거리는 소리가 나면 입력은 이상이 없는 것이다.
2. 이제 전원플러그를 콘센트에 꽂은 다음, 리드스위치에 자석을 갖다 대고 떼고를 반복하여 220V 전구가 깜박이는 것을 확인한다.

✔ 결과 및 고찰

차량용 5핀 DC 릴레이의 작은 전압에서 감지한 신호를 릴레이의 접점을 통해 교류 장치까지 제어할 수 있음을 알 수 있다.

자기평가

5핀 차량용 릴레이를 사용하여 AC 장치를 제어하는 회로를 이해하고 설명할 수 있다.

7장
전력전자회로

이 장에서는 다이오드를 사용한 반파, 전파 정류기와 사이리스터의 기능 및 사용법을 이해하고 제어 응용 실험을 해본다. 대표적인 실험으로는 반파, 전파 정류기의 평활화, 콘덴서 마이크와 사이리스터로 LED점멸하기 등이다.

- 반파정류기 회로를 통해 다이오드를 이해하고 설명할 수 있다.
- 다이오드 4개를 사용하여 전파정류 회로를 구성하고, 동작원리를 이해하고 설명할 수 있다.
- 반파정류기 회로에서 커패시터를 사용하여 전압의 크기 변화를 어느 정도 평평하게 할 수 있음을 이해하고 설명할 수 있다.
- 사이리스터로 LED를 점멸해보면서 사이리스터의 특성과 회로구성을 이해하고 설명할 수 있다.
- 사이리스터를 ON/OFF 시키는 방법을 설명할 수 있다.
- 콘덴서 마이크로 SCR을 제어하여 LED를 점등/소등할 수 있다.
- 콘덴서 마이크로 SCR을 제어함을 이해하고 설명할 수 있다.

7.1 정류회로(AC to DC 컨버터)

다이오드는 전류가 한쪽 방향으로만 흐르게 하고 싶을 때 사용하는 부품이다. 그림 7-1에서 보듯이 다이오드에는 애노드(anode)와 캐소드(cathode) 단자가 있으며 애노드의 전위가 캐소드보다 높을 때 전류가 흐른다. 전류가 흐를 때의 방향을 순방향이라고 한다. 그림 7-2에서 보듯이 전압의 극성이 바뀌면 다이오드는 전류가 흐르지 않게 되고 이때의 방향을 역방향이라 한다. 다이오드에는 여러 유형이 있지만 가장 많이 사용되는 다이오드는 교류를 직류로 변환해주는 정류 다이오드이다. 순방향일 때 다이오드에 걸리는 전압은 보통 0.5V 정도 인데, 흐르는 전류의 크기와는 상관없이 일정하다는 것이 특이한 점이다.

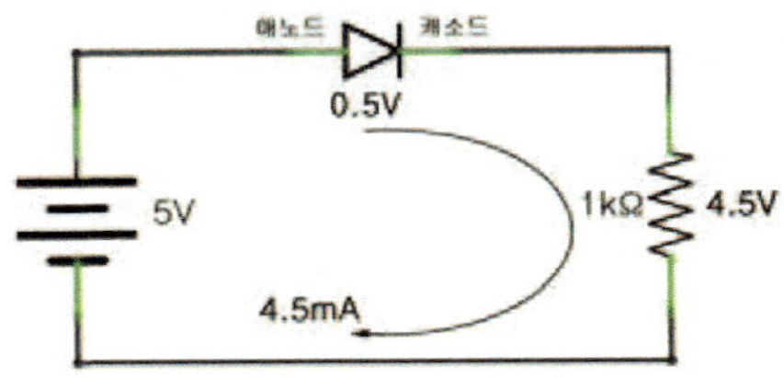

그림 7-1 순방향 다이오드

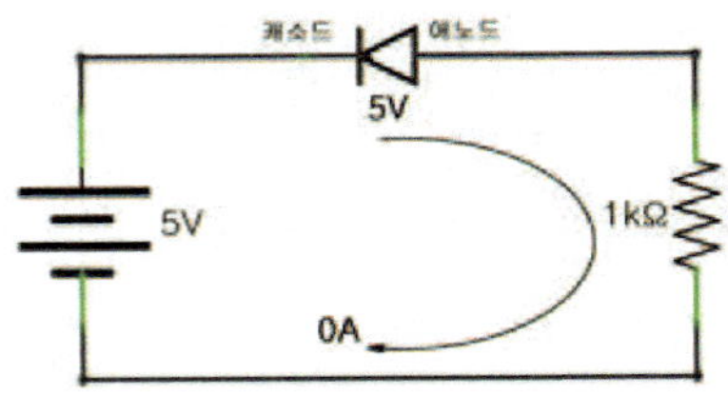

그림 7-2 역방향 다이오드

그림 7-1의 다이오드가 순방향일 경우 저항을 통해 흐르는 전류는 다음과 같이 계산할 수 있다.

$$I = \frac{V}{R} = \frac{5V - 0.5V}{1k\Omega} = 4.5mA$$

다이오드의 특성을 이해하기 위해 다음 단상 반파정류기(Half Wave Rectifier)와 전파정류기 회로를 실험해본다.

7.1.1 반파정류기

그림 7-3의 반파정류 회로에 그림 7-4의 교류전원을 연결하면 그림 7-5처럼 입력 정현파 양(+)의 반주기는 통과하고, 음(-)의 반주기는 차단되는 반파 신호를 출력한다. 입력 정현파 양의 반주기동안 다이오드는 순방향이 되어 스위치 ON처럼 작동하고, 입력 정현파 음의 반주기동안 다이오드는 역방향이 되어 스위치 OFF처럼 작동한다. 다이오드 역방향일 때 부하저항에는 전류가 흐르지 않아 전압이 0V이다.

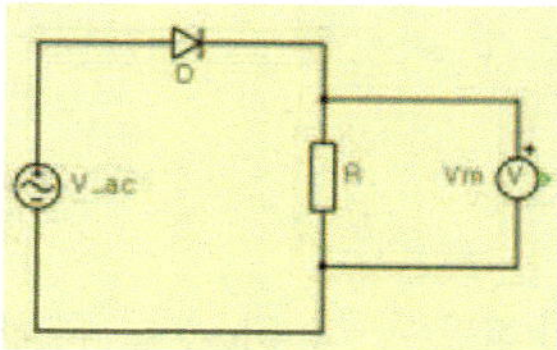

그림 7-3 반파정류 회로도

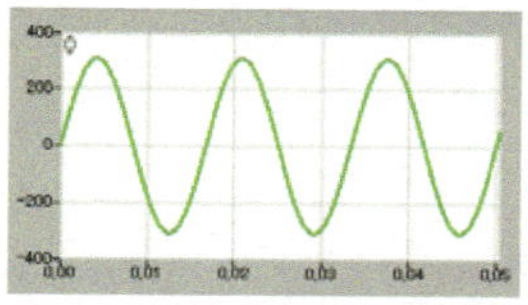

그림 7-4 교류 입력

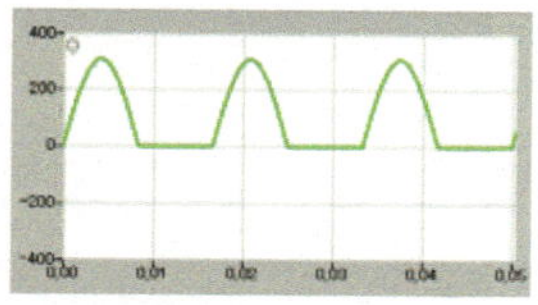

그림 7-5 반파정류 출력

(실험 7.1[T]) 반파정류기

(실험 목표)

- 반파정류기 회로를 통해 다이오드를 이해하고 설명할 수 있다.

(실험 준비물)

1. 전원공급기 1대
2. 브레드보드와 여러 개의 점퍼선
3. 다이오드 1N4001 1개
4. 저항 1kΩ 1개

(실험 방법)

다음 그림 7-6은 반파정류기 회로도이다. 하나의 다이오드로 교류를 직류로 바꿀 수 있다. 입력과 출력 파형을 관찰하면서 반파정류기를 이해한다.

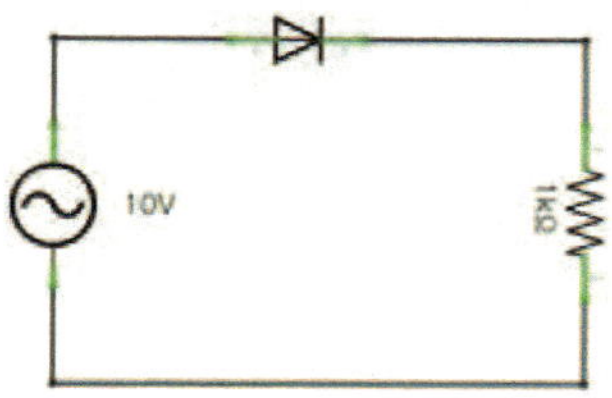

그림 7-6 반파정류기 회로도

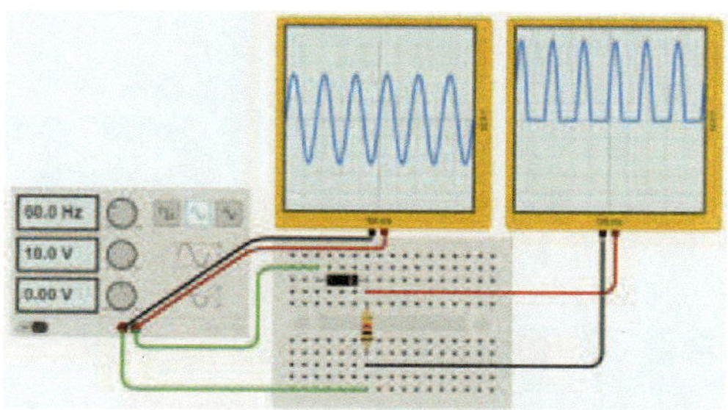

그림 7-7 반파정류기 출력파형

회로구성하기

1. 교류전원에 다이오드와 저항을 사용하여 반파정류기 회로를 구성한다.

회로점검 및 작동상태 확인하기

1. 전원공급기에 AC전원을 넣고 저항 양단의 출력파형을 측정하고 기록한다.

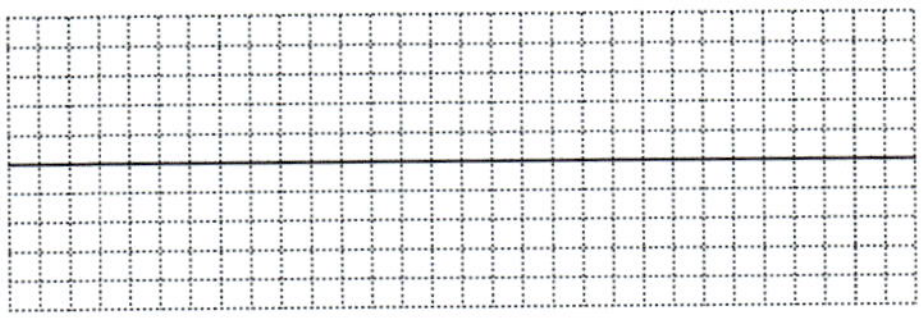

입력파형

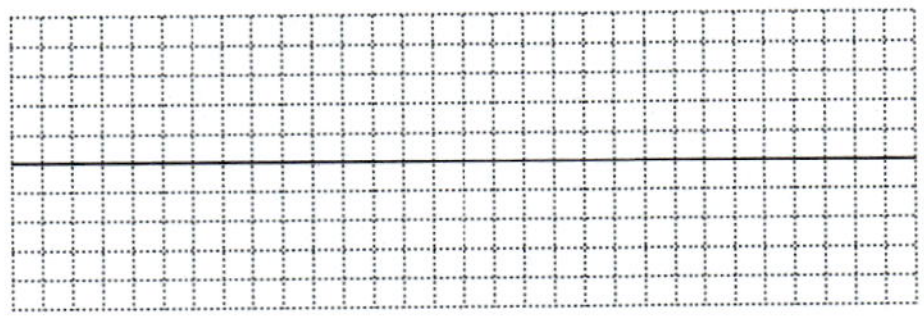

출력파형

결과 및 고찰

다이오드 하나로 교류 입력을 직류로 출력할 수 있음을 알 수 있다. 입력전압 그대로 출력전압으로 나오지 않고 전압강하로 더 낮은 전압이 나오게 되고, 음의 부분을 다 없애 버려 입력 신호의 절반만 사용한다는 단점이 있다.

자기평가

반파정류기 회로를 통해 다이오드를 이해하고 설명할 수 있다.

7.1.2 전파정류기

반파정류기는 극히 제한적인 상황에서 응용되며, 주로 직류전원을 얻기 위한 단계로서 전파정류기(Full Wave Rectifier)가 사용된다.

(1) 중간 탭 전파정류기

중간 탭 방식은 변압기의 2차측에 중간 탭(Center Tap)을 접지하고 2개의 다이오드를 연결하여 그림 7-8과 같이 구성한다. 입력의 양(+) 전압에 의해 출력측 코일에 유도된 전류 i_1은 D_1을 통해 흐르고, 음(−) 전압에 의해 유도된 전류 i_2는 D_2를 통해 부하로 흐르게 된다.

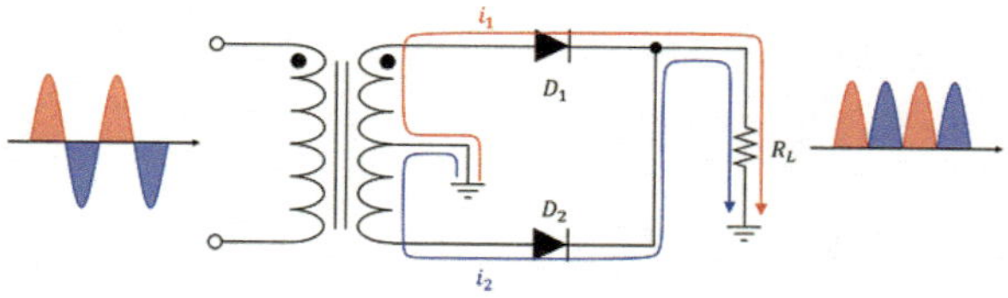

그림 7-8 중간 탭 전파정류기

그림 7-8에서 변압기 1차측의 양의 반주기 동안 다이오드 D_1은 순방향이 되고, D_2는 역방향이 된다. 부하 R_L로 흐르는 전류의 방향은 위에서 아래로 향한다. 반대로 음의 반주기 동안 다이오드 D_1은 역방향이 되고, D_2는 순방향이 된다. 부하 R_L로 흐르는 전류의 방향은 양의 반주기 동안과 마찬가지로 위에서 아래로 향한다. 그러므로 동일한 극성으로 출력전압이 나타난다.

(2) 브리지 전파정류기

그림 7-9의 브리지정류기는 전파정류기이다. 전파정류기는 그림 7-10의 교류전원을 연결하면 입력 정현파 양(+)의 반주기는 통과하고, 음(-)의 반주기는 반전된 상태로 그림 7-11처럼 출력된다. 입력 정현파 양의 반주기동안은 다이오드 D1과 D2가 순방향이 되고, 입력 정현파 음의 반주기동안은 다이오드 D3과 D4가 순방향이 된다. 그러므로 반파정류기와 달리 전파정류기는 음의 반주기동안도 전류가 흐른다. 양과 음의 반주기동안 흐르는 전류의 방향이 같아서 반주기 동안의 출력 파형이 같다.

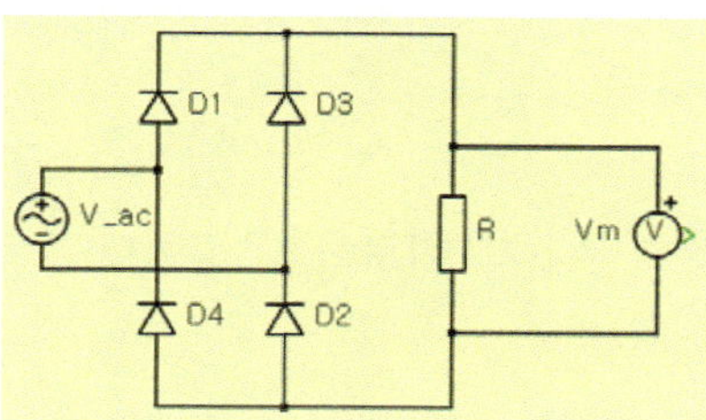

그림 7-9 전파정류기 회로도

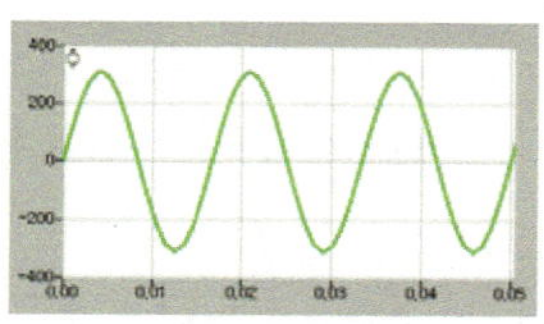

그림 7-10 교류 입력

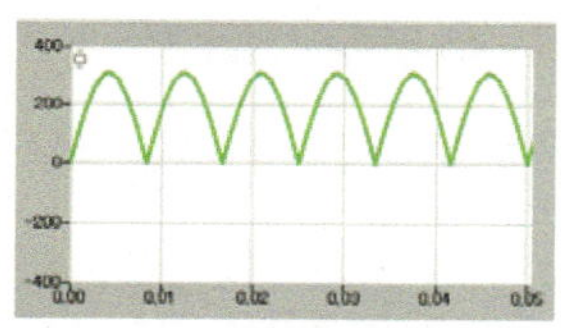

그림 7-11 전파정류 출력

(실험 7.2[T]) 브리지 전파정류기

(실험 목표)

- 다이오드 4개를 사용하여 전파정류 회로를 구성하고, 동작원리를 이해하고 설명할 수 있다.

(실험 준비물)

1. 전원공급기 1대
2. 브레드보드와 여러 개의 점퍼선
3. 다이오드 1N4001 4개
4. 저항 1kΩ 1개

(실험 방법)

다음 그림 7-12는 전파정류기 회로도이다. 네 개의 다이오드로 교류를 직류로 바꿀 수 있다. 입력과 출력 파형을 관찰하면서 전파정류기를 이해한다.

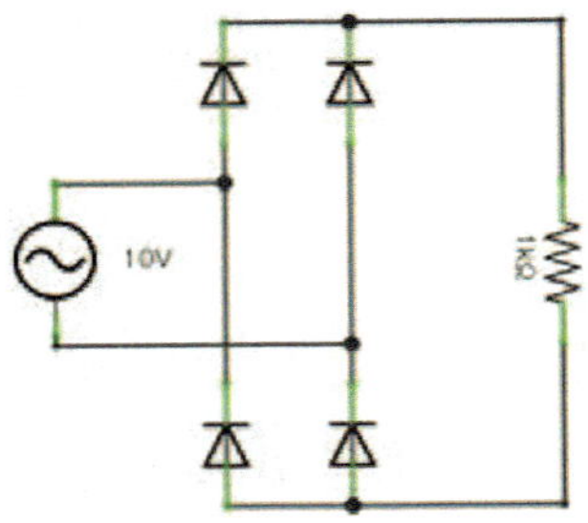

그림 7-12 전파정류기 회로도

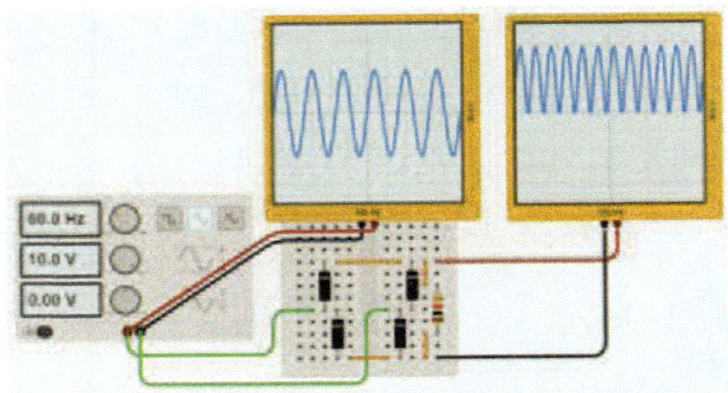

그림 7-13 전파정류기 출력파형

회로구성하기

1. 교류전원에 다이오드 4개와 저항을 사용하여 전파정류기 회로를 구성한다.

회로점검 및 작동상태 확인하기

1. 전원공급기에 AC전원을 넣고 저항 양단의 출력파형을 측정하고 기록한다.

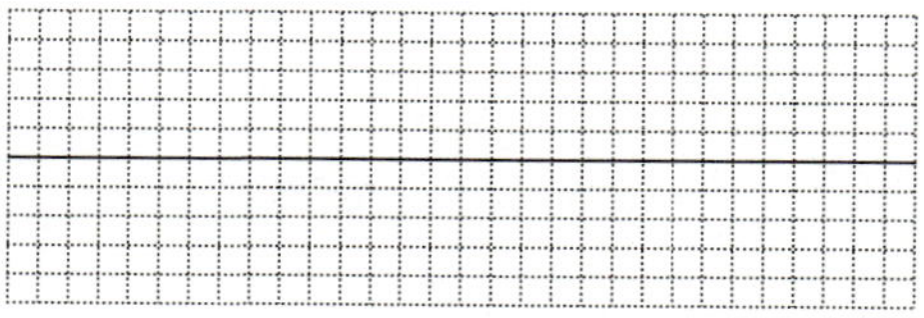

입력파형

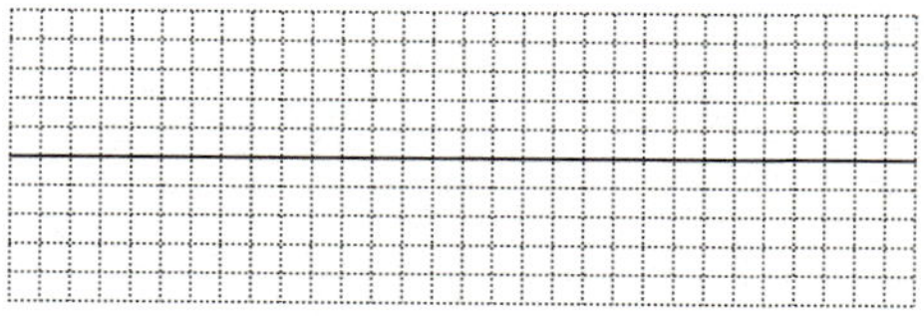

출력파형

✔ 결과 및 고찰

반파정류기의 절반의 신호만을 가지게 되는 단점을 보완하기 위해 브리지 정류회로를 사용한다. 브리지 정류회로는 교류 입력의 양일 때만 흐르는 게 아닌 음일 때도 흐를 수 있게 하여 정류함을 알 수 있다.

하지만 DC는 일정한 전압을 유지를 해야 하는데 반파정류기와 전파정류기는 산 모양의 맥류[59]가 너무 심해 다음 (실험 7.3)과 같이 커패시터를 이용하여 전압의 크기를 어느 정도 유지할 수 있도록 할 수 있다.

자기평가

다이오드 4개를 사용하여 전파정류 회로를 구성하고, 동작원리를 이해하고 설명할 수 있다.

(실험 7.3[T]) 평활커패시터 이해하기

(실험 목표)

- 반파정류기 회로에서 커패시터를 사용하여 전압의 크기 변화를 어느 정도 평평하게 할 수 있음을 이해하고 설명할 수 있다.

(실험 준비물)

1. 전원공급기 1대
2. 브레드보드와 여러 개의 점퍼선
3. 전해콘덴서 $100\mu F$ 1개
4. 다이오드 1N4001 4개
5. 저항 $1k\Omega$ 1개

59) 흐르는 방향은 일정하지만 크기의 변화가 계속 되풀이 되는 전류

(실험 방법)

다음 그림 7-14는 반파정류기에 평활커패시터를 추가한 회로도이다. 반파정류기 회로의 저항과 병렬로 평활커패시터를 추가하여 반파정류기의 출력파형을 평평하게 할 수 있다. 평활커패시터의 사용으로 바뀐 출력 파형을 관찰한다.

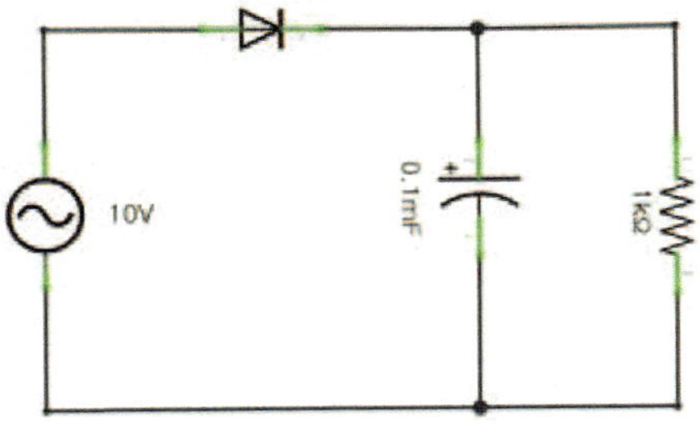

그림 7-14 **평활커패시터 회로도**

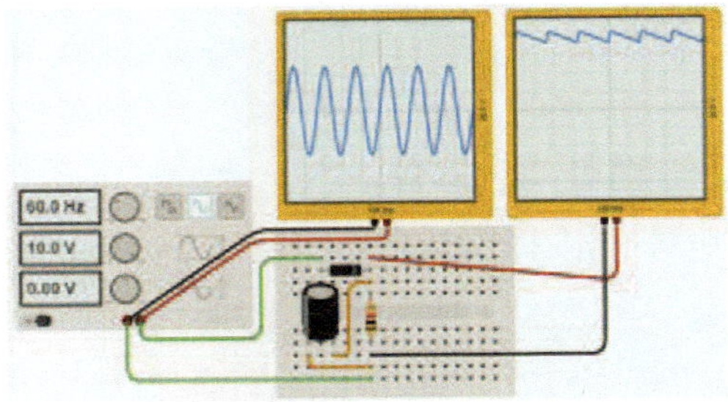

그림 7-15 **평활커패시터를 사용한 출력파형**

회로구성하기

1. 반파정류기 회로의 저항에 병렬로 전해커패시터를 추가로 연결한다.

회로점검 및 작동상태 확인하기

1. 전원공급기에 AC전원을 넣고 저항 양단의 출력파형을 측정하고 기록한다.

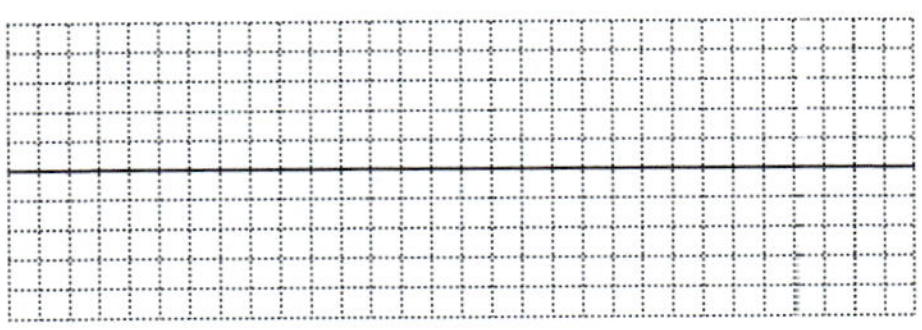

입력파형

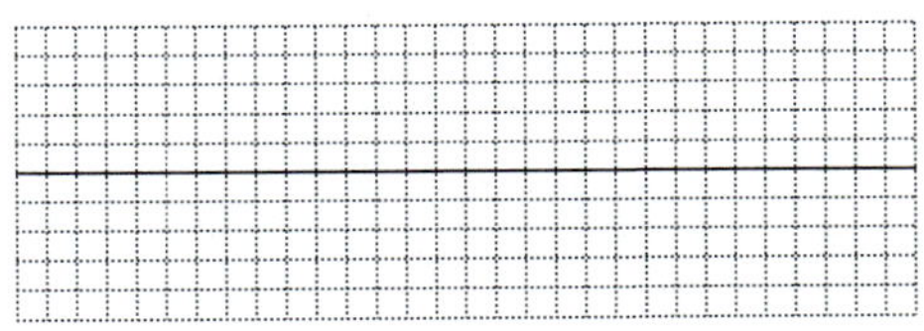

출력파형

✔ 결과 및 고찰

앞선 실험에서 AC 교류 전원을 DC 전원으로 바꾸는 정류회로는 산모양의 맥류가 크다. 그러므로 산모양의 전류를 평평하게 다듬는 평활(스무싱)을 시켜주어야 조금은 안정된 DC전원이 된다. 이번 실험에서는 커패시터를 추가로 구성하여 평활작업을 하도록 하였음을 알 수 있다. 사용된 커패시터를 평활커패시터[60]라고 한다.

---

60) 평활(Smoothing)커패시터: 파형을 부드럽고 완만하게 만들어 주기 위하여 사용하는 커패시터.

자기평가

반파정류기 회로에서 커패시터를 사용하여 전압의 크기 변화를 어느 정도 평평하게 할 수 있음을 이해하고 설명할 수 있다.

7.2 사이리스터

사이리스터(thyristor)는 4층 반도체 소자로서 흔히 SCR이라고도 한다. 캐소드(K)와 애노드(A) 그리고 제어하는 게이트(G)로 구성된다. 실리콘 결정의 반도체가 PNPN의 순서로 접합되어 있다. 애노드가 캐소드보다 전압이 크면, 다이오드 같은 경우 도통되는데, 사이리스터는 게이트에 적당한 전압을 걸어줘야 도통이 된다. 그리고 일단 도통된 상태에서는 애노드와 캐소드사이의 전압을 '0V 이하'로 해야만 OFF가 된다. 결국 사이리스터의 동작원리를 간단하게 표현하면 "제어할 수 있는 다이오드"이다. 그림 7-16은 소형 파워 사이리스터들이고, 그림 7-17은 사이리스터의 구조 및 표시기호이다.

그림 7-16 소형 사이리스터

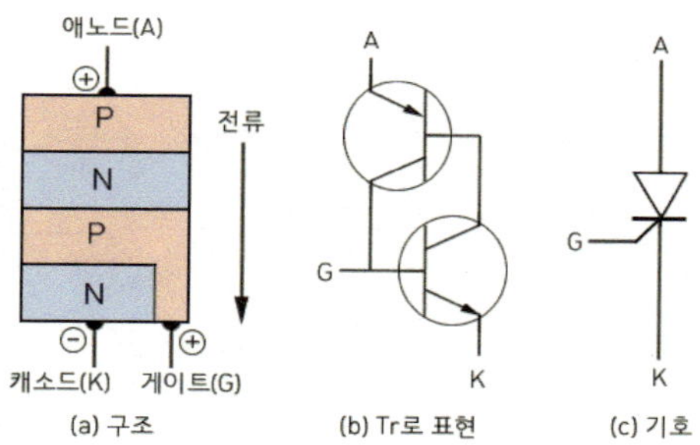

그림 7-17 사이리스터의 구조와 표시기호

사이리스터도 스위칭 역할을 한다는 점에서는 트랜지스터와 유사하다. 트랜지스터는 베이스 단자에 0.6~0.7V 이상의 전압을 가해주면 회로가 연결되고, 사이리스터는 게이트 단자에 약 0.8V 이상의 전압을 걸어주면 회로가 연결된다. 트랜지스터와 다른 점은 일단 한번 작동하기 시작하면 게이트 단자로 전류가 흐르지 않아도 계속 작동한다는 것이다.

(실험 7.4) 사이리스터(SCR)를 사용하여 LED 점등/소등하기

(실험 목표)

- 사이리스터로 LED를 점멸해보면서 사이리스터의 특성과 회로구성을 이해하고 설명할 수 있다.
- 사이리스터를 ON/OFF 시키는 방법을 설명할 수 있다.

(실험 준비물)

1. DC 5~12V 어댑터 또는 배터리 1개
2. 사이리스터 2P4M 1개
3. 저항 1kΩ 3개(1kΩ 2개를 병렬 연결하여 500Ω)
4. LED 1개
5. 택트스위치 2개
6. 브레드보드와 여러 개의 점퍼선

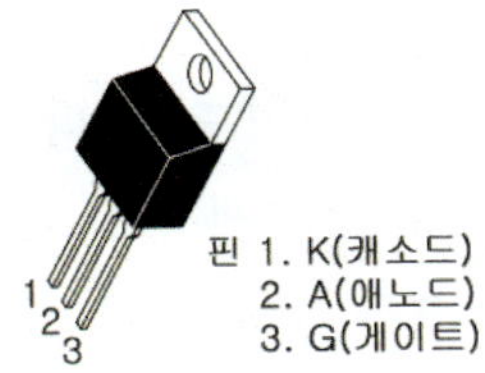

그림 7-18 2P4M 핀 구조

(실험 방법)

다음 그림 7-19는 사이리스터를 사용하여 LED를 제어하는 회로도이다. 사이리스터의 특성과 기능을 이해하면서 실험한다.

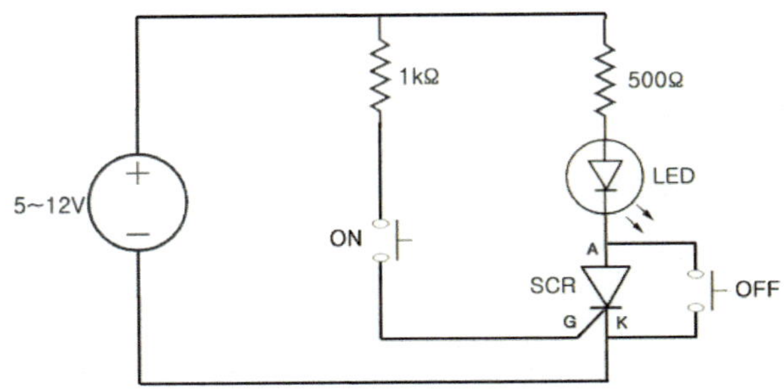

그림 7-19 SCR을 사용하여 LED를 제어하는 회로도

회로구성하기

1. 사이리스터의 게이트에 ON 택트스위치와 1kΩ 저항을 연결한다.
2. 사이리스터의 애노드에 LED와 500Ω 저항을 연결한다.
3. 사이리스터의 애노드와 전원의 '–'에 병렬로 OFF 택트스위치를 연결한다.

그림 7-20 SCR을 사용하여 LED 점등(소등)하기 결선도

회로점검 및 작동상태 확인하기

1. 왼쪽 ON 택트스위치를 눌러서 LED가 켜지는 것을 확인하다. 원래 택트스위치는 손을 떼면 LED가 꺼지는데 그대로 켜져 있음을 확인한다.
2. 오른쪽 OFF 택트스위치를 눌러 LED를 끈다.

결과 및 고찰

사이리스터는 게이트라는 제어단자가 있음을 알 수 있다. 표시기호에서도 다이오드에 게이트가 달린 것처럼 표현했듯이, 다이오드는 순방향일 때 일방적으로 도통이 되지만 사이리스터는 게이트에 적당한 전압이 걸려야만 도통이 된다. 또한 한번 도통되면 별도로 끄지 않는 다음에는 애노드에서 캐소드로 계속 전류가 흐르는 특성이 있다. OFF 시키고자 할 때는 애노드 전압을 '0V이하'로 해야만 한다. 이 실험의 회로에서 OFF 택트스위치를 애노드와 전원의 '–'에 연결해 둔 이유이다. 2P4M 사이리스터는 게이트 전압을 0.2V 이하로 낮추어 주는 것으로도 간단히 OFF 시킬 수 있다.

자기평가

1. 사이리스터로 LED를 점멸해보면서 사이리스터의 특성과 회로구성을 이해하고 설명할 수 있다.
2. 사이리스터를 ON/OFF 시키는 방법을 설명할 수 있다.

(실험 7.5) 사이리스터(SCR)를 사용하여 박수쳐서 LED 점등하기

(실험 목표)

- 콘덴서 마이크[61]로 SCR을 제어하여 LED를 점등/소등할 수 있다.
- 콘덴서 마이크로 SCR을 제어함을 이해하고 설명할 수 있다.

(실험 준비물)

1. DC 5~12V 어댑터 또는 배터리 1개
2. 사이리스터 2P4M 1개
3. 저항 1kΩ 3개(1kΩ 2개를 병렬 연결하여 500Ω)
4. 퍼텐쇼미터(가변저항기) 10kΩ 1개
5. LED 1개
6. 택트스위치 1개
7. 콘덴서 마이크 1개
8. 브레드보드와 여러 개의 점퍼선

그림 7-21
콘덴서 마이크

(실험 방법)

다음 그림 7-22는 사이리스터를 사용하여 박수를 치면 LED가 켜지는 회로도이다. 사이리스터와 콘덴서 마이크로 소리를 감지하여 LED를 제어하는 방법을 이해하면서 실험한다.

61) 소리로부터 전기를 발생시키기 위해 콘덴서를 채용한 마이크의 일종

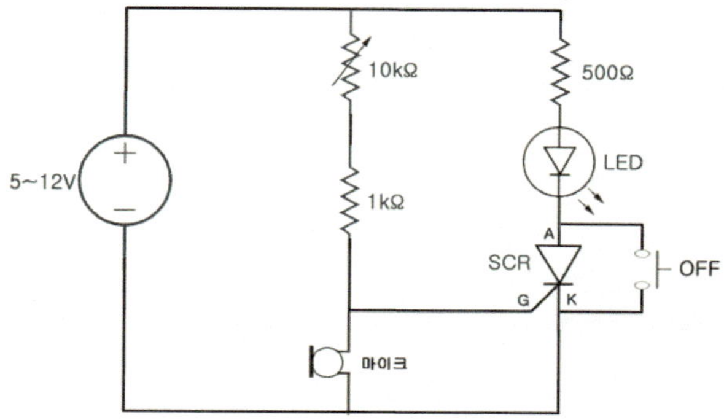

그림 7-22 박수를 쳐서 LED 켜기(SCR 사용) 회로도

회로구성하기

1. 사이리스터의 게이트(G)와 마이크와 1kΩ 저항을 연결한다.
2. 사이리스터의 애노드(A)에 LED와 500Ω 저항을 연결한다.
3. 사이리스터의 애노드(A)와 전원의 '−'에 병렬로 OFF 택트스위치를 연결한다.
4. 10kΩ 퍼텐쇼미터를 전원의 '+'와 1kΩ 저항사이에 연결한다.

그림 7-23 박수를 쳐서 LED 켜기(SCR 사용) 결선도

회로점검 및 작동상태 확인하기

1. LED가 켜질 수 있도록 퍼텐쇼미터의 손잡이를 돌려 저항값을 바꾸면서 박수를 친다.
2. LED가 켜지면 OFF 택트스위치를 눌러 LED를 끈다.

✔ 결과 및 고찰

콘덴서 마이크를 사용하면 소리에 반응하여 LED를 켤 수 있음을 알 수 있다.

자기평가

1. 콘덴서 마이크로 SCR을 제어하여 LED를 점등/소등할 수 있다.
2. 콘덴서 마이크로 SCR을 제어함을 이해하고 설명할 수 있다.

8장
디지털회로

이 장에서는 디지털회로의 논리게이트와 디지털 칩의 이해를 바탕으로 디지털 제어 응용 실험을 해본다. 대표적인 실험으로는 NOR형 및 NAND형 SR래치를 기반으로 두 개의 버튼 중 늦게 누른 버튼은 작동하지 않게 하는 인터록 회로, 십진카운터와 세그먼트디코더 칩으로 FND에 숫자 출력하기, ATtiny칩으로 직류전동기를 정회전/역회전하거나 초음파 거리 측정하기 등이다.

- 부울대수와 논리게이트를 이해하고 설명할 수 있다.
- 드모르간의 법칙을 이해하고 설명할 수 있다.
- NOR형 SR래치를 기반으로 두 개의 버튼 중 늦게 누른 버튼은 작동하지 않게 하는 인터록 회로를 이해하고 설명할 수 있다.
- NAND형 SR래치를 기반으로 두 개의 버튼 중 늦게 누른 버튼은 작동하지 않게 하는 인터록 회로를 이해하고 설명할 수 있다
- 십진카운터를 사용하여 LED의 불빛이 하나씩 이동하는 회로를 이해하고 설명할 수 있다.
- 세그먼트디코더 칩인 CD4511의 사용방법을 설명할 수 있다.
- CD4026칩을 이해하고 사용할 수 있다.
- ATtiny칩과 CD4511 및 7세그먼트를 사용하여 숫자를 출력할 수 있다.
- ATtiny칩의 클록으로 자동 카운터를 실행할 수 있다.
- ATtiny를 사용하여 직류전동기를 정회전/역회전시킬 수 있다.
- ATtiny를 사용하여 초음파 거리 측정을 할 수 있다.

8.1 디지털 논리

8.1.1 부울대수와 논리게이트

부울대수(Boolean algebra)는 1 또는 0의 값에 대해 논리 동작을 다루는 대수이다. 부울대수에서 1은 참을, 0은 거짓을 의미한다. 부울대수에서 사용하는 연산자는 논리곱(·), 논리합(+)과 논리부정(')이다.

(1) 부울대수

① 논리곱

'·'를 AND 연산자라 하는데, 일반 수학의 곱셈과는 차이가 있다. 집합에서의 교집합(∩) 개념과 유사하다. '·'는 두 개의 값이 모두 1이면 결과가 1이 되고, 하나라도 0이 있으면 0이 된다.

② 논리합

'+'를 OR 연산자라고 하는데 일반 수학의 덧셈과는 차이가 있다. 집합에서의 합집합(∪) 개념과 유사하다. '+'는 두 개의 값 중 하나라도 1이면 결과가 1이 되고, 두 개의 값 모두 0이면 0이 된다.

③ 논리부정

' ' '를 NOT 연산자라 하는데, 0은 1이 되고, 1은 0이 된다. $0' = 1$, $1' = 0$이다.
' ' '를 '¯'로 표현하기도 한다. $A' = \overline{A}$ 이다.

(2) 부울대수의 법칙

A, B, C가 0 또는 1의 값을 갖는 변수라 할 때, 다음 법칙들이 성립한다.

교환법칙	결합법칙	분배법칙
① $A+B=B+A$	① $(A+B)+C=A+(B+C)$	① $A\cdot(B+C)=(A\cdot B)+(A\cdot C)$
② $A\cdot B=B\cdot A$	② $(A\cdot B)\cdot C=A\cdot(B\cdot C)$	② $A+(B\cdot C)=(A+B)\cdot(A+C)$

분배법칙의 두 번째 성질은 일반 수학에서는 성립하지 않는다.

(3) 논리게이트

디지털 컴퓨터는 2진 정보를 입력받아 논리연산을 거쳐 출력 정보를 생성한다. 논리에서 가장 기본이 되는 회로를 게이트(gate)라 하는데, 부울대수의 연산을 수행한다. 게이트의 종류로는 가장 기본이 되는 AND, OR, NOT이 있다. 이 세 가지 기본 게이트로 모든 논리를 표현할 수 있고, 이를 확장한 XOR, NOR, NAND 게이트 등이 있다.

① AND 게이트

부울대수의 AND 연산을 하는 게이트이다. 입력 A와 B를 받아 A와 B 둘 다 1이면 결과가 1이 되고, 나머지 경우에는 0이 된다.

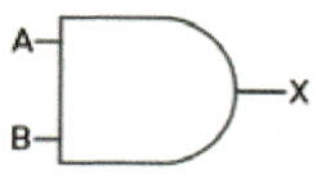

논리게이트

$$X = A \cdot B = AB$$

부울식

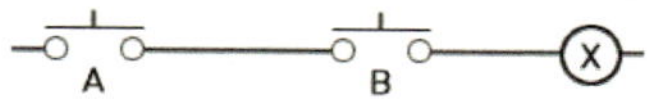

스위치 회로

② OR 게이트

부울대수의 OR 연산을 하는 게이트이다. 입력 A와 B를 받아 A와 B 둘 중 하나라도 1이면 결과가 1이 되고, 둘 다 0이면 0이 된다.

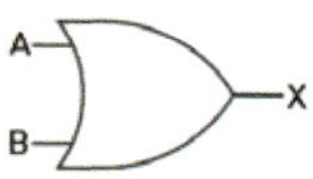

논리게이트

$$X = A + B$$

부울식

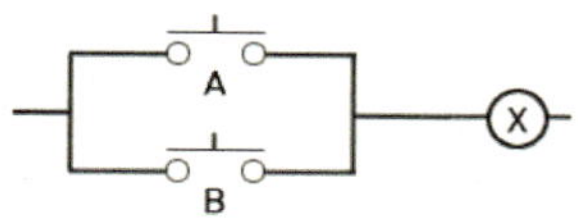

스위치 회로

③ NOT 게이트

부울대수의 NOT 연산을 하는 게이트이다. 입력이 하나이다. 입력이 1이면 0을, 입력이 0이면 1을 출력한다.

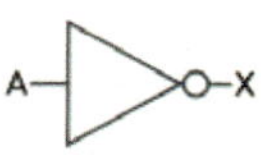

논리게이트

$$X = A' = \overline{A}$$

부울식

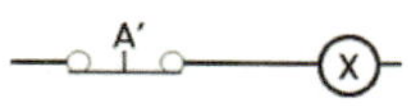

스위치 회로

④ NAND 게이트

AND 게이트 출력에 NOT 게이트를 연결한 것이다. AND 게이트와 반대로 동작한다.

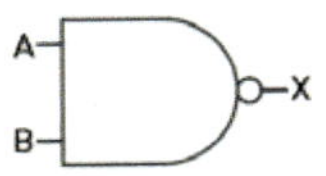

논리게이트

$$X = (AB)' = \overline{AB}$$

부울식

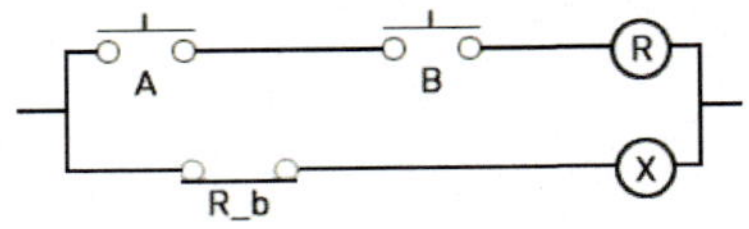

스위치 회로

⑤ NOR 게이트

OR 게이트 출력에 NOT 게이트를 연결한 것이다. OR 게이트와 반대로 동작한다.

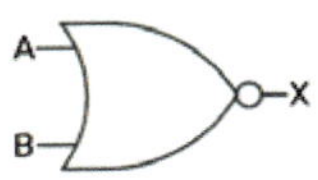

논리게이트

$$X = (A+B)' = \overline{A+B}$$

부울식

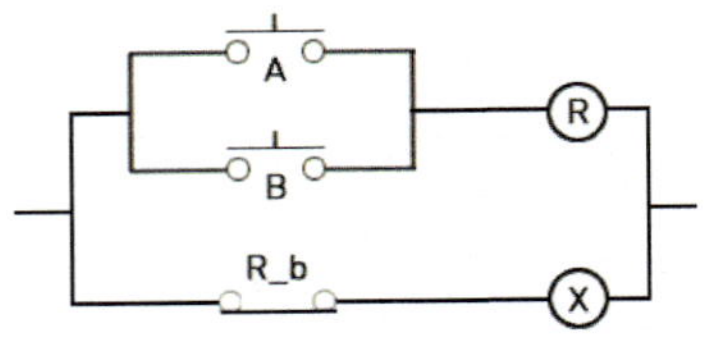

스위치 회로

⑥ XOR 게이트

입력으로 받은 두 개의 A와 B가 서로 다르면 1을 출력하고, 같으면 0을 출력한다.

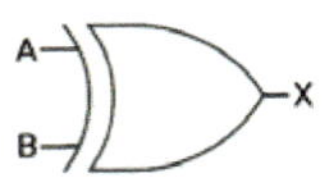

논리게이트

$$X = A \oplus B = A'B + AB' = \overline{A}B + A\overline{B}$$

부울식

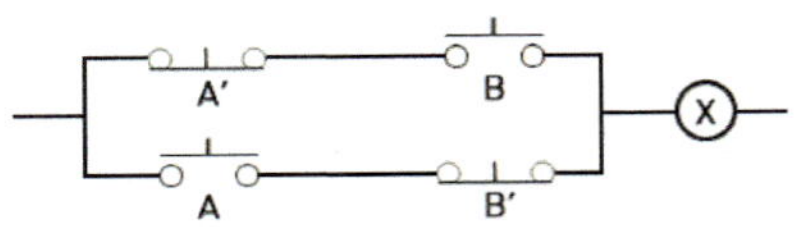

스위치 회로

표 8-1 논리게이트의 진리표

입력		출력(X)				
A	B	AND	OR	NAND	NOR	XOR
0	0	0	0	1	1	0
0	1	0	1	1	0	1
1	0	0	1	1	0	1
1	1	1	1	0	0	0

8.1.2 드모르간의 법칙

(1) 드모르간의 법칙을 논리게이트로 표현

① 입력 A와 B의 논리합에 대한 전체 부정은 각각의 입력 A의 부정과 B의 부정을 논리곱 한 것과 같다. 집합으로 보면 $\overline{A \cup B} = \overline{A} \cap \overline{B}$ 인 것이다.

$$(A+B)' = A'B' = \overline{A+B} = \overline{A}\,\overline{B}$$

부울식

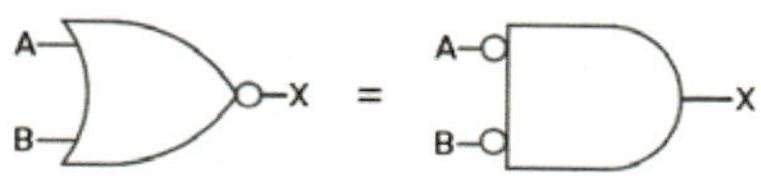

논리게이트

② 입력 A와 B의 논리곱에 대한 전체 부정은 각각의 입력 A의 부정과 B의 부정을 논리합 한 것과 같다. 집합으로 보면 $\overline{A \cap B} = \overline{A} \cup \overline{B}$ 인 것이다.

$$(AB)' = A' + B' = \overline{AB} = \overline{A} + \overline{B}$$

부울식

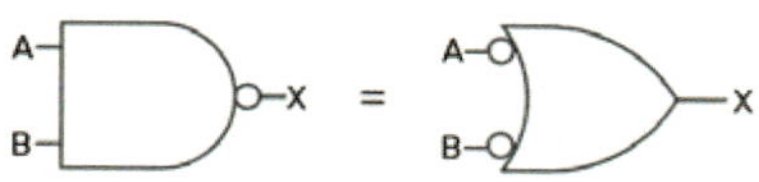

논리게이트

전자회로에서 NAND 게이트는 구조가 가장 간단하고 입력이 많아져도 큰 지장이 없어 가장 많이 쓰인다. 낸드만으로 만든 메모리가 낸드 플래시 메모리이다. NOR만으로 만든 메모리는 노어 플래시 메모리는 속도가 빠른 장점이 있지만, 상대적으로 가성비가 나빠서 거의 도태되고, 특수 분야에 한정된 용도로만 사용된다.

(2) NAND 게이트로만 기본 게이트 구현

① NOT 게이트 : NAND 게이트의 두 개 입력을 하나로 묶으면 NOT 게이트가 된다.

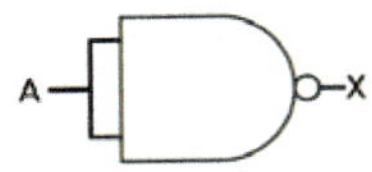

NOT 게이트

② AND 게이트 : NAND 게이트의 출력을 다시 한 번 NOT하면 AND 게이트가 된다.

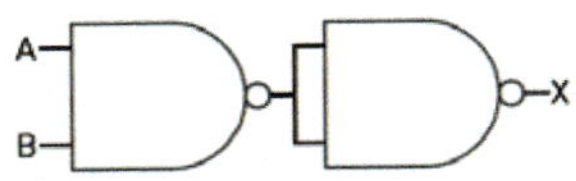

AND 게이트

③ OR 게이트 : NAND 게이트의 두 개 입력을 NOT 하면 드모르간의 1법칙에서 보았듯이 OR 게이트가 된다.

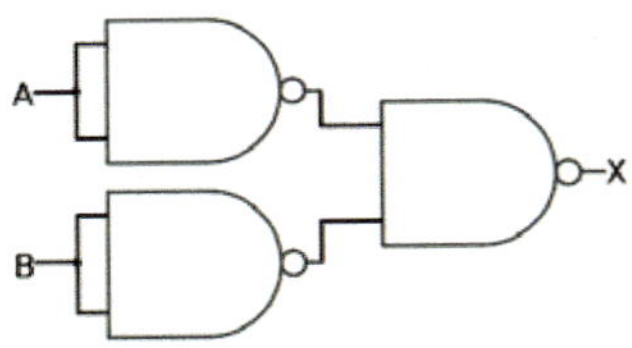

OR 게이트

8.2 SR래치

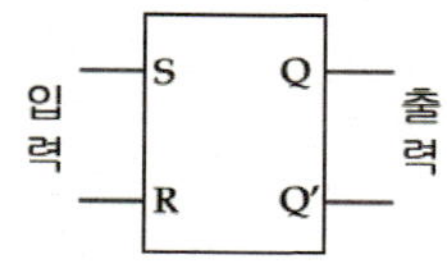

그림 8-1 SR래치 블록도

SR래치(Latch)는 여러 래치 중의 하나이다. 래치는 순서논리회로[62]에서 1비트의 데이터를 저장하는 회로이다. 어떤 신호가 회로에 공급되다가 신호가 끊어지면 정보가 사라지지만, 래치는 그 신호를 계속 유지시켜준다. SR래치는 그림 8-1과 같이 세팅(Set)하는 S 입력과 리셋(Reset)하는 R 입력의 두 개의 신호가 있다. 출력에도 Q와 Q'의 두 개의 신호가 있는데, 두 개의 출력은 서로 정반대의 관계를 갖고 있다. 예를 들어, Q가 '1'이면 Q'는 '0'이고, Q가 '0'이면 Q'는 '1'인 관계이다. SR래치는 NOR게이트 또는 NAND게이트로 구성할 수 있다.

8.2.1 NOR형 SR래치

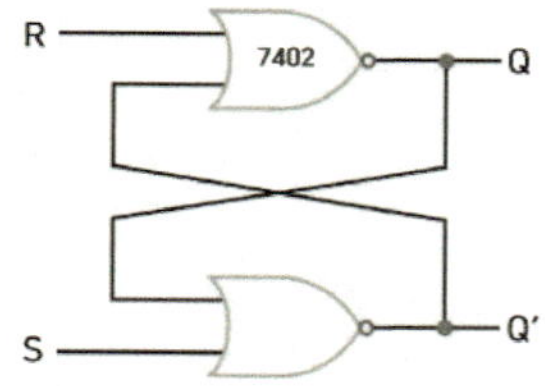

그림 8-2 NOR형 SR래치

그림 8-2는 가장 기본적인 SR래치이다. NOR게이트 2개로만 구성되어 있고 입력 2개(S, R), 출력 2개(Q, Q')로 구성된다. 입력이 두 개이므로 네 가지 경우가 있을 텐데, NOR게이트로 만든 SR래치의 다음 표 8-2의 진리표를 보면서 그 특성을 살펴보자.

표 8-2 SR래치 진리표

입력		출력	
S	R	Q	Q'
0	0	이전 값	이전 값
0	1	0	1
1	0	1	0
1	1	×	×

1. 세팅 : 출력 Q가 '1'이 되려면, 입력 S가 '1', R이 '0'이어야 한다.
2. 리셋 : 출력 Q가 '0'이 되려면, 입력 S가 '0', R이 '1'이어야 한다.
3. 유지 : 입력 S와 R이 둘다 '0'이면 출력 Q는 변화가 없이 이전 상태를 유지한다.
4. 사용불가 : 입력 S와 R이 둘 다 '1'일 때, 출력 Q와 Q' 둘 다 '0'이 되어 정반대의 관계를 갖지 않으므로 사용할 수 없다.

62) 순서 논리 회로는 이전 출력 상태와 입력 신호의 현재 값에 따라 출력이 결정되는 논리 회로

(실험 8.1-1T) NOR형 SR래치

(실험 목표)

- NOR형 SR래치의 셋, 리셋 출력을 이해하고 설명할 수 있다.
- 택트스위치를 풀다운 저항으로 연결하는 이유를 설명할 수 있다.

(실험 준비물)

1. DC 5V 어댑터 또는 배터리 1개
2. 74HC02(NOR) 1개
3. 저항 1kΩ 2개, 330Ω 1개
4. LED 빨간색, 파란색 각 1개
5. 택트스위치 2개
6. 브레드보드와 여러 개의 점퍼선

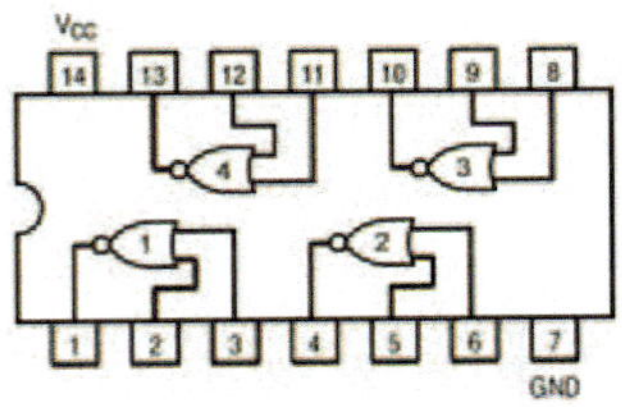

그림 8-3 74HC02

(실험 방법)

다음 그림 8-4는 NOR형 SR래치이다. NOR형 SR래치의 회로구성을 이해하고 작동 상태를 관찰한다.

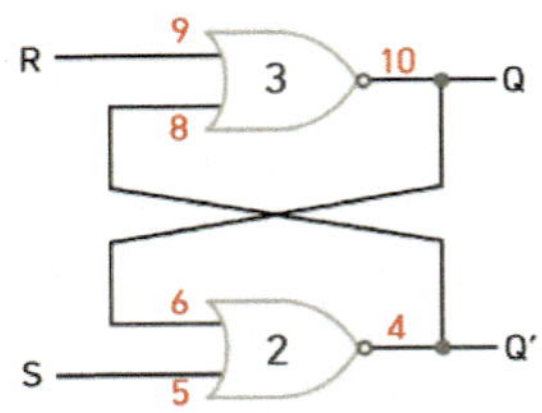

그림 8-4 NOR형 SR래치

그림 8-5 NOR형 SR래치

회로구성하기

1. NOR게이트가 4개 있는 7402는 14핀 칩이다. 칩의 노치(딤플)[63]를 확인하고, 브레드보드의 가운데 홈을 따라 노치가 왼쪽 방향이 되도록 끼운다.
2. 그림 8-4의 NOR형 SR래치 회로구성을 보고 7402의 2, 3게이트를 사용하여

---

63) 칩에 반원으로 파인 부분을 '노치'라 하고, 작은 점으로 움푹 파인 부분을 '딤플'이라 한다.

LED와 택트스위치를 연결한다. NOR 게이트의 핀 번호는 그림 8-3의 74HC02를 참조한다.

3. SR래치의 Q는 빨간색 LED에 연결하고, Q'는 파란색 LED에 연결한다.
4. 두 개의 택트스위치는 풀다운 저항(1kΩ)으로 연결한다.

회로점검 및 작동상태 확인하기

1. 왼쪽과 오른쪽의 택트스위치를 눌러 켜지는 LED를 확인하고 기록한다.

택트스위치 누름	켜지는 LED 색상
왼쪽(S)	
오른쪽(R)	

2. 택트스위치를 누르지 않으면, S와 R의 두 개 입력은 둘 다 '0'이므로 이전상태를 유지하고 있음을 확인한다.
3. SR래치의 회로 구성상 두 개의 스위치를 동시에 누르는 것은 의미가 없다. Q와 Q'가 다르지 않기 때문에 쓸 수 없는 경우이다.

결과 및 고찰

왼쪽의 택트스위치는 S로 작동하고, 오른쪽 택트스위치는 R로 작동한다. 왼쪽 택트스위치를 누르면 Q인 빨간 LED가 켜지고, 오른쪽 택트스위치를 누르면 Q'인 파란 LED가 켜지면 제대로 작동하는 것이다. SR래치의 진리표대로 작동함을 알 수 있다. 택트스위치를 풀다운 저항으로 연결함으로써, 스위치를 누르면 HIGH(1)이고, 누르지 않으면 LOW(0)이다. 결과적으로 NOR형 SR래치는 S에 '1'을 입력하면 Q를 '1'로 세팅하고, R에 '0'을 입력하면 Q를 '0'으로 리셋 시키는 것이다. 물론 Q'는 항상 Q와는 반대로 출력된다.

자기평가

1. NOR형 SR래치의 셋, 리셋 출력을 이해하고 설명할 수 있다.
2. 택트스위치를 풀다운 저항으로 연결한 이유를 설명할 수 있다.

(실험 8.1-2T) NOR형 SR래치를 사용한 인터록회로

(실험 목표)

- NOR형 SR래치를 기반으로 두 개의 버튼 중 늦게 누른 버튼은 작동하지 않게 하는 인터록 회로를 이해하고 설명할 수 있다.

(실험 준비물)

1. DC 5V 어댑터 또는 배터리 1개
2. 74HC08(AND), 74HC02(NOR) 각 1개
3. 저항 1kΩ 3개, 330Ω 1개
4. LED 빨간색, 파란색 각 1개
5. 택트스위치 3개
6. 브레드보드와 여러 개의 점퍼선

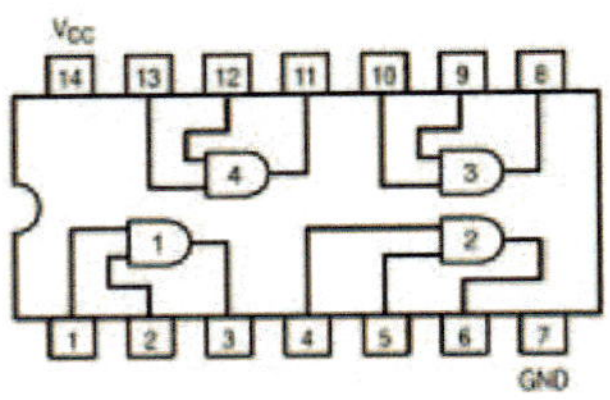

그림 8-6 74HC08

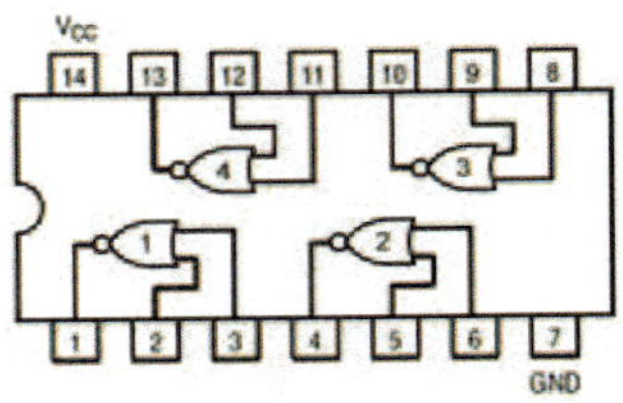

그림 8-7 74HC02

(실험 방법)

다음 그림 8-8은 NOR형 SR래치 두 개와 AND게이트 3개로 구성한 인터록회로이다. 인터록회로구성을 이해하고 작등 상태를 관찰한다.

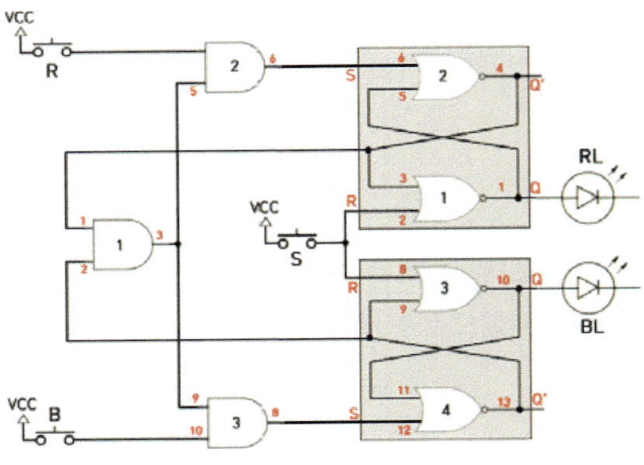

그림 8-8 NOR형 SR래치로 구현한 인터록회로

회로구성하기

1. 그림 8-8의 회로에서 3개의 택트스위치(R, B, S)는 누르면 'HIGH(1)'가 되도록 1kΩ 풀다운 저항을 연결한다.
2. 빨간색 LED인 RL과 파란색 LED인 BL에는 안전저항 330Ω을 사용하여 GND에 연결한다. 인터록회로를 구성할 것이므로 안전저항은 하나로 공유한다.
3. 7402칩의 1, 2번 NOR게이트를 하나의 SR래치로 구성하고, 3, 4번 NOR게이트를 또 다른 하나의 SR래치로 구성한다.
4. 시작 스위치인 'S 택트스위치'는 두 개의 SR래치의 R에 해당되는 NOR 칩의 2, 8번 핀에 연결한다.
5. 7408칩에는 AND가 4개가 있는데, 1, 2, 3 게이트만 쓰고, 사용하지 않는 4번 AND는 입력 부분 12, 13번 핀을 GND에 연결한다.
6. 7408칩에서 1번 AND의 두 개 입력인 1번 핀과 2번 핀에 두 개의 SR래치 출력 Q'를 연결한다.

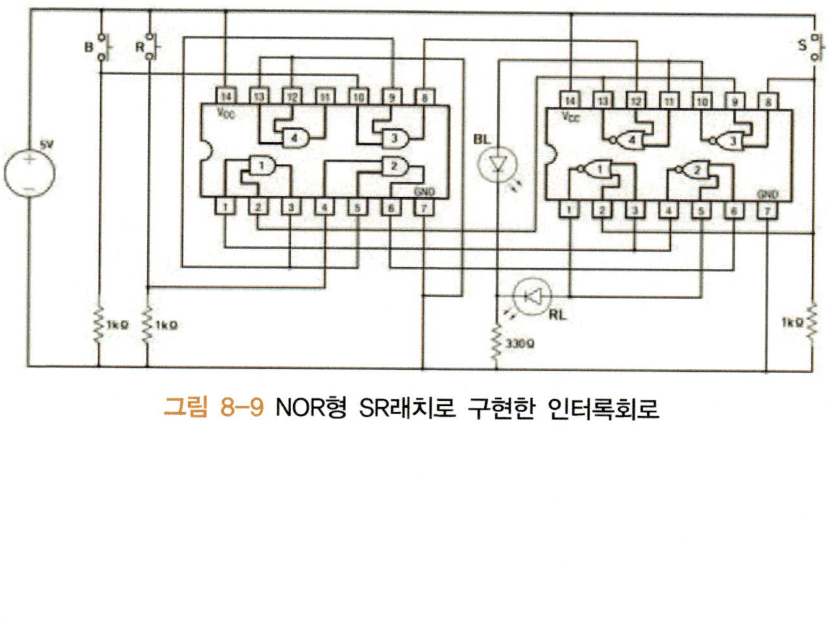

그림 8-9 NOR형 SR래치로 구현한 인터록회로

그림 8-10 NOR형 SR래치로 구현한 인터록회로

회로점검 및 작동상태 확인하기

1. 시작할 때는 항상 맨 오른쪽에 위치한 'S' 스위치를 눌러 초기화한다.
2. 맨 왼쪽의 'B' 또는 'R' 스위치를 눌러 해당 LED가 켜지는지 확인한다.
3. 'B' 스위치를 눌러 파란색 LED가 들어온 상태에서 'R' 스위치를 눌러도 반응이 없음을 확인한다. 그 반대도 마찬가지이다. 'S' 스위치를 눌러 초기화해야만 다른 색의 LED를 켤 수 있음을 확인한다.

✔ 결과 및 고찰

앞서 4장의 교류회로에서 (실험 4.8) 3상전동기를 정/역회전시키는 인터록회로를 통하여 정회전 스위치와 역회전 스위치 둘 중 어느 하나가 작동하고 있으면 다른 스위치의 작동을 방지할 수 있음을 확인하였다. 이 실험은 디지털 인터록회로이다. 빨간색과 파란색의 LED를 켜는 두 개의 스위치를 동시에 누르더라도 찰나의 순간이라도 먼저 누른 쪽 LED가 켜진다. 어느 한쪽이 켜진 다음에는 다른 쪽 스위치는 눌러도 소용이 없다. 스위치는 두 개가 아니라 여러 개로 확장이 가능하다.

회로 구성에서 참고할 사항은 사용하지 않는 게이트의 입력핀을 플로팅시키면 노이즈에 의해 진동 신호가 들어올 수 있다는 것이다. 또한, 입력 핀에 HIGH 또는 LOW 전압의 중간값이 입력될 수 있으므로 정전기 또는 무선 환경에 노출될 가능성이 있다면, 사용하지 않는 입력 핀을 외부 VCC 또는 GND에 각각 연결하는 것이 합리적일 수 있다는 것이다. 사용하지 않는 출력은 종단 시킬 필요 없이 플로팅 상태로 둘 수도 있다. 이 실험에서는 사용하지 않는 4번 AND게이트의 입력인 12, 13번 핀을 GND에 연결했다.

자기평가

NOR형 SR래치를 기반으로 두 개의 버튼 중 늦게 누른 버튼은 작동하지 않게 하는 인터록 회로를 이해하고 설명할 수 있다.

8.2.2 NAND형 SR래치

다음 그림 8-11은 형태는 똑같은 SR래치이지만 NAND게이트로 구성된 것이다. 차이점은 NOR게이트와 NAND게이트는 반대이므로 S와 R 입력이 S'와 R'로 반전시켜 입력되어야 표 8-3 SR래치 진리표와 같은 상태의 출력이 나온다.

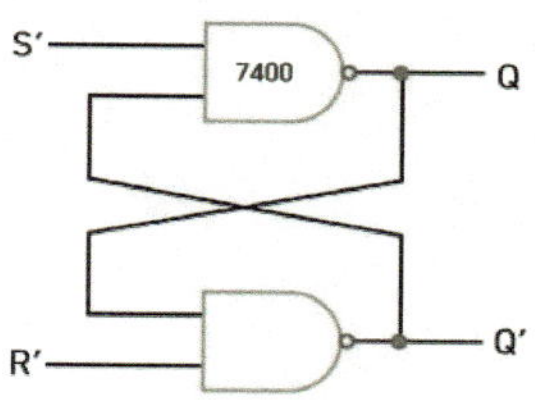

그림 8-11 NAND형 SR래치

표 8-3 SR래치 진리표

입력		출력	
S	R	Q	Q'
0	0	변화없음	
0	1	0	1
1	0	1	0
1	1	×	

(실험 8.2-1ᵀ) NAND형 SR래치

(실험 목표)

- NAND형 SR래치의 셋, 리셋 출력을 이해하고 설명할 수 있다.
- 택트스위치를 풀업 저항으로 연결한 이유를 설명할 수 있다.

(실험 준비물)

1. DC 5V 어댑터 또는 배터리 1개
2. 74HC00(NAND) 1개
3. 저항 1kΩ 2개, 330Ω 1개
4. LED 빨간색, 파란색 각 1개
5. 택트스위치 2개
6. 브레드보드와 여러 개의 점퍼선

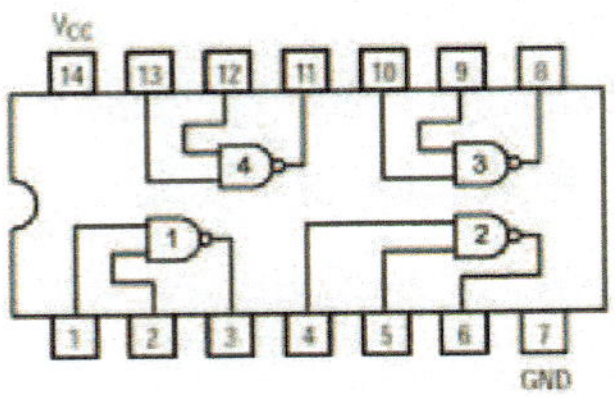

그림 8-12 74HC00

(실험 방법)

다음 그림 8-4는 NAND형 SR래치이다. NAND형 SR래치의 회로구성을 이해하고 작동 상태를 관찰한다.

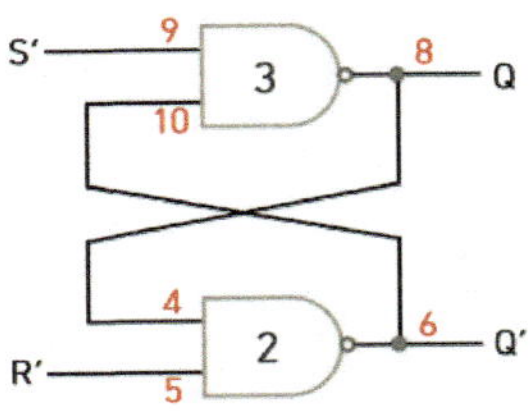

그림 8-13 NAND형 SR래치

그림 8-14 NAND형 SR래치

회로구성하기

1. NAND게이트가 4개 있는 7400은 14핀 칩이다. 칩의 노치(딤플)[64]를 확인하고, 브레드보드의 가운데 홈을 따라 노치가 왼쪽 방향이 되도록 끼운다.
2. 그림 8-13의 NAND형 SR래치 회로구성을 보고 7400의 2, 3게이트를 사용하여 LED와 택트스위치를 연결한다. NAND 게이트의 핀 번호는 그림 8-12의 74HC00을 참조한다.
3. SR래치의 Q는 빨간색 LED에 연결하고, Q'는 파란색 LED에 연결한다.
4. 두 개의 택트스위치는 풀업 저항(1kΩ)으로 연결한다.

64) 칩에 반원으로 파인 부분을 '노치'라 하고, 작은 점으로 움푹 파인 부분을 '딤플'이라 한다.

회로점검 및 작동상태 확인하기

1. 왼쪽과 오른쪽의 택트스위치를 눌러 켜지는 LED를 확인하고 기록한다.

택트스위치 누름	켜지는 LED 색상
왼쪽(S)	
오른쪽(R)	

2. 택트스위치를 누르지 않으면, S와 R의 두 개 입력은 둘 다 '0'이므로 이전상태를 유지하고 있음을 확인한다.
3. SR래치의 회로 구성상 두 개의 스위치를 동시에 누르는 것은 의미가 없다. Q와 Q'가 다르지 않기 때문에 쓸 수 없는 경우이다.

✔ 결과 및 고찰

왼쪽의 택트스위치는 S'로 작동하고, 오른쪽 택트스위치는 R'로 작동한다. 왼쪽 택트스위치를 누르면 Q인 빨간 LED가 켜지고, 오른쪽 택트스위치를 누르면 Q'인 파란 LED가 켜지면 제대로 작동하는 것이다. NAND형의 SR래치는 NOR게이트와 반대여서 S'와 R'가 NAND게이트로 입력되면, SR래치의 진리표대로 작동함을 알 수 있다. 택트스위치를 풀업 저항으로 연결함으로써, 스위치를 누르면 LOW(0) 상태가 된다. 결국 스위치를 누르면 '0'이고, 누르지 않으면 '1'인 것이다. 결과적으로 NAND형 SR래치는 S'에 '0'이 입력되면 Q가 '1'로 세팅되고, R'에 '0'이 입력되면 Q가 '0'으로 리셋 되는 것이다. 물론 Q'는 항상 Q와는 반대로 출력된다.

자기평가

1. NAND형 SR래치의 셋, 리셋 출력을 이해하고 설명할 수 있다.
2. 택트스위치를 풀업 저항으로 연결한 이유를 설명할 수 있다.

(실험 8.2-2[T]) NAND형 SR래치를 사용한 인터록회로

(실험 목표)

- NAND형 SR래치를 기반으로 두 개의 버튼 중 늦게 누른 버튼은 작동하지 않게 하는 인터록 회로를 이해하고 설명할 수 있다.

(실험 준비물)

1. DC 5V 어댑터 또는 배터리 1개
2. 74HC32(OR), 74HC00(NAND) 각 1개
3. 저항 1kΩ 3개, 330Ω 1개
4. LED 빨간색, 파란색 각 1개
5. 택트스위치 3개
6. 브레드보드와 여러 개의 점퍼선

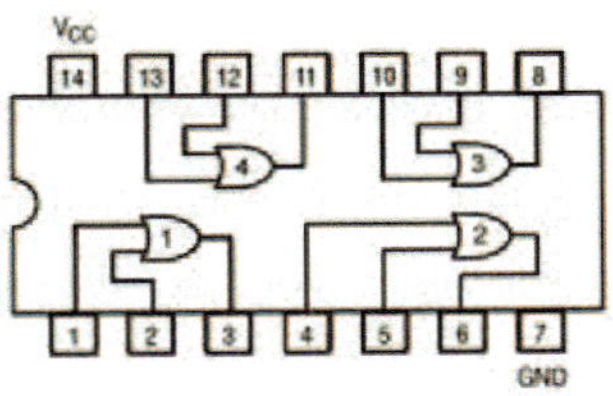

그림 8-15 74HC32

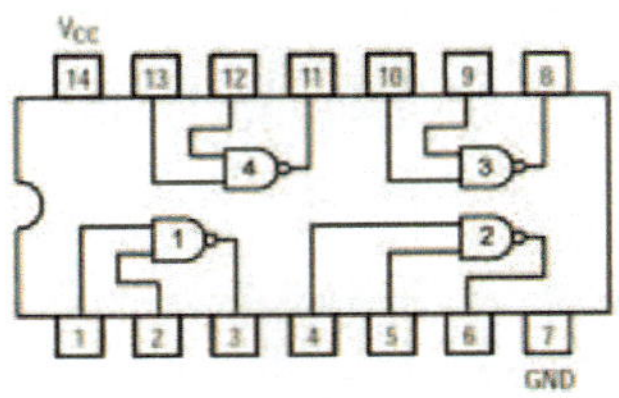

그림 8-16 74HC00

(실험 방법)

다음 그림 8-17은 NAND형 SR래치 두 개와 OR게이트 3개로 구성한 인터록회로이다. 인터록회로구성을 이해하고 작동 상태를 관찰한다.

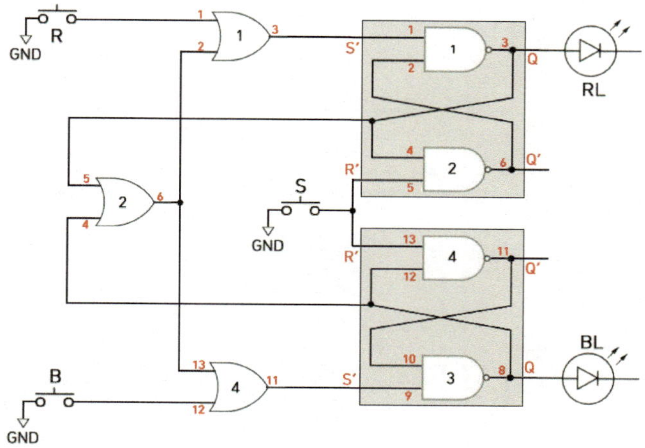

그림 8-17 NAND형 SR래치로 구현한 인터록회로

회로구성하기

1. 그림 8-17의 회로에서 3개의 택트스위치는 누르면 ‘LOW(0)’ 값이 된다.
2. 그러므로 파란색 LED(BL)를 켜는 ‘B 택트 스위치’, 빨간색 LED(RL)를 켜는 ‘R 택트 스위치’, 시작하는 ‘S 택트 스위치’를 1kΩ 풀업 저항으로 연결한다.
3. BL의 애노드는 NAND게이트의 8번핀, RL의 애노드는 3번핀에 연결하고, 두 LED의 캐소드는 공유한 안전저항 330Ω을 통해 GND에 연결한다.
4. 3번 OR게이트는 사용하지 않는다. 그러므로 3번 OR의 입력 부분 9,10번 핀은 GND에 연결한다.
5. 2번 OR게이트의 두 개 입력은 RL과 BL의 Q이다.

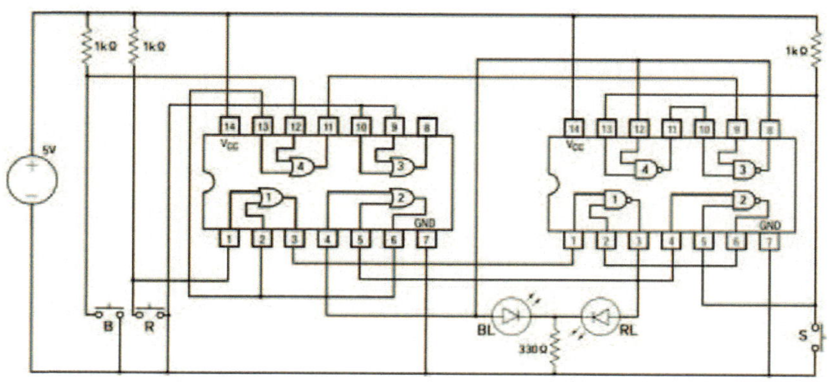

그림 8-18 NAND형 SR래치로 구현한 인터록회로

그림 8-19 NAND형 SR래치로 구현한 인터록회로

회로점검 및 작동상태 확인하기

1. 시작할 때는 항상 맨 오른쪽에 위치한 'S' 스위치를 눌러 초기화한다.
2. 맨 왼쪽의 'B' 또는 'R' 스위치를 눌러 해당 LED가 켜지는지 확인한다.
3. 'B' 스위치를 눌러 파란색 LED가 들어온 상태에서 'R' 스위치를 눌러도 반응이 없음을 확인한다. 그 반대도 마찬가지이다. 'S' 스위치를 눌러 초기화해야만 다른 색의 LED를 켤 수 있음을 확인한다.

✔ 결과 및 고찰

어느 한쪽이 켜진 다음에는 다른 쪽 스위치는 눌러도 소용이 없는 디지털 인터록 회로이다. 앞서 NOR형 SR래치를 이용한 실험은 NOR와 AND게이트로 구성한 인터록 회로이고, 이번 실험은 NAND와 OR게이트로 구성한 인터록 회로이다. AND와 OR는 서로 반대 논리의 게이트이고, NOR와 NAND 또한 서로 반대 논리의 게이트이다. 그러므로 회로 구성에서도 NOR형의 앞선 실험에서는 풀다운 저항으로 스위치를 구성하여 '1'값이 입력되도록 하였고, 이번 NAND형의 실험에서는 풀업 저항으로 스위치를 구성하여 '0'값이 입력되게 한다. 어느 한쪽이 켜진 상태에서 다른 쪽은 켜지지 않게 출력의 상태를 되먹임(피드백)하는 것도 NOR형은 Q'를 AND에 입력시키고, NAND형은 Q를 OR의 입력에 되먹임 하는 것을 유심히 관찰할 필요가 있다.

자기평가

NAND형 SR래치를 기반으로 두 개의 버튼 중 늦게 누른 버튼은 작동하지 않게 하는 인터록 회로를 이해하고 설명할 수 있다.

8.3 십진카운터

그림 8-20 CD4017

그림 8-20의 십진카운터 CD4017에는 0~9까지의 10개 출력이 있는데 차례대로 HIGH가 된다. 십진카운터의 클럭(핀14)이 HIGH(상승에지)가 되면 카운트가 증가하여 출력값이 그 다음 출력으로 이동한다. Q0~Q9의 출력은 카운팅이 진행됨에 따라 차례로 HIGH가 된다. 다시 말해 Q0가 HIGH이면 그다음은 Q1이 HIGH가되고, 또 그다음은 Q2가 되는 식으로 차례대로 출력이 이어진다. 리셋(핀15)은 정상 작동을 위해 LOW 상태로 하고, 카운터를 처음 출력인 Q0로 되돌리려면 HIGH를 입력한다. 수동으로 리셋을 시키려면 리셋과 +Vs 사이에 스위치를 연결하고 리셋과 GND 사이에 10kΩ 풀다운 저항을 연결한다. 이 카운터는 9까지 카운트가 되는데, 9 미만으로 카운트하려면 해당 출력을 리셋에 연결한다. 예를 들어 0,1,2,3,4,5,6을 카운트하려면 Q7을 리셋에 연결한다. 비활성화 입력(핀13)은 LOW로 설정되지 않으면 클록 펄스를 무시하고 카운터 상태가 멈춰버린다. ÷10 출력(핀12)은 카운트 Q0~Q4에 있을 때는 HIGH이고, Q5~Q9에 있을 때는 LOW 상태로 클록 주파수의 1/10에 해당하는 출력을 제공한다. 십의 자리를 계산하기 위한 다른 십진카운터 74HC4017의 클록 입력을 구동하는 데 사용할 수 있다.

(실험 8.3^{T}) 십진카운터(CD4017)를 사용하여 LED 하나씩 불 밝히기

(실험 목표)

- 십진카운터를 사용하여 LED의 불빛이 하나씩 이동하는 회로를 이해하고 설명할 수 있다.
- 자동으로 이동시키는 타이머를 이해하고 설명할 수 있다.

(실험 준비물)

1. DC 5V 어댑터 또는 배터리 1개
2. 74HC4017 1개
3. 저항 1kΩ 1개, 330Ω 1개
4. LED 10개
5. 택트스위치 1개
6. 세라믹 커패시터 0.1nF 1개
9. 브레드보드와 여러 개의 점퍼선

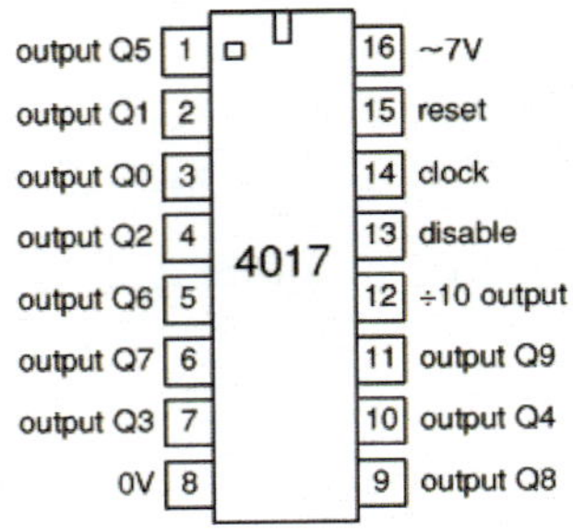

그림 8-21 CD4017 핀배치도

표 8-4 CD4017의 기본 사양

핀 명	핀 번호	설 명
V_{DD}	16	공급 전압 (7V까지)
V_{SS}	8	접지 (0V)
$Q_0 \sim Q_9$	1 ~ 11	차례대로 HIGH가 된다
clock	14	클록 입력
÷10 output	12	클록 주파수의 1/10에 해당하는 출력을 제공
disable	13	비활성화 단자로 LOW로 설정해야 작동
reset	15	리셋단자로 평상시는 LOW로 설정

(실험 방법 1) 택트스위치 사용

다음 그림 8-22는 십진카운터를 사용하여 LED의 불빛을 하나씩 밝히는 회로도이다. LED의 불빛을 하나씩 바꾸는 것은 택트스위치를 사용한다. 십진카운터의 사용방법을 익히면서 실험한다.

그림 8-22 십진카운터를 사용하여 LED 하나씩 불 밝히기(택트스위치 사용) 회로도

회로구성하기

1. 십진카운터는 16핀 칩이다. 칩의 노치를 확인하고, 브레드보드의 가운데 홈을 따라 노치가 왼쪽 방향이 되도록 끼운다.
2. 십진카운터 Q0~Q9 출력 핀에 10개의 LED 양극을 연결한다.
3. 10개의 LED의 음극을 모두 묶고 1개의 330Ω 저항을 통해 '-'에 연결한다.

회로점검 및 작동상태 확인하기

1. 택트스위치를 누르면서 LED의 불빛이 하나씩 이동하는 것을 확인한다.

(실험 방법 2) 타이머 사용

다음 그림 8-23은 LED의 불빛을 하나씩 바꾸는 택트스위치를 대신하여 555 타이머를 사용한다. 자동으로 십진카운터를 작동시켜 LED의 불빛을 하나씩 밝힌다. 555 타이머와 십진카운터의 연결방법을 익히면서 실험한다.

그림 8–23 십진카운터를 사용하여 LED 하나씩 불 밝히기(타이머 사용) 회로도

회로구성하기

1. 앞선 (실험 방법 1)의 회로구성에서 택트스위치를 제거한다.
2. 퍼텐쇼미터와 전해 커패시터와 함께 555 타이머를 추가 설치한다.

회로점검 및 작동상태 확인하기

1. 전원을 공급하여 555 타이머로 인해 자동으로 LED의 불빛이 하나씩 이동하는 것을 확인한다.
2. 퍼텐쇼미터의 손잡이를 돌려 불빛의 이동속도를 바꿔본다.

✔ 결과 및 고찰

십진카운터를 사용하면 LED의 불빛을 하나씩 이동시킬 수 있음을 알 수 있다. 택트스위치를 사용하면 수동으로, 타이머를 사용하면 자동으로 LED의 불빛을 하나씩 이동시킬 수 있다. 타이머를 사용한 회로에서는 퍼텐쇼미터의 저항값을 달리하여 LED 불빛의 이동속도도 조절할 수 있다.

자기평가

1. 십진카운터를 사용하여 LED의 불빛이 하나씩 이동하는 회로를 이해하고 설명할 수 있다.
2. 자동으로 이동시키는 타이머를 이해하고 설명할 수 있다.

8.4 7세그먼트(FND)

7세그먼트(segment) 또는 FND(Flexible Numeric Display)라고도 하는 표시장치는 자체 발광으로 어두운 곳에서도 식별하기 쉽고 가격이 저렴하다는 장점이 있다. 10진수와 일부 문자를 표현하기 위한 7개의 LED가 숫자8 모양으로 배치되어있고, 소수점을 표현하기 위해 점(dp) LED가 붙어있기도 하다. 그림 8-24의 7세그먼트에는 10개의 핀이 있는데 8개의 LED 핀은 선택적으로 온/오프하여 숫자를 표시하고, 나머지 두 개의 핀은 8개의 LED를 공통으로 양극(애노드)이나 음극(캐소드)에 연결한다. 다음 그림 8-25는 '공통양극(Common Anode)'의 핀 접속도와 LED의 방향을 보여준다. 그림 8-26은 '공통음극(Common Cathode)'의 핀 접속도와 LED의 방향을 보여준다. 세그먼트 위아래 가운데에 GND 단자를 제공하는 공통음극 7세그먼트를 이 책의 실험에서 사용한다.[65)]

그림 8-24 1자리 FND

65) 이경훈, 『센서 응용 실무』, 문운당, 2022., p125

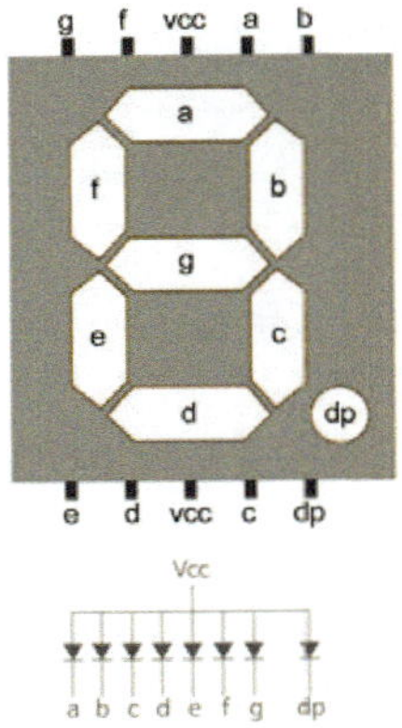

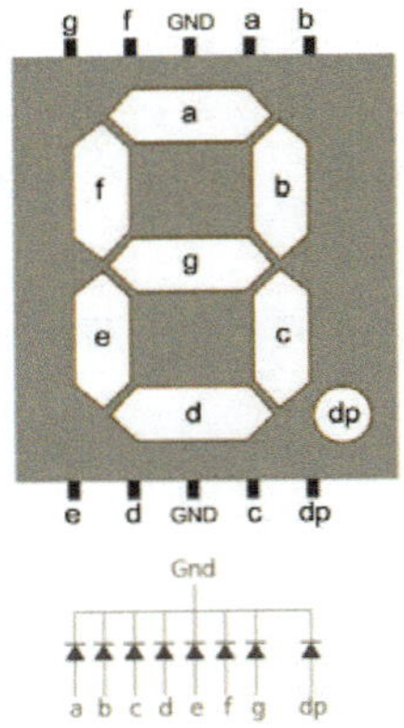

그림 8-25 공통양극　　그림 8-26 공통음극

* 공통음극 7세그먼트를 확인하려면 그림 8-24와 같이 옆쪽에 적힌 문자번호(5161AS 등)를 인터넷에서 검색하거나 LED의 양극과 음극을 구별하듯이 벨테스터기나 멀티미터의 도통시험(•)))으로 구분할 수 있다.

다음 그림 8-27처럼 위아래 가운데의 한 핀(GND)에 벨테스터기의 검은색 집게를 연결하고, 빨간색 집게를 GND 핀을 제외한 나머지 핀과 접속하면 해당되는 세그먼트의 LED가 켜지면 공통음극이다. 이 그림은 7세그먼트의 아래 맨 왼쪽의 e 핀에 접속하여 LED가 켜진 것이다. 이 방법으로 점(dp) LED를 포함한 각각의 7세그먼트 LED의 상태를 점검할 수도 있다.

그림 8-27 공통음극인지를 판별하기

8.5 세그먼트디코더(CD4511)[66]

그림 8-28의 CD4511은 BCD[67] 코드로 입력받아 BCD에 해당하는 숫자를 7세그먼트로 표시해주는 '세그먼트디코더' 칩이다. CD4511은 CMOS 형태로 소비전력이 매우 낮다. 표 8-5는 4비트 BCD로 표현할 수 있는 16가지 경우에 대응하는 7세그먼트의 a~g핀의 값이다. 또한 a~g핀의 상황에 따라 7세그먼트에 표시될 해당 숫자와 영문자이다.

그림 8-28 CD4511

표 8-5 BCD에 따른 7세그먼트의 출력

BCD				7세그먼트							출력
D_3	D_2	D_1	D_0	a	b	c	d	e	f	g	
0	0	0	0	1	1	1	1	1	1	0	abcdef
0	0	0	1	0	1	1	0	0	0	0	bc
0	0	1	0	1	1	0	1	1	0	1	abdeg
0	0	1	1	1	1	1	1	0	0	1	abcdg
0	1	0	0	0	1	1	0	0	1	1	bcfg
0	1	0	1	1	0	1	1	0	1	1	acdfg
0	1	1	0	0	0	1	1	1	1	1	acdefg
0	1	1	1	1	1	1	0	0	0	0	abcf
1	0	0	0	1	1	1	1	1	1	1	abcdefg
1	0	0	1	1	1	1	0	0	1	1	abcdfg
1	0	1	0	1	1	1	0	1	1	1	abcefg
1	0	1	1	0	0	1	1	1	1	1	cdefg
1	1	0	1	0	0	0	1	1	0	1	deg
1	1	1	0	0	1	1	1	1	0	1	bcdeg
1	1	1	1	1	0	0	1	1	1	1	adefg

66) 이경훈, 『센서 응용 실무』, 문운당, 2022., p207, 208

67) BCD(Binary-Coded Decimal) 코드는 0~9까지의 숫자를 4비트의 2진수로 표현한 것이다. 10진수를 나타낼 경우 8-4-2-1이라는 자리값을 부여한 4비트의 2진수로 표현하고, 각 자리값의 합이 10진수이다.

그림 8-29의 CD4511 핀 배치도와 표 8-6의 기본 사양을 보면 핀9부터 핀15까지의 7개 핀은 7세그먼트에 연결될 a~g이다. 핀7(D_0), 핀1(D_1), 핀2(D_2), 핀6(D_3)은 아두이노에 연결될 BCD 핀이다. $\overline{LT}$와 $\overline{BL}$ 핀은 7세그먼트 테스트용 핀이다. $\overline{LT}$ 핀은 LOW 값을 주면 모든 세그먼트(a~g)를 켜고, $\overline{BL}$ 핀은 LOW 값을 주면 모든 세그먼트(a~g)를 끈다. LE핀은 LOW 레벨로 활성화시킬 수 있다.

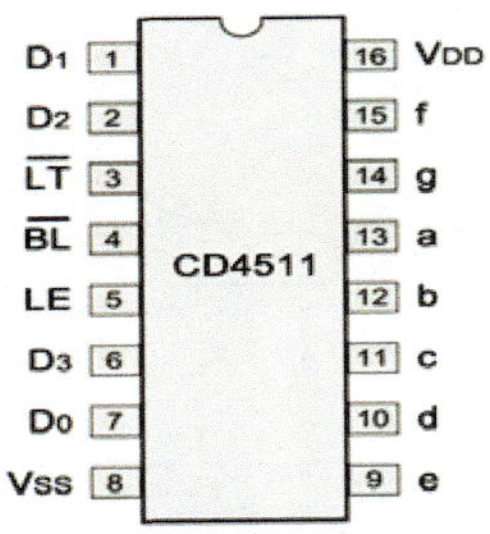

그림 8-29 CD4511 핀 구조

표 8-6 CD4511의 기본 사양

핀 명	핀 번호	설 명
V_{DD}	16	공급 전압 (3V부터 15V까지)
V_{SS}	8	접지 (0V)
a~g	9~15	7세그먼트 제어를 위한 출력
D_0, D_1, D_2, D_3	7,1,2,6	4 비트 BCD 입력
$\overline{LT}$	3	LOW이면 모든 세그먼트(a~g)를 켠다.
$\overline{BL}$	4	LOW이면 모든 세그먼트(a~g)를 끈다.
LE	5	래치 활성화. HIGH이면 현상태를 유지한다.

(실험 8.4[T]) 세그먼트디코더 4511을 사용하여 BCD 코드를 숫자로 출력하기

(실험 목표)

- BCD 코드를 이해하고 설명할 수 있다.
- 7세그먼트의 사용방법을 설명할 수 있다.
- 세그먼트디코더 칩인 CD4511의 사용방법을 설명할 수 있다.

(실험 준비물)

1. DC 5~12V 어댑터 또는 배터리 1개
2. CD4511 1개
3. 저항 1kΩ 4개, 330Ω 1개
4. LED 4개
5. 4채널 8핀 딥스위치 1개
6. 7세그먼트(공통음극형) 1개
7. 브레드보드와 여러 개의 점퍼선

딥스위치(DIP SW)

	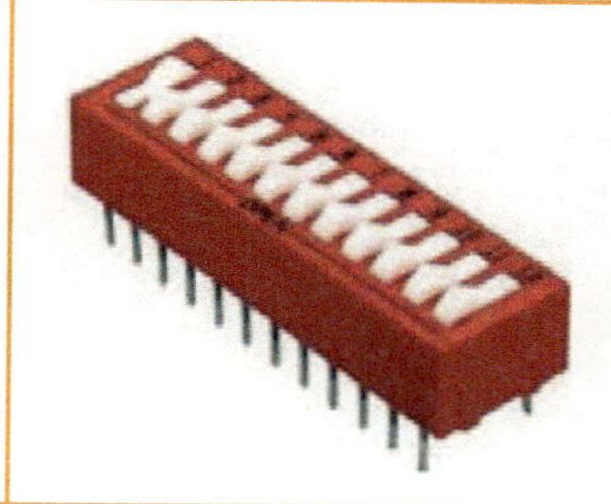	
슬라이드형	로커형	피아노형

하드웨어의 변경 없이 사용자가 회로기판 상에서 ON/OFF를 임의로 선택할 수 있는 환경 설정용 스위치이다. 스위치 하나당 2개의 핀을 갖는다. 예를 들어 4채널 딥스위치라면 스위치가 4개이고 다리(핀)가 8개이다. 손톱이나 작은 일자 드라이버로 on/off를 바꿀 수 있다. 슬라이드형, 로커형, 피아노형 등이 있다.

(실험 방법)

다음 그림 8-30은 BCD 7세그먼트 디코더(CD4511)를 사용하여 7세그먼트로 숫자를 출력하는 결선도이다. 딥스위치로 표현한 BCD코드가 7세그먼트에 숫자로 출력되는 것을 관찰한다.

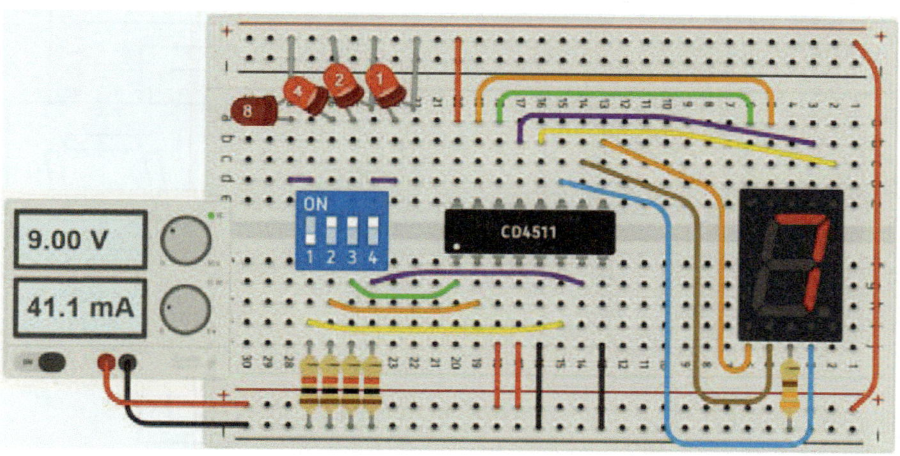

그림 8-30 BCD 7세그먼트 디코더(CD4511)를 사용한 숫자 출력하기 결선도

회로구성하기

1. 실험에 앞서 7세그먼트가 공통음극형인지 아닌지 그림 8-27처럼 확인한다.
2. 브레드보드의 가운데 홈을 따라 딥스위치, CD4511칩과 7세그먼트를 끼운다.
3. 4채널 딥스위치에 1kΩ 저항 4개를 풀다운 형태로 연결한다.
4. 7세그먼트 위아래의 가운데 두 개 핀 중의 하나에 안전저항 330Ω을 GND로 연결한다.
5. CD4511칩과 7세그먼트의 핀 번호에 맞게 연결한다.

회로점검 및 작동상태 확인하기

1. 딥스위치로 표현한 BCD코드의 확인은 LED로 한다.
2. BCD코드와 7세그먼트에 표시된 숫자가 일치하는지 확인한다.

✔ 결과 및 고찰

CD4511칩의 실험을 통하여 BCD 코드를 쉽게 7세그먼트로 출력할 수 있음을 알 수 있다. 이 실험에서는 공통음극의 세그먼트를 사용한다. 7세그먼트도 여러 개의 LED를 조합해놓은 부품이므로 LED와 마찬가지로 다음 그림 8-31과 같이 안전저항을 연결하여야한다.

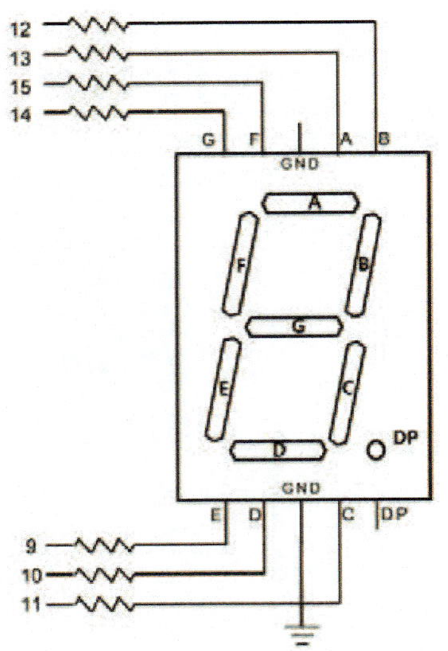

그림 8-31 7세그먼트에 안전저항 연결하기1

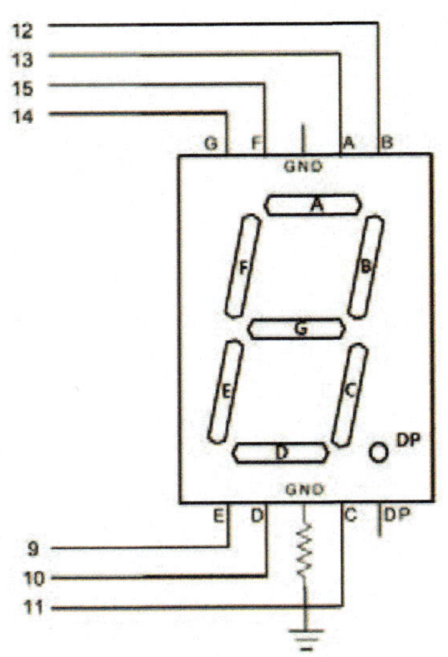

그림 8-32 7세그먼트에 안전저항 연결하기2

이 실험에서는 5~9V의 입력을 사용하고 숫자만 표시한다는 전제하에서 실험의 편리성을 위하여 다음 그림 8-32와과 같이 7세그먼트의 위아래에 제공하는 가운데 공통(com)단자 중의 한군데만 안전저항을 연결한다. 공통음극의 7세그먼트이므로 위아래의 가운데 GND핀 중의 하나에 330Ω저항을 거쳐 GND에 연결한다. 330Ω은 9V 입력일 경우의 최소한의 안전저항이다.

자기평가

1. BCD 코드를 이해하고 설명할 수 있다.
2. 7세그먼트의 사용방법을 설명할 수 있다.
3. 세그먼트디코더 칩인 CD4511의 사용방법을 설명할 수 있다.

8.6 CD4026

CD4026은 십진카운터와 7세그먼트 디코더를 하나의 패키지에 내장한 IC이다.

(실험 8.5) 택트스위치를 누르면 1증가한 숫자로 출력하기(CD4026 사용)

(실험 목표)

- CD4026칩을 이해하고 사용할 수 있다.

(실험 준비물)

1. DC 5V 어댑터 또는 배터리 1개
2. CD4026 1개
3. 택트스위치 2개
4. 브레드보드와 여러 개의 점퍼선
5. 저항 330Ω 1개, 1kΩ 2개
6. 7세그먼트 1개

그림 8-33 CD4026

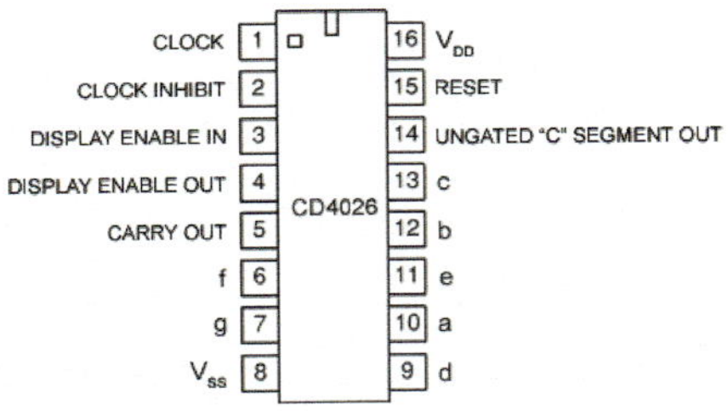

그림 8-34 CD4026 핀 구조

표 8-7 CD4026의 기본 사양

핀 명	핀 번호	설 명
V_{DD}	16	3V~18V 공급
RESET	15	초기화
V_{SS}	8	접지 (0V)
a~g	6~13	7세그먼트 출력
CLOCK	1	클록 입력
CLOCK INHIBIT	2	LOW로 둔다
DISPLAY ENABLE IN	3	HIGH이면 활성화

(실험 방법)

다음 그림 8-35는 택트스위치를 누르면 7세그먼트의 숫자를 1씩 증가시키는 회로 결선도이다. 십진카운터와 7세그먼트 디코더를 하나의 패키지에 내장한 CD4026칩의 사용방법을 익히면서 실험한다.

그림 8-35 CLK스위치를 누르면 1증가한 숫자 출력하기 결선도

회로구성하기

1. 택트스위치 두 개에 1kΩ 저항을 풀다운 형태로 연결한다.
2. 왼쪽 택트스위치는 CD4026의 15번 핀에 연결한다. 초기화시키는 리셋스위치로 사용한다.
3. 오른쪽 택트스위치는 CD4026의 1번 핀에 연결한다. 클록스위치로 사용한다.
4. 7세그먼트는 앞선 (실험 8.4)처럼 공통음극인지 확인하고 연결한다.

회로점검 및 작동상태 확인하기

1. 왼쪽 리셋스위치를 눌러 초기화한다.
2. 오른쪽 클록스위치를 눌러 7세그먼트의 숫자가 하나씩 증가하는지 확인한다.

✔ 결과 및 고찰

클록스위치를 누르면 CD4026의 내부의 십진카운터로 인해 숫자가 하나씩 증가한다. 증가한 숫자를 내부의 7세그먼트 디코더로 출력하게 된다. 결국 CD4026은 앞서 실험한 십진카운터와 7세그먼트 디코더가 하나의 패키지에 내장된 칩임을 알 수 있다.

자기평가

CD4026칩을 이해하고 사용할 수 있다.

8.7 ATtiny25/45/85

ATtiny칩은 저전력 사용에 크기가 작고 가격도 저렴한 프로그램으로 작동하는 칩이다. ATtiny칩에 프로그램을 업로드하려면 추가적인 업로더(ISP)가 필요한데, 이 책에서는 아두이노 우노 보드를 ISP로 설정해서 활용한다. 다음과 같은 순서로 설정한다.

① 아두이노 우노 보드를 업로더(ISP)로 설정
② ATtiny에 부트로더를 업로드
③ ATtiny에 프로그램을 업로드

(실험 8.6) 아두이노 우노 보드를 ISP로 설정하고 ATtiny85에 부트로더 굽기

(실험 목표)

- 아두이노 우노 보드를 업로더(ISP)로 설정할 수 있다.
- ATtiny에 부트로더를 업로드할 수 있다.
- ATtiny에 작동 프로그램을 업로드할 수 있다.

(실험 준비물)

1. 아두이노 우노 보드 1개
2. ATtiny85 마이크로컨트롤러 1개
3. 브레드보드와 여러 개의 점퍼선
4. 저항 330Ω 1개
5. LED 1개
6. 아두이노 IDE

(실험 방법1) 아두이노 우노 보드를 ISP로 설정하는 방법

① 아두이노 IDE 메뉴의 "파일>환경설정"을 실행한다. 다음 그림 8-36의 환경설정 창에서 화살표에 해당하는 "추가적인 보드 매니저 URLs(영문판: Additional Boards Manager URLs)"에 다음 내용을 복사하여 붙여넣기 한다.

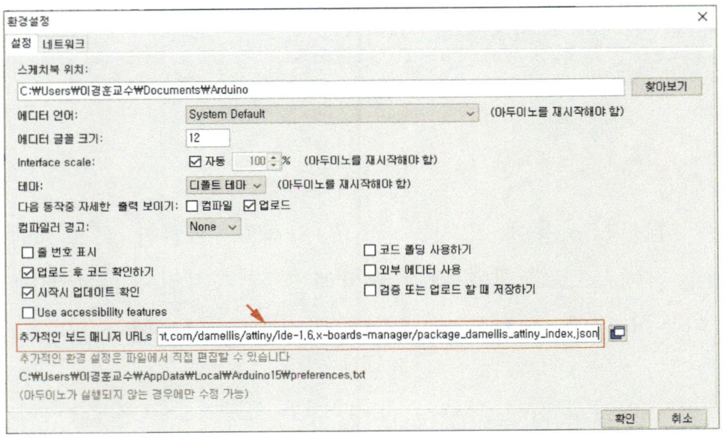

그림 8-36 파일>환경설정

붙여 넣을 내용

https://raw.githubusercontent.com/damellis/attiny/ide-1.6.x-boards-manager/package_damellis_attiny_index.json

② 메뉴의 "툴〉보드〉보드 매니저..."를 실행한다. 다음 그림 8-37 의 보드 매니저 창에서 화살표시한 곳에 attiny라고 입력하고 '설치' 버튼을 누른다.

그림 8-37 툴〉보드〉보드 매니저...

③ 메뉴의 "툴〉보드"를 실행했을 때 'ATtiny25/45/85' 항목이 나타나면 설치가 제대로 된 것이다.

④ 이제 아두이노 우노 보드와 PC를 USB로 연결한 다음 메뉴의 '툴'에서 보드는 "Arduino Uno", 포트는 "COM번호", 프로그래머는 "AVRISP mkII"로 다음 그림 8-38과 같이 지정한다. USB가 연결된 포트의 번호는 컴퓨터마다 실행할 때마다 다를 수 있으므로 COM 뒤의 숫자는 서로 달라도 상관없다.

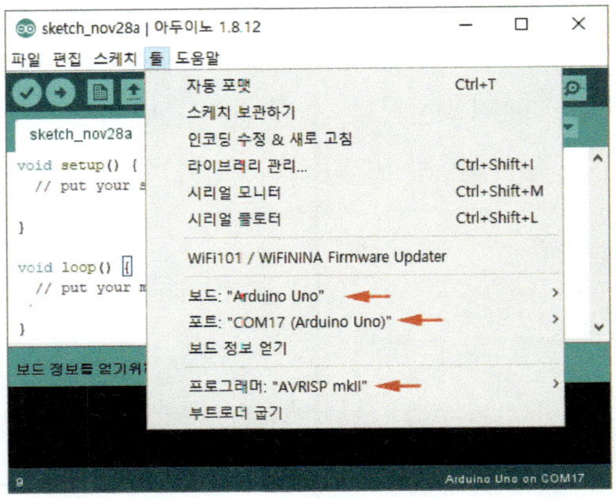

그림 8-38 ISP 설정을 위한 툴 지정

⑤ 다음 그림 8-39와 같이 메뉴의 "파일>예제>11.ArduinoISP>ArduinoISP"를 실행하여 나타난 ArduinoISP 예제 프로그램을 '업로드'한다.

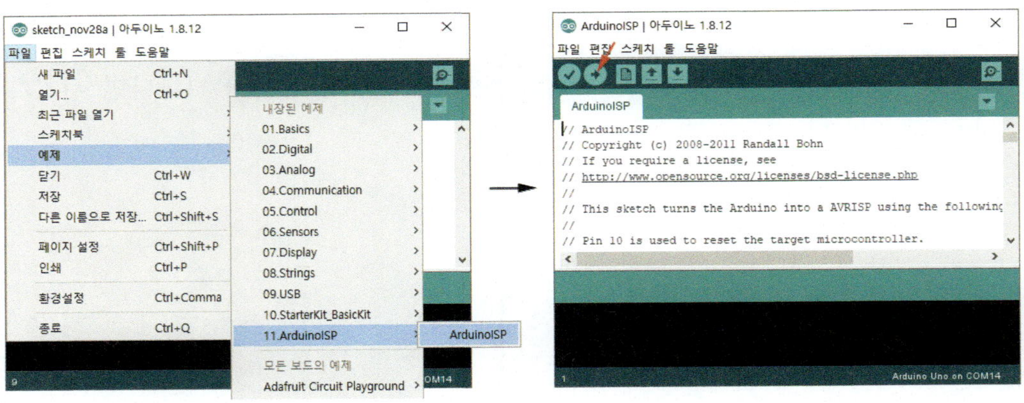

그림 8-39 ArduinoISP 업로드하기

⑥ 이제 아두이노 우노 보드를 사용하여 ATtiny25/45/85에 프로그램을 업로드 할 수 있는 상태가 된 것이다.

(실험 방법2) ATtiny85에 부트로더를 업로드 하는 방법

① 아두이노 우노 보드가 USB로 연결된 상태에서, 아두이노 IDE 메뉴의 '툴'을 실행하여 다음 그림 8-40과 같이 보드는 "ATtiny25/45/85", 프로세서는 ATtiny25, ATtiny45, ATtiny85 중에 준비된 프로세스를 선택한다. 여기서는 "ATtiny85"를 지정한다. Clock은 "Internal 8 MHz", 프로그래머는 "Arduino as ISP"로 지정한다.

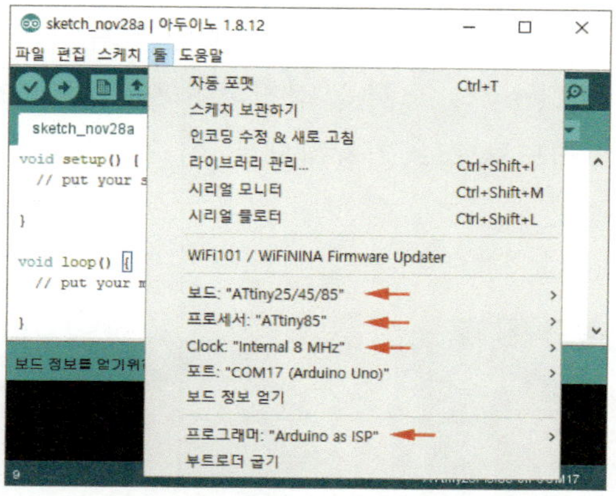

그림 8-40 부트로더를 위한 툴 설정

② 다음 그림 8-41과 같이 ATtiny 칩과 아두이노 우노 보드를 연결한다. 참고로 표 8-8에 연결할 아두이노와 ATtiny의 핀번호를 표시하였다.

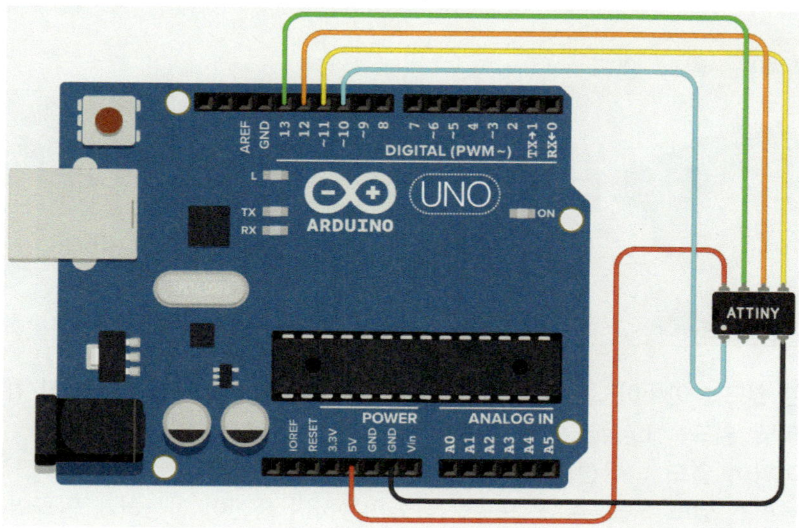

그림 8-41 부트로더를 위한 아두이노 우노 보드와 ATtiny칩과의 연결

표 8-8 부트로더를 위한 아두이노와 ATtiny와의 연결 번호

아두이노	5V	GND	10	11	12	13
ATtiny	8 (VCC)	4 (GND)	1 (PB5)	5 (PB0)	6 (PB1)	7 (PB2)

그림 8-42 ATtiny 핀구조

③ 다음 그림 8-43은 아두이노 기본 쉴드의 뒷면(왼쪽 그림)에 선을 납땜하고, 앞면(오른쪽 그림)에는 ATtiny칩 소켓을 장착하여 여러 ATtiny칩을 부트로더하도록 만든 것이다. 물론 브레드보드로 가능하므로 이 실험에서는 브레드보드에 연결하여 실습한다.

그림 8-43 기본 쉴드에 납땜하여 아두이노 보드와 ATtiny칩을 연결

아두이노 확장 쉴드

기본 쉴드

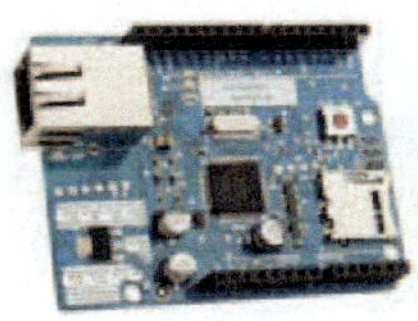

이더넷 쉴드

와이파이 쉴드

블루투스 쉴드

- **기본 쉴드** : 아두이노 우노 보드 위쪽에 끼워 확장해서 쓰도록 만들어진 기본 보드
- **이더넷 쉴드** : LAN선을 연결하여 인터넷 접속/통신을 위한 보드
- **와이파이 쉴드** : 무선으로 WIFI를 이용할 수 있는 보드
- **블루투스 쉴드** : 블루투스 프로토콜을 이용하여 통신이 가능하게 만들어진 보드

④ 메뉴의 '툴〉부트로더 굽기'를 실행한다. ATtiny칩에 이상이 없다면 잠시 후 "부트로더 굽기 완료"라는 메시지가 출력된다.

(실험 방법3) ATtiny85 테스트하기

① 다음 그림 8-44와 같이 아두이노 보드와 ATtiny칩 및 저항(330Ω)과 LED를 연결한다.

그림 8-44 ATtiny칩을 사용한 LED 깜박이기 결선도

② 아두이노 IDE에서 다음 소스코드를 입력하고 업로드한다.

```
void setup() {
  pinMode(0,OUTPUT);
}

void loop() {
  digitalWrite(0,HIGH);
  delay(1000);
  digitalWrite(0,LOW);
  delay(1000);
}
```

③ 소스코드는 그림 8-42 ATtiny 핀 구조에서 PB0에 해당하는 0번 핀에 HIGH 신호와 LOW 신호를 1초 간격으로 출력하는 것이다. 그러므로 LED가 1초 간격으로 깜빡이는 것을 볼 수 있다.

④ 이제 아두이노와 상관없이 DC 5V의 전원이 공급되면 LED는 1초 간격으로 깜박이게 된다.

자기평가

1. 아두이노 우노 보드를 업로더(ISP)로 설정할 수 있다.
2. ATtiny에 부트로더를 업로드할 수 있다.
3. ATtiny에 작동 프로그램을 업로드할 수 있다.

(실험 8.7) ATtiny칩을 사용한 0~9 숫자로 출력하기

(실험 목표)

- ATtiny칩에 BCD코드를 출력하는 프로그램을 업로드할 수 있다.
- ATtiny칩과 CD4511 및 7세그먼트를 사용하여 숫자를 출력할 수 있다.

(실험 준비물)

1. DC 5V 어댑터 또는 배터리 1개
2. CD4511 1개
3. ATtiny85 마이크로컨트롤러 1개
4. 브레드보드와 여러 개의 점퍼선
5. 저항 330Ω 1개
6. 7세그먼트 1개

(실험 방법)

다음 그림 8-45는 BCD 7세그먼트 디코더(CD4511)를 사용하여 7세그먼트로 숫자를 출력하는 결선도이다. ATtiny85칩으로 BCD를 표현한다. ATtiny85의 사용방법을 익히면서 실험한다.

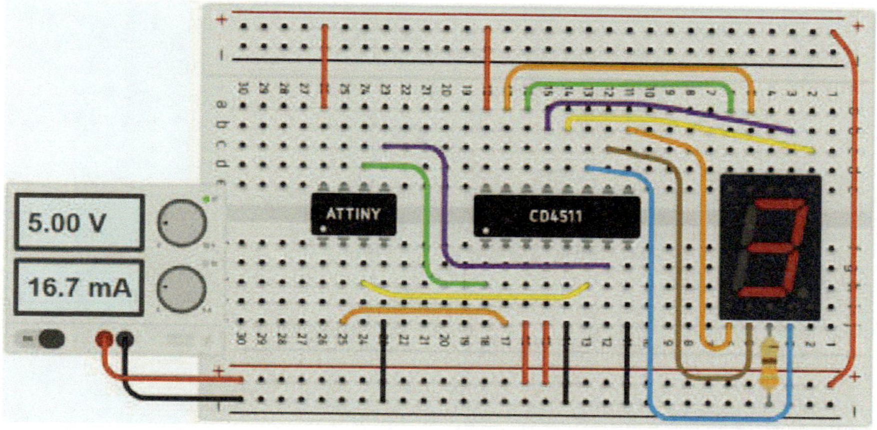

그림 8-45 ATtiny칩을 사용한 0~9 숫자로 출력하기 결선도

먼저 다음 소스코드를 ATtiny85에 업로드한다.

```
// BCD 코드를 출력하는 프로그램
#define PB0  0
#define PB1  1
#define PB3  3
#define PB4  4

void setup(){
  pinMode(PB0, OUTPUT); pinMode(PB1, OUTPUT);
  pinMode(PB3, OUTPUT); pinMode(PB4, OUTPUT);
}

void loop(){
  // 0000
  digitalWrite(PB0, LOW); digitalWrite(PB1, LOW);
  digitalWrite(PB3, LOW); digitalWrite(PB4, LOW);
  delay(1000);
  // 0001
  digitalWrite(PB0, HIGH); digitalWrite(PB1, LOW);
  digitalWrite(PB3, LOW); digitalWrite(PB4, LOW);
  delay(1000);
  // 0010
  digitalWrite(PB0, LOW); digitalWrite(PB1, HIGH);
  digitalWrite(PB3, LOW); digitalWrite(PB4, LOW);
  delay(1000);
  // 0011
  digitalWrite(PB0, HIGH); digitalWrite(PB1, HIGH);
  digitalWrite(PB3, LOW); digitalWrite(PB4, LOW);
  delay(1000);
  // 0100
  digitalWrite(PB0, LOW); digitalWrite(PB1, LOW);
  digitalWrite(PB3, HIGH); digitalWrite(PB4, LOW);
  delay(1000);
  // 0101
```

```
    digitalWrite(PB0, HIGH); digitalWrite(PB1, LOW);
    digitalWrite(PB3, HIGH); digitalWrite(PB4, LOW);
    delay(1000);
    // 0110
    digitalWrite(PB0, LOW); digitalWrite(PB1, HIGH);
    digitalWrite(PB3, HIGH); digitalWrite(PB4, LOW);
    delay(1000);
    // 0111
    digitalWrite(PB0, HIGH); digitalWrite(PB1, HIGH);
    digitalWrite(PB3, HIGH); digitalWrite(PB4, LOW);
    delay(1000);
    // 1000
    digitalWrite(0, LOW); digitalWrite(PB1, LOW);
    digitalWrite(PB3, LOW); digitalWrite(PB4, HIGH);
    delay(1000);
    // 1001
    digitalWrite(PB0, HIGH); digitalWrite(PB1, LOW);
    digitalWrite(PB3, LOW); digitalWrite(PB4, HIGH);
    delay(1000);
}
```

회로구성하기

1. 앞선 (실험 8.4)의 딥스위치를 대신하여 BCD 코드를 출력하는 프로그램이 업로드 된 ATtiny85를 설치한다.
2. 그림 8-42의 ATtiny 핀 구조에서 PB0, PB1, PB3, PB4 핀을 BCD 코드로 사용한다. BCD코드의 8421 순서로 하면 ATtiny85칩의 핀 번호는 3, 2, 6, 5이다.
3. ATtiny85칩의 3, 2, 6, 5번 핀을 CD4511칩의 D3, D2, D1, D0의 6, 2, 1, 7번 핀에 각각 서로 연결한다.

회로점검 및 작동상태 확인하기

1. 전원을 공급하면 7세그먼트가 0부터 9까지 자동 출력함을 확인한다.

✔ 결과 및 고찰

앞선 (실험 8.4)에서 사용한 딥스위치를 대신하여 ATtiny85칩을 사용하였다. 딥스위치로 BCD코드를 수동으로 지정하던 것을 이번 실험에서는 ATtiny85칩으로 CD4511칩에 BCD코드를 자동 입력할 수 있음을 알 수 있다.

자기평가

1. ATtiny칩에 BCD코드를 출력하는 프로그램을 업로드할 수 있다.
2. ATtiny칩과 CD4511 및 7세그먼트를 사용하여 숫자를 출력할 수 있다.

(실험 8.8) ATtiny를 사용한 0~9 카운터

(실험 목표)

- ATtiny칩에 클록 발생 프로그램을 업로드할 수 있다.
- ATtiny칩의 클록으로 자동 카운터를 실행할 수 있다.

(실험 준비물)

1. DC 5V 어댑터 또는 배터리 1개
2. CD4026 1개
3. ATtiny85 마이크로컨트롤러 1개
4. 택트스위치 1개
5. LED 1개
6. 브레드보드와 여러 개의 점퍼선
7. 저항 330Ω 2개, 1kΩ 1개
8. 7세그먼트 1개

(실험 방법)

다음 그림 8-46은 자동으로 7세그먼트의 숫자를 1씩 증가시키는 회로 결선도이다. 앞선 실험 8.5에서는 CD4026칩의 클록으로 택트스위치를 사용하였고, 이번 실험에서는 ATtiny85에 클록을 프로그램으로 업로드하여 자동 카운터되도록 한다. ATtiny85칩과 CD4026칩의 연결방법을 익히면서 실험한다.

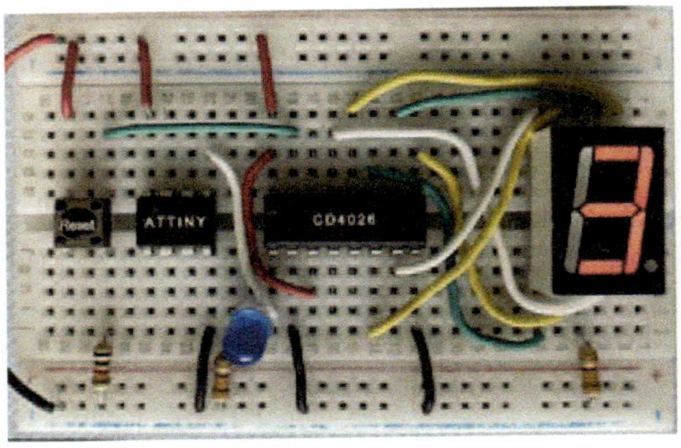

그림 8-46 ATtiny를 사용한 0~9 카운터하는 결선도1

그림 8-47 ATtiny를 사용한 0~9 카운터하는 결선도2

먼저 다음 소스코드를 ATtiny85에 업로드한다.

```
#define PB0  0
#define PB1  1
#define PB3  3
#define PB4  4

void setup(){
  pinMode(PB0, OUTPUT); pinMode(PB1, OUTPUT);
  pinMode(PB3, OUTPUT); pinMode(PB4, OUTPUT);
}

void loop(){
  // 0000
  digitalWrite(PB0, LOW); digitalWrite(PB1, LOW);
  digitalWrite(PB3, LOW); digitalWrite(PB4, LOW);
  delay(1000);
  // 0001
  digitalWrite(PB0, HIGH); digitalWrite(PB1, LOW);
  digitalWrite(PB3, LOW); digitalWrite(PB4, LOW);
  delay(1000);
  // 0010
  digitalWrite(PB0, LOW); digitalWrite(PB1, HIGH);
  digitalWrite(PB3, LOW); digitalWrite(PB4, LOW);
  delay(1000);
  // 0011
  digitalWrite(PB0, HIGH); digitalWrite(PB1, HIGH);
  digitalWrite(PB3, LOW); digitalWrite(PB4, LOW);
  delay(1000);
  // 0100
  digitalWrite(PB0, LOW); digitalWrite(PB1, LOW);
  digitalWrite(PB3, HIGH); digitalWrite(PB4, LOW);
  delay(1000);
  // 0101
  digitalWrite(PB0, HIGH); digitalWrite(PB1, LOW);
  digitalWrite(PB3, HIGH); digitalWrite(PB4, LOW);
  delay(1000);
  // 0110
  digitalWrite(PB0, LOW); digitalWrite(PB1, HIGH);
  digitalWrite(PB3, HIGH); digitalWrite(PB4, LOW);
  delay(1000);
  // 0111
  digitalWrite(PB0, HIGH); digitalWrite(PB1, HIGH);
  digitalWrite(PB3, HIGH); digitalWrite(PB4, LOW);
  delay(1000);
  // 1000
  digitalWrite(0, LOW); digitalWrite(PB1, LOW);
  digitalWrite(PB3, LOW); digitalWrite(PB4, HIGH);
  delay(1000);
  // 1001
  digitalWrite(PB0, HIGH); digitalWrite(PB1, LOW);
  digitalWrite(PB3, LOW); digitalWrite(PB4, HIGH);
  delay(1000);
}
```

다음 소스코드는 PB4를 PB0보다 두 배의 펄스폭을 갖도록 하는 것이다. 먼저 ATtiny85에 업로드한다.

```
// 펄스발생기 (PB4를 PB0 보다 두 배의 펄스폭을 갖도록 함)
#define PB0 0
#define PB4 4
#define delay_time 1000 // 펄스폭 조정

void setup() {
  pinMode(PB0, OUTPUT);  // PB0을 출력모드로
  pinMode(PB4, OUTPUT);  // PB4를 출력모드로
}

void loop() {
  digitalWrite(PB0, HIGH);  digitalWrite(PB4, HIGH);
  delay(delay_time);
  digitalWrite(PB0, LOW);
  delay(delay_time);
  digitalWrite(PB0, HIGH);  digitalWrite(PB4, LOW);
  delay(delay_time);
  digitalWrite(PB0, LOW);
  delay(delay_time);
}
```

회로구성하기

1. 앞선 (실험 8.5)의 클록스위치를 제거하고, 클록발생 프로그램이 업로드 된 ATtiny85를 설치한다.
2. ATtiny 핀의 PB0, PB1, PB3, PB4 핀에 서로 다른 클록을 설정했다. 먼저 ATtiny85의 PB0인 5번 핀을 CD4026의 1번 클록 핀에 연결한다.

회로점검 및 작동상태 확인하기

1. 전원을 공급하여 7세그먼트에 카운터로 작동함을 확인한다.
2. CD4026의 1번 클록 핀에 연결된 ATtiny85의 PB0핀을 PB1, PB3, PB4 핀으로 바꿔 연결하면서 카운팅 시간간격이 다름을 확인한다.

✔ 결과 및 고찰

클록 발생 프로그램을 업로드한 ATtiny칩을 앞선 (실험 8.5)의 클록스위치를 대신하여, 클록스위치를 수동으로 누르지 않아도 자동 실행할 수 있음을 알 수 있다.

자기평가

1. ATtiny칩에 클록 발생 프로그램을 업로드할 수 있다.
2. ATtiny칩의 클록으로 자동 카운터를 실행할 수 있다.

8.8 모터 드라이버(L293D)

그림 8-48의 듀얼 반 브리지 IC인 L293D는 직류전동기 2개를 구동하거나 서보모터 1개 또는 스텝모터 1개를 작동시킬 수 있다. 서로 다른 전동기를 함께 쓸 수는 없다. 푸시풀 드라이버 2개로 구성된 반 브리지(H-bridge) 회로를 사용하면 직류전동기의 회전 방향을 제어할 수 있다. 이 칩은 600mA정도의 출력을 가질 수 있으며, 최대 1.2A까지 버틸 수 있다. 그림 8-49의 L293D 핀 배치도에서 보듯이 IC 칩을 위한 VCC1과 별도로 전동기 구동을 위한 전원 VCC2를 각각 제공한다. VCC2로 외부전원을 사용함으로써 전동기로 인한 전기 잡음의 문제를 줄일 수 있다.

그림 8-48 L293D

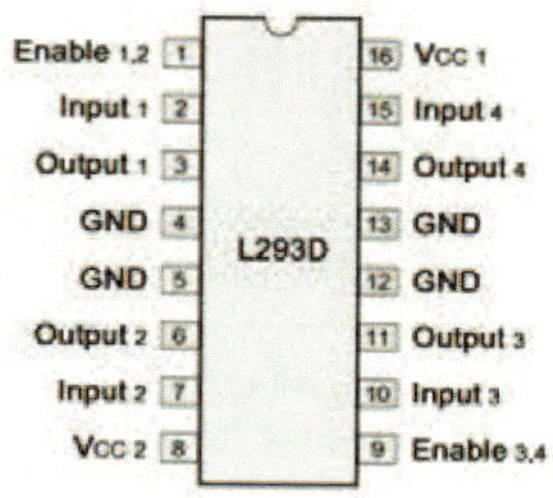

그림 8-49 L293D 핀 배치도

표 8-9 L293D 기본사양

핀 명	핀 번호	유 형	설 명
VCC 1	16	Power	공급 전압(4.5~7V)
VCC 2	8	Power	전동기를 구동하기 위한 전압(4.5~36V)
GND	4,5,12,13	Power	접지(0V)
Enable	1, 9	Input	HIGH / LOW 값을 이용하여 전동기에 대한 전압을 허용/차단할 수 있음. 아날로그 값으로 전압을 넣으면 전동기의 속도 조절이 가능.
Input1 Input2	2 7	Input	전동기 M1을 제어, INPUT1,2에 들어가는 값에 따라서 OUTPUT1,2 핀에 연결된 M1 전동기가 작동.
Input3 Input4	10 15	Input	전동기 M2를 제어, INPUT3,4에 들어가는 값에 따라서 OUTPUT3,4 핀에 연결된 M2 전동기가 작동.
Output1 Output2	3 6	Output	전동기 M1의 '+/–'에 연결
Output3 Output4	11 14	Output	전동기 M2의 '+/–'에 연결

표 8-10 L293D의 진리표

Input1(핀2) Input3(핀10)	Input2(핀7) Input4(핀15)	전동기 M1 전동기 M2
LOW(0)	LOW(0)	꺼짐
LOW(0)	HIGH(1)	시계방향
HIGH(1)	LOW(0)	반시계방향
HIGH(1)	HIHG(1)	급정지

표 8-9의 L293D의 기본사양에서 보듯이 VCC1(핀16)에는 7V까지 연결이 가능하고, VCC2(핀8)에는 36V까지 외부전원을 연결할 수 있다. 핀1을 HIGH로 활성화하면 전동기 M1을 구동할 수 있고, 핀9를 HIGH로 활성화하면 전동기 M2를 구동할 수 있다. 표 8-10은 두 개의 전동기 M1과 M2에 대한 L293D의 진리표이다. 전동기 M1에 대해서 설명하면, 핀2와 핀7 둘 다 LOW이면 꺼지고, HIGH이면 급정지한다. 핀2가 LOW이고 핀7이 HIGH이면 시계방향으로 회전하고, 반대로 핀2를 HIGH, 핀7을 LOW로 하면 반시계방향으로 회전한다.

(실험 8.9) ATtiny를 사용한 직류전동기 정/역회전 회로

(실험 목표)

- ATtiny를 사용하여 직류전동기를 정회전/역회전시킬 수 있다.

(실험 준비물)

1. DC 5V 어댑터 또는 배터리 1개
2. DC 24V 전원공급기 1대
3. L293D 1개
4. ATtiny85 마이크로컨트롤러 1개
5. 택트스위치 1개
6. 브레드보드와 여러 개의 점퍼선
7. 저항 1kΩ 1개
8. 24V 직류전동기 1개

(실험 방법)

다음 그림 8-50은 ATtiny85와 L293D를 사용한 직류전동기의 정/역회전 회로 결선도이다. ATtiny85칩과 L293D의 연결방법을 익히면서 실험한다.

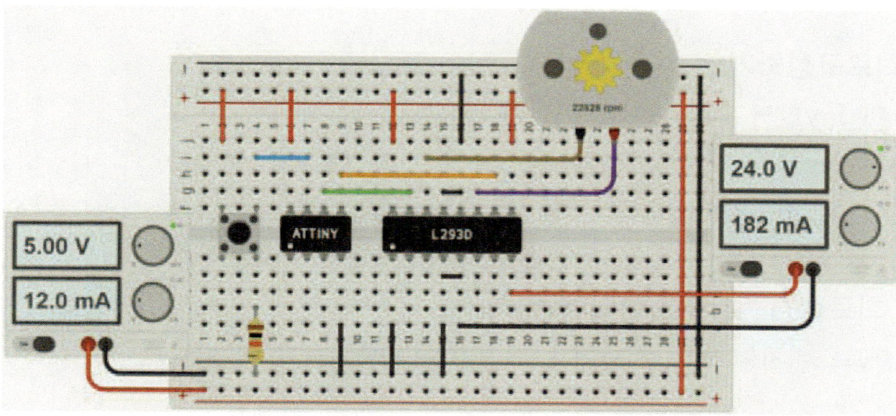

그림 8-50 ATtiny를 사용한 직류전동기의 정/역회전 회로 결선도

먼저 다음 소스코드를 ATtiny85에 업로드한다.

```
//택트스위치로 전동기를 정회전, 역회전 시키는 프로그램
#define M1_B 0 // M1_B를 ATtiny PB0으로 지정
#define M1_A 1 // M1_A를 ATtiny PB1으로 지정
#define PB 2    // PB를 ATtiny PB2로 지정

void setup(){
  pinMode(M1_B, OUTPUT); // M1_B를 출력모드로
  pinMode(M1_A, OUTPUT); // M1_A를 출력모드로
  pinMode(PB, INPUT);     // PB를 입력모드로
}

void loop(){
  int button=digitalRead(PB);
  if(button==HIGH){          // 역회전
    analogWrite(M1_B, 0);
    analogWrite(M1_A, 125); // 직류전동기의 속도는 0~255 가능
  }
  else {                     // 정회전
    analogWrite(M1_B, 125); // 직류전동기의 속도는 0~255 가능
    analogWrite(M1_A, 0);
  }
}
```

회로구성하기

1. ATtiny칩의 PB0, PB1, PB2를 사용한다.
2. ATtiny칩의 PB2인 7번 핀에 풀다운 저항 1kΩ을 단 택트스위치를 연결한다.
3. 24V의 전원을 L293D의 8번 핀에 연결한다.

회로점검 및 작동상태 확인하기

1. 택트스위치를 눌러 전동기의 회전방향을 확인하고 기록한다.

택트스위치	전동기 회전방향
ON	
OFF	

결과 및 고찰

택트스위치를 ON/OFF 할 때 전동기의 회전방향이 바뀜을 알 수 있다. 제어할 입출력 핀이 많지 않을 때는 ATtiny칩을 사용하면 작은 규모로 저렴하게 구현할 수 있음을 알 수 있다.

자기평가

ATtiny를 사용하여 직류전동기를 정회전/역회전시킬 수 있다.

8.9 초음파센서

사람들은 가청주파수(20~20,000Hz 범위)를 갖는 소리를 들을 수 있으며, 일반적으로 사람이 듣지 못하는 20,000Hz 이상의 소리를 '초음파(supersonic wave)' 라고 부른다. 초음파는 소나, 초음파 진단기, 거리 탐사 등 광범위한 영역에서 사용되고 있다.

그림 8-51 초음파센서(HC-SR04)

로봇을 주행시켜 작업을 수행함에 있어 주변 물체와의 충돌 등을 방지하기 위해 접촉 센서, 초음파 센서, 적외선 센서, 레이저 센서, 비전 센서, 마이크로웨이브 센서 등의 다양한 방법이 있다. 그러나 적외선 및 레이저는 유리 등의 투명 물체에 적용하기 곤란하고 비전 센서는 어두울 경우 적용이 곤란하며, 접촉 센서는 사전에 물체의 정보를 알아내기 어려운 점, 그리고 마이크로웨이브는 기기의 가격이 고가이며 안테나를 이용하므로 소형화가 곤란하다는 단점이 있다. 따라서 이동 로봇에서는 초음파 센서를 주로 이용하여 0.1~10m 정도에서의 물체와의 거리 측정 및 충돌회피, 물체인식 등에 이용한다. 그러나 가격이 문제가 되는 초저가형 로봇 응용에서는 접촉 센서 및 적외선 센서를 이용하는 경향이 있다.[68]

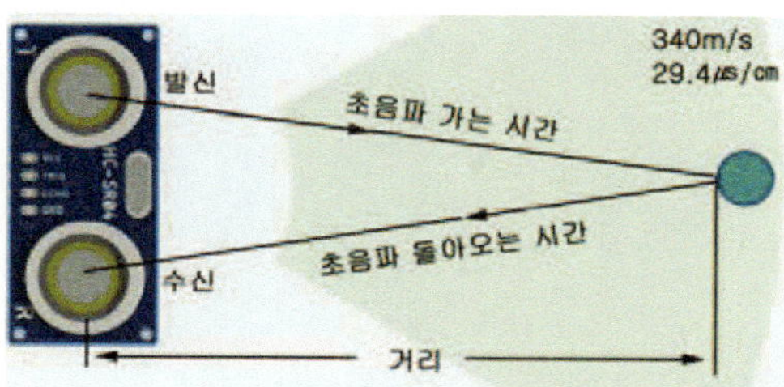

그림 8-52 초음파 센서 거리 측정

초음파 센서는 그림 8-52에서 보는 것처럼 음파가 물체에 부딪쳐 되돌아 올 때까지의 시간을 측정함으로써 물체까지의 거리를 계산한다. 음속이 약 340m/s이므

68) 출처: https://www.itfind.or.kr/WZIN/jugidong/1241/124103.htm

로 1초에 34,000cm 거리에 소리가 도달한다. 다시 말해, 소리가 1cm를 가는데 걸리는 시간은 비례식으로 풀어보면 29.4μs이다. 그러므로 거리는 측정한 시간과 음속(29.4μs/cm)을 사용하여 구할 수 있다. 측정시간은 초음파를 송신하여 돌아오는데 걸린 왕복시간이므로 계산한 거리 값을 2로 나누어 주어야 한다. 다음 표 8-11 HC-SR04의 기본사양에서 보듯이 2cm에서 4m까지의 거리측정을 위해 그림 8-51의 HC-SR04 초음파 센서 모듈을 사용한다.

표 8-11 초음파센서(HC-SR04)의 기본사양

특성	내용
동작 전원	5V
소모 전류	20mA 이하
측정 각도	15도
측정 범위	2cm ~ 400cm
트리거 입력 신호	10μs

(실험 8.10) ATtiny를 사용한 초음파 거리 측정하기

(실험 목표)

- ATtiny를 사용하여 초음파 거리 측정을 할 수 있다.

(실험 준비물)

1. DC 5V 어댑터 또는 배터리 1개
2. ATtiny85 마이크로컨트롤러 1개
3. 저항 330Ω 2개
4. 초음파센서(HC-SR04) 1개
5. LED 빨간색과 초록색 각 1개
6. 피에조부저 1개
7. 브레드보드와 여러 개의 점퍼선

(실험 방법)

다음 그림 8-53은 ATtiny85에 거리측정을 프로그램하여 초음파센서로 거리를 측정하는 결선도이다. ATtiny85칩과 HC-SR04의 연결방법을 익히면서 실험한다.

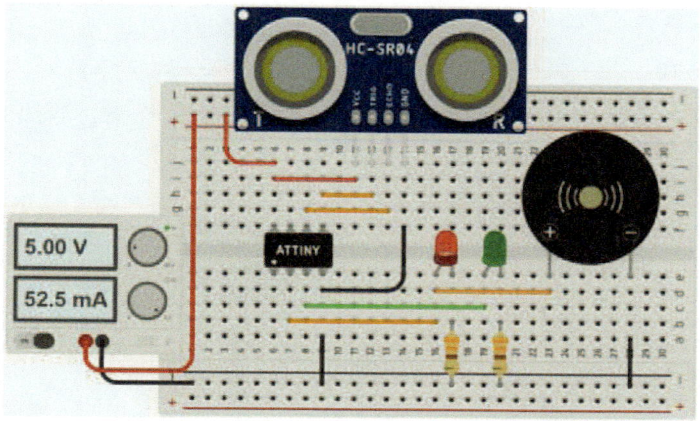

그림 8-53 ATtiny를 사용한 초음파 거리 측정하기 결선도

먼저 다음 소스코드를 ATtiny85에 업로드한다.

```
//거리측정
#define trigPin 0     // trigPin을 ATtiny PB0으로 지정
#define echoPin 1    // echPin을 ATtiny PB1으로 지정
#define led1 3       // 빨간 LED를 ATtiny PB3로 지정
#define led2 4       // 초록 LED를 ATtiny PB4로 지정

void setup(){
  pinMode(trigPin, OUTPUT);   // trigPic을 출력모드로
  pinMode(echoPin, INPUT);    // echoPin을 입력모드로
  pinMode(led1, OUTPUT);      // led1을 출력모드로
  pinMode(led2, OUTPUT);      // led2를 출력모드로
}

void loop(){
  long duration, distance;        // 시간과 거리를 설정합니다
  digitalWrite(trigPin, LOW);     // trigPin이 low 신호를 주면
  delayMicroseconds(2);           // 2 만큼 지연
  digitalWrite(trigPin, HIGH);    // trigPin이 high 신호를 주면
  delayMicroseconds(10);          // 10 만큼 지연
  digitalWrite(trigPin, LOW);
  duration = pulseIn(echoPin, HIGH);  // duration에 아래 공식을 대입
  distance = (duration/2) / 29.1;// 초음파가 갔다가 돌아오기 때문에 2배의 값을 얻음. 그렇기에 거리/2를 함.
  if(distance < 30){                    // 거리가 30보다 작아지면
    digitalWrite(led1, HIGH);           // 빨간 LED가 켜지고
    digitalWrite(led2, LOW);            // 초록 LED가 꺼짐
  }
  else{                                 // 위 상황이 아닐경우
    digitalWrite(led1,LOW);             // 빨간 LED가 꺼지고
    digitalWrite(led2,HIGH);            // 초록 LED가 켜짐
  }
  delay(500);       // 작동을 500 동안 지연
}
```

회로구성하기

1. ATtiny칩의 PB0, PB1, PB3, PB4를 사용한다.
2. ATtiny칩의 PB0을 초음파 센서의 TRIG핀에 연결한다.
3. ATtiny칩의 PB1을 초음파 센서의 ECHO핀에 연결한다.
4. ATtiny칩의 PB3을 빨간색 LED의 애노드에 연결한다.
5. ATtiny칩의 PB4를 초록색 LED의 애노드에 연결한다.
6. 피에조부저는 빨간색 LED, 저항과 병렬로 연결한다.

회로점검 및 작동상태 확인하기

1. 초음파 센서의 송수신기 앞쪽에 손바닥을 멀리 또는 가까이 가져가면서 거리를 측정해본다.

2. 거리에 따른 LED와 부저의 상태를 확인하고 기록한다.

거리	빨간색 LED	초록색 LED	부저
30Cm이하			
30Cm초과			

✔ 결과 및 고찰

거리가 30Cm 이하이면 빨간색 LED가 켜지면서 부저가 울리고, 거리가 30Cm를 초과하면 초록색 LED가 켜짐을 알 수 있다. 제어할 입출력 핀이 많지 않을 때는 ATtiny칩을 사용하면 작은 규모로 저렴하게 구현할 수 있음을 알 수 있다.

자기평가

ATtiny를 사용하여 초음파 거리 측정을 할 수 있다.

교재에 사용된 부품리스트

품목		수량	품목	수량
저항	100Ω	1	220V 전원플러그	1
	220Ω	3	단자대	1
	330Ω	4	유리관 퓨즈	1
	470Ω	1	유리관 퓨즈 홀더	1
	1kΩ	6	파일럿램프(빨강)	1
	2kΩ	1	파일럿램프(초록)	1
	10kΩ	1	AC 8핀 릴레이	1
	47kΩ	1	AC 8핀 릴레이 소켓	1
	1MΩ	1	2구 컨트롤박스	2
LED	빨강	10	2구 단로 벽스위치	1
	파랑	10	1구 3로 벽스위치	2
	초록	10	누전차단기(단상)	1
배터리	1.5V AA	4	배선용차단기(3상)	1
	9V	1	전자접촉기(MC)	2
	18650	1	단상전동기	1
9V 배터리 스냅 케이블 커넥터		1	DC24V용 시각경보기 또는 경종	1
AA배터리홀더4구		1	3상 전원플러그	1
12V 어댑터		1	변압기(2차측 AC12~24V)	1
퍼텐쇼미터	2kΩ	1	레귤레이터 LM7805	1
	5kΩ	1	레귤레이터 LM7812	1
	10kΩ	1	레귤레이터 LM317	1
	100kΩ	1	DC5V 릴레이모듈	1
전해커패시터	0.1μF	1	DC24V 전원공급기	1
	1μF	1	3상전동기	1
	100μF	1	리드스위치	1
	470μF	1	시계(정밀)드라이버	1
	1000μF	1	소형 악어집게선	2

<table>
<tr><th colspan="2">품목</th><th>수량</th><th>품목</th><th>수량</th></tr>
<tr><td rowspan="3">세라믹커패시터</td><td>100nF</td><td>1</td><td>DC12V 8핀 릴레이</td><td>1</td></tr>
<tr><td>0.1μ F</td><td>4</td><td>DC12V 8핀 릴레이 소켓</td><td>1</td></tr>
<tr><td>0.1nF</td><td>1</td><td>브레드보드</td><td>1</td></tr>
<tr><td colspan="2">택트스위치</td><td>3</td><td>74HC4017</td><td>1</td></tr>
<tr><td colspan="2">리밋스위치</td><td>1</td><td>AC220V 전구 리셉터클</td><td>1</td></tr>
<tr><td colspan="2">슬라이드스위치</td><td>2</td><td>사이리스터 2P4M</td><td>1</td></tr>
<tr><td colspan="2">NPN 2N2222A</td><td>1</td><td>콘덴서 마이크</td><td>1</td></tr>
<tr><td colspan="2">PMOS IRF9Z24N</td><td>1</td><td>74HC02(NOR)</td><td>1</td></tr>
<tr><td colspan="2">NMOS IRFZ44N</td><td>1</td><td>74HC08(AND)</td><td>1</td></tr>
<tr><td colspan="2">포토레지스터(LDR)</td><td>1</td><td>74HC00(NAND)</td><td>1</td></tr>
<tr><td colspan="2">NTC 서미스터</td><td>1</td><td>74HC32(OR)</td><td>1</td></tr>
<tr><td colspan="2">DC12V 쿨링팬</td><td>1</td><td>4채널 8핀 딥스위치</td><td>1</td></tr>
<tr><td colspan="2">열풍기(헤어드라이어)</td><td>1</td><td>DC12V 5핀 차량용 릴레이소켓</td><td>1</td></tr>
<tr><td colspan="2">비교기 LM393</td><td>1</td><td>CD4511</td><td>1</td></tr>
<tr><td colspan="2">IR수신기</td><td>1</td><td>7세그먼트(공통음극형)</td><td>1</td></tr>
<tr><td colspan="2">IR리모컨</td><td>1</td><td>CD4026</td><td>1</td></tr>
<tr><td colspan="2">제너다이오드 1N4727</td><td>1</td><td>L293D</td><td>1</td></tr>
<tr><td colspan="2">다이오드 1N4001</td><td>4</td><td>DC12V 5핀 차량용 릴레이</td><td>1</td></tr>
<tr><td colspan="2">NPN BC547</td><td>1</td><td>초음파센서(HC-SR04)</td><td>1</td></tr>
<tr><td colspan="2">PNP BC557</td><td>1</td><td>피에조부저</td><td>1</td></tr>
<tr><td colspan="2">포토커플러 4N35</td><td>1</td><td>마이크로서보모터(SG-90)</td><td>1</td></tr>
<tr><td colspan="2">NMOS 2N7000</td><td>1</td><td>24V 직류전동기(또는경종)</td><td>1</td></tr>
<tr><td colspan="2">555 타이머</td><td>1</td><td>1.5sq단선</td><td>10m</td></tr>
<tr><td colspan="2">쇼트키다이오드
(1N5817~1N5819)</td><td>1</td><td>ATtiny85
마이크로컨트롤러</td><td>1</td></tr>
<tr><td colspan="2">스위칭다이오드 1N4148</td><td>1</td><td>점퍼선</td><td>20</td></tr>
<tr><td colspan="2">5V 5W 태양광패널</td><td>1</td><td>아두이노 우노 보드</td><td>1</td></tr>
<tr><td colspan="2">220V 푸시버튼(빨강)</td><td>1</td><td>220V 푸시버튼(초록)</td><td>1</td></tr>
</table>

전기전자제어

초 판 인 쇄 | 2024년 2월 20일
초판2쇄발행 | 2026년 3월 4일

저 자 | 이경훈
발 행 인 | 이성범
발 행 처 | 문운당
주 소 | 서울시 종로구 혜화로5길 16 (명륜1가 45-3)
전 화 | (02)762-6010
팩 스 | 영업 (02)745-0265 / 편집 (02)762-8758
이 메 일 | 영업 munun2@daum.net
편집 munundang@naver.com
홈페이지 | http://munundang.co.kr

ISBN 979-11-5692-693-1 93560

정가 30,000원